開発チーム

組織と

JN070277

人の

Scaling Teams

Strategies for
Building Successful
Teams and Organizations

成長戦略

エンジニアの採用、マネジメント、
文化や価値観の共有、コミュニケーションの秘訣

David Loftesness、Alexander Grosse［著］　武舎 るみ、武舎 広幸［訳］

Compass
Development

マイナビ

■ 本書のサポートページ

https://www.marlin-arms.com/support/scaling-teams/

第2章　採用のスケーリング ── 面接と採否の決定　047

第4章　管理体制の導入　　091

第6章　組織のスケーリング —— 組織設計の原則　　159

第10章　コミュニケーションのスケーリング
—— 規模と距離が生む複雑性　　　251

Introduction

はじめに

成長は「偶然の産物」などでは断じてない。総力結集の賜物だ。

—— ジェームズ・キャッシュ・ペニー[1]

　急成長中のチームを率いるというのは、他に類を見ない大仕事である。先月までは大層有効に思えた管理手法が、不意に意外な形で効力を失ってしまう。あれこれ調整した結果、その後半年ほど前進できることもあれば、わずか数週間でまた行き詰まってしまうこともある。その一方で、いち早くプロジェクトに精通し腕を振るってくれるものと期待して雇い入れた新入社員たちが苦戦続きで、あれだけ力を尽くしたはずの人選が逆にチームの足を引っ張ろうとは、と首を傾げる日々でもある。

　こんな状況を「みじめな経験」と捉える向きもあるだろう。しかし急成長に付き物の「変わり目」をしっかり乗り切れる者にとっては、スリルもやり甲斐もある仕事となるはずだ。著者自らの体験を振り返ってつくづく抱くのは、そういう「変わり目」で、チームの機能不全の兆候を、本物の危機へと拡大する前に察知するコツを指南してくれる実用的な手引きさえあったなら、という思いである。「規模拡大」がらみの問題が起こるたびに慌てて極端な舵切りをするのではなく、すでに成功を遂げた他社の実証済みの解決策を採り入れ、それを自社独自の状況から生じた特有の問題に応用するほうが良いのだ。そうした「実証済みの解決策」を集めた道具箱が、まさしく本書であり、きっと皆さんのお役に立てると考えている。

対象読者

　本書の執筆で念頭に置いたのはIT企業の幹部、それもとくに製品開発に関わる幹部である。具体的には、ソフトウェア・エンジニアリング、製品管理、デザイン、品質保証などの担当幹部だ。規模で言えば、スタートアップや、一定以上の規模の組織で新たに

---

[1]　米国の大手百貨店チェーン「J.C.ペニー」の創業者

結成された10人から250人のチームが主たる対象である。

　ニーズで言えば、規模が急拡大中のチーム、俗に言う「ハイパーグロース」を遂げつつあるチームのニーズに焦点を当てた。この「ハイパーグロース」と「通常レベルの成長」とを分ける厳密な尺度はないが、半年から1年の間に50%超の規模拡大を遂げるケースをハイパーグロースと称することが多い。ハイパーグロースのさなかにはスケーリングにまつわる難問が激増するにもかかわらず、解決策を編み出すための時間が通常にも増して少ない（もっとも、我々が本書で提案している戦略は、これほど成長の速くないチームにも役立つと思う）。

　加えて、本書は製品開発の担当チームと密接に連携するチーム（たとえば技術営業、マーケティング、カスタマーサクセスなどの担当チーム）の管理者にも、さらにはIT以外の分野の管理者にも役立つはずだ。

本書を書いた理由

　以下に紹介するように、我々2人はそれぞれに違う経緯でIT管理者を経験するに至ったが、通常なら高い能力を発揮できるチームが規模拡大にいかに圧倒され得るかに関しては、よく似た体験をしている。

アレクサンダー・グロース（アレックス）の場合

　1999年にシニア・ソフトウェアエンジニアとして、とあるスタートアップに雇われた。2、3ヵ月後のある日、出勤するとCTOの机に辞表が置いてあり、CEOが私のほうへ向き直ってこう言った。「おめでとう、アレックス。CTOに昇格だ」。当初は完全なパニック状態で、何をどうすればよいのか、まるでわからなかった。そこで最初の数ヵ月間は技術的な作業に集中した。それ以外に何をしたらよいのか見当もつかなかったのだ。やがてITバブルがはじけ、そのスタートアップも倒産。その後、スタートアップが犯しがちな典型的な誤りを紹介する記事を読むことになるが、そこであげられていた誤りのすべて身に覚えがあった……。

デイビッド・ロフテスネスの場合

　1993年、Geoworks^{ジオワークス}に入社。大学卒業後、初の就職先だ。1年後に技術担当役員から、所属チームの管理を命じられる。まじめで意欲的な若きソフトウェアエンジニアであった私はこの命令に素直に従い、まずは上司のまねをするところからやってみた。1対1^{ワンオンワン}やチームでのミーティングを開き、プロジェクトのスケジュールを立て、エンジニアを募集、採用するなど、死に物狂いで新たな任務に取り組んだ。自分のやっていることをきちんと理解してはいなかったが、チームを絶えず前進させようと最善は尽くしたつもりだ。その過程で多くの誤りも犯した。だが、爆発的成長期が過ぎると会社は徐々に推進力を失い、やがて私は担当チームのほぼ半数を一時解雇するハメになった。その多くは良き友人であり、我がキャリアで最悪レベルといってよいような体験となってしまった。今、当時を振り返って抱くのは「あの爆発的成長期をもっとうまく乗り切れていたら、大事なクライアントを失わずに成長を続け、望みどおりに大成功を収めていた……のだろうか？」という思いである。

　こうした体験を経て出会った著者2人は、情報交換を重ねるうちに、共通の夢をもっていることに気づく。それは「未来のリーダーたちに、我々には得られなかった手引き —— それも主に努力と苦労の末に手にした成功の体験から引き出した教訓に基づいた手引き —— を提供する」という夢である。

　そんなわけで、我々は複数の企業の急成長中のチームを管理した経験を下敷きにして本書を書き進めた。だが言うまでもなく著者2人の経験だけでは、紹介できる場面も状況もたかが知れている。そこで各種分野の高成長企業の創業者や幹部にもインタビューしてその成果を組み込み、さらに他業種のリーダーたちの著書や記事 —— 我々のキャリアに多大な影響を与えた著作物 —— も参照、引用させていただいた。

成長の背景

　ごく短期間のうちに2倍、3倍、あるいはそれを上回る規模拡大を果たした、飛ぶ鳥を落とす勢いのIT企業 —— この手のサクセスストーリーは何も耳新しいものではない。たとえばシリコンバレーの投資家ベン・ホロウィッツは、著書『HARD THINGS　答

えがない難問と困難にきみはどう立ち向かうか』（小澤隆生、滑川海彦、高橋信夫訳、日経BP、2015年）で、共同創業者兼CEOを務めたLoudCloud（ラウドクラウド）が創業者4人のみという状況から、6ヵ月未満で従業員200人の規模へ、さらにその後1年未満でなんと従業員600人規模へと急成長を遂げた過程を振り返っている。

　たしかに快挙ではあるが、そうした企業のリーダーたちがいかに才能に恵まれていようと、1年で300%の規模拡大を果たしたチームの生産量も300%増えるかというと、そんなケースはほぼ皆無だ。むしろ急拡大したチームはアウトプットが落ちてしまうのが普通なのである（図1）。

　（理由は後続の章で解説するが）急成長がもたらす問題が原因で、新規採用による生産性の伸びが頭打ちになってしまうことはよくあるし、さまざ

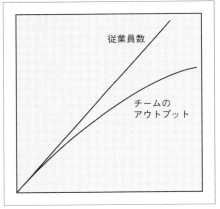

図1　規模の急拡大はアウトプットの低下につながる

まな副作用の影響でチーム全体の効率が低下することさえある。極端な例を紹介しよう。米国のプログラマーであり起業家であるケイト・ヘドルストンのブログからの引用だ[2]。

　2、3年前、シリコンバレーの大手IT企業で、技術担当上級バイスプレジデント（VP）[3]が交替した時のこと。新任のVPがまず第一に断行せざるを得なかったのが採用の停止だ。この会社は急成長の真っ只中にあり、技術チームは積極的に採用を続けていたが、すでにエンジニアが増えるたびにチーム全体の生産性が低下する段階に達していたのである。

　せっかく労力と資金を投じて新たな社員を募集、採用、教育したにもかかわらず、

---

[2]　ケイト・ヘドルストン 著「新入社員教育、およびチームの負債で生じるコスト」（https://bit.ly/2hLIwGb）

[3]　[訳注]本書ではvice presidentを「バイスプレジデント」とした。「副社長」と訳されることが多いが、日本語で「副社長」というと「社長の補佐役で、万一の場合に社長の代理をする人」の印象が強く、これは米国のvice presidentの役割と異なるためである。

チームのアウトプットが低下してしまうとは。何ともやりきれない気分だろう。

　だが、こうした状況を前にして、ある疑問が浮かんでくる。規模拡大の速度は、具体的にどのレベルを超えると「速すぎ」になるのか、という疑問だ。答えはさまざまな要因によって違ってくるが、とくに重要な要因はチームの規模と成熟度だ。新メンバーの教育・研修プログラムが確立している10人のチームであれば、1年で3倍の規模に拡大してもさして問題は生じないだろう。だが準備態勢があまり整っていないチームだと混乱が生じる恐れが大きいし、長期的な持続可能性はないと言っても過言ではない。チームが生産性を伸ばしつつ拡大、成長し続けられる限界点を大幅に押し上げようとする際、本書の助言や手法が役立つはずだ。

　ここで、我々自身の経験と、ハイパーグロースを果たした企業の幹部の体験談から得た経験則を紹介しておこう。それは「開発チームの規模が20人を超えた場合、1年未満で規模を倍増しようとすると問題が生じる可能性がある」というものだ。問題とは、たとえば人事に関わる問題、トレーニング不足の新入社員が招く製品の欠陥、士気の低下、非効率的なミーティングなどで、その解決に時間を取られ、肝心の「製品の改良を怠らず常に顧客満足度を高水準に保つ」という目標が達成できなくなってしまう。

「採用」以外にもさまざまな選択肢が

　IT系のスタートアップにありがちなパターン。それは「どの問題も一律に『採用』によって解決しようとする」というものだ。生産性や製品の品質が落ちてきた理由や要因を突き止めて適切な解決法を編み出す、という努力をせず、新規に採用した人材を問題解決に投じるだけの企業が多い。あいにく規模が拡大した分、チーム管理の複雑さも増すわけで、これが問題を悪化させたり新たな問題を招いたりすることも多い。

　著者のひとり、アレクサンダー・グロースの以前の勤務先の製品は不具合が多く、顧客満足度が低かった。事態を打開しようと、会社はさらに複数の開発者を新規採用し、不具合の解消に当たらせた。だが当然のことながらこうした新メンバーはシステム全体を十分把握できておらず、修正したバグの数よりも多くの問題を生み、それがさらなる新規雇用とさらなる品質悪化を招くという悪循環の源になった。

　この会社が採るべきであったもっとましなアプローチは「採用は一旦休み、製品の品質低下の理由を突き止める」というものだったはずだ。「新入社員が必要なトレーニングを受けられていないのでは？」「技術者が5人だった時に奏功していた開発プロセスが、25人体制になったことで破綻をきたし始めたのでは？」などと自問してみるべき

だった。そうすれば、さらなる採用ではなく、開発プロセスの厳格化や、より妥当なテスト方法の運用訓練などで問題を修正できたはずだ。そうした対応が済み、さらに最近雇用した社員が製品の質を落とすことなくチームに寄与できるレベルにまで知識やスキルを身に着けた時点で、ようやく新規募集を再開する態勢が整ったと言えるのだ。

　我々は本書でチームの規模拡大に焦点を当ててはいるが、「まずは採用」以外の選択肢を検討することを推奨する。プロセスを改善し、組織を改変し、不要なプロジェクトを中止すれば、無闇に多くの人材を採用し続けなくとも目標を達成できるかもしれない。その分、コストを抑えられ、作業を簡素化でき、会社が負うべきリスクも低減できる。著者の経験に即して言えば、拡大率100%のチームの管理の難度は50%のチームのそれの2倍では済まされない。

　こうやって「まずは採用」以外の選択肢も検討し、それでもなお新たな人材が必要だと判断した人。そんなあなたのためにあるのが、まさしく本書だ。現行チームでは事業上のニーズを満たすことができない、今のこの切羽詰まった状況があともう何ヵ月か続いたら、チームのベテランメンバーが燃え尽きて辞めてしまうことは明らかだ、といったケースも時にはあるものだ。これほどの状況に至ってしまったチームを統率する管理者に、ぜひ本書を参考にしてもらいたい。そうすれば、急拡大のさなかにあるチームにありがちな難問に取り組み、よりよく管理する上で必要な知識やコツを身につけられるはずだ。

本書の構成

　本書では次の5つの局面を取り上げ、各局面での成長・拡大に関する包括的戦略、個々の戦術、事例や逸話を紹介していく。どれもハイパーグロースのさなかに難問が生じがちな局面である。

採用

　第1章 採用のスケーリング —— チームの拡充
　第2章 採用のスケーリング —— 面接と採否の決定
　第3章 採用のスケーリング —— 雇用契約締結、新入社員研修、退社手続き

人事管理

組織

文化

コミュニケーション

　まず「採用」だが、これは会社の基盤構築に関わる局面だ。チーム、ひいては会社の成長を助けられる人材を採用しなければならない。会社ならびに既存の社員とビジョンや価値観を共有し、会社全体の成功に寄与できる資質を備えた人材が確保できれば理想的である。人選を誤るぐらいなら採用しないほうがましだ。他の4つの局面にどれだけ投資したところで人選の失敗の穴埋めはまずできない。

　次は「人事管理」。「採用」によってチームの「素材」が手に入るわけだが、チームが長期的に満足の行く形で作業を進め、しかるべき成果を上げていくためには「人事管理」が必要だ。有能な管理者は、コーチング（チームのメンバーが目的達成に必要なスキルや知識を身につけるための、指導者との双方向のコミュニケーション）、フィードバック、作業の割り振り、対立や紛争の解決といった手法を採り入れ、これを各メンバーのニーズに合わせて調整しつつ応用していく。

　「採用」と「人事管理」が生産性の維持・向上に必須の要素だとすると、「組織」は生産性の向上と方向付けに有効な「枠組み」である。優れた組織は、成果の引き渡しを妨げる障壁を崩し、適任のメンバーを厳選して結成したチームに、事業が抱える難問の解決を委ねる。

　そして「文化」と「コミュニケーション」は上記3つの局面を結びつける接着剤の役割

を果たす。有効な文化は、他の４つの局面の諸々の要素を包含し、それぞれの最良の部分を強化する力を有する。一方、コミュニケーションは、チームが他の４つの局面で力を発揮するのに必要な文脈（コンテクスト）をメンバーにもたらす。

　最終章（第12章）では、前章までで紹介してきた「ノウハウやコツ」（その中でも必須のもの）と「問題の兆候」とを、それぞれ一覧表にまとめたほか、規模拡大に伴う困難を乗り切るためのスケーリングプランを提案している。

本書の読み方

　本書は、最初から最後まで順に読み通しても、あるいはとくに関心のある箇所だけを読んでも理解できる構成にした。後者の場合、たとえばチームに人事管理の機能を加えたいと考えている人なら、この「はじめに」を読み終えたらすぐ「人事管理」の各章を読む、といった具合に利用してほしい。

　組織はどれも千差万別だ。そのため本書では「万能薬」はごくまれにしか処方しない。問題が発生した時、取るべき針路を左右する要因はいろいろある。たとえばチームの規模、規模拡大の速度、オフィスの数（とタイムゾーン）、在宅勤務者の数などなど。ただ、きわめてまれだが、ある特定のアプローチが奏功すると思われる場合には、これを詳細に解説している。それ以外の場合はいくつか可能性のある解決法の概要を紹介し、さらに他の企業が同じ問題にどう対処したかの事例も提示した。

　時間に制約のある方は、第12章を重点的に読むだけでもよいだろう。規模拡大（スケーリング）で外せない要素、つまり急成長に備える上でもっとも重要な事柄を、表形式でまとめてある。また、各章で紹介した問題の兆候を整理した表も添えた。この表に目を通して自チームに顕著な兆候を見つけ、同じ表の中で提案してある対処法を応用すれば、我々が本書で推奨している手法やコツを、外科医がメスを振るうように自チームに適用できるはずだ。

謝辞

　本書は多くの友人、同僚、家族の支援や助言、支えがなければ書けなかった。感謝の念でいっぱいの著者2人が、次の方々に心から御礼申し上げる。

　グロースとロフテスネスの提言は「たわごと」では決してない、仕上がった原稿は本にするだけの価値がある、とオライリーメディアに働きかけてくださったレビュアーの皆さん。おかしいところはおかしいと率直に指摘してくださり、洞察に富んだ意見を寄せてくださるなど、さまざまな形で本書の改善を後押ししてくださった。キーラン・エリオット＝マクリー、ベサニー・マッキニー・ブラント、マイク・ルキーダス、マーシー・スペンソン、ケビン・ゴールドスミス、オーレン・エレンボーゲン、アレクサンダー・コン、アンナ・スルキナ、ケビン・ウェイ、ナオミ・チン、ディリオン・タンの各氏。

　我々のインタビューを快く受け、貴重な助言をくれたり、チームのスケーリングに関する洞察をメモって渡してくれたりした同僚や友人。「目からウロコ」の体験談や実例を寄せてくれたおかげで、著者2人の限られた経験を補うことができ、さまざまな状況や難問を紹介することができた。マイク・クリーガー、マーシー・スペンソン、クリス・フライ、ラフィ・クリコリアン、マイケル・ロップ、エリック・ボウマン、デイビッド・ノエル、イェスペル・パスカル、オーレン・エレンボーゲン、ケビン・ゴールドスミス、フィル・カルサード、ドゥアナ・スタンレー、キーラン・エリオット＝マクリー、デイル・ハリソン、ニック・ウィーバー、ローラ・ビラザリアン、マーク・ヘドルンドの各氏。

　お世話になった同僚や友人はほかにも大勢いる。　本書の草稿に目を通して意見を言ってくれるなど、いろいろな形で支援してくれた。このあと、ひとりひとり具体的にどう支援してくれたのか代表的な仕事を紹介していくが、それ以外にもみんなが役に立つコメントや見解、提案を沢山寄せてくれたのだから、読みながら「ほかにも山ほど助けてくれた」と付け加えてほしい。まず、ジョイ・スー氏はテックトークの輪番制を提案してくれた。ジョン・カルッキ氏はロジカルフローを手直ししてくれた。グレン・サンフォード氏は監督の成功を予測するためのスポーツ系のメタファーを修正してくれた。ペニー・キャンベル氏は無数と言ってもいいほど多くの体験談や逸話を推薦してくれたほか、リーダーの言動がチーム文化にいかに影響を与えるかの節も加えるべきだと提案してくれた。シルバン・グロン氏は本書の最初期の構成の改善を手伝ってくれた。

ジョアン・イー氏はまだるっこしい言い回しの数々をすっきり読みやすく推敲してくれた。ジョー・ゼイビアー氏は人事管理の職務の完璧な要約を提供してくれた。マイク・セーラ氏は管理の不備と管理の不在とが別物であることを教えてくれた。ライアン・キング氏はベテランの視点から、コアバリューと文化に関する洞察を寄せてくれた。アーロン・ロスマン氏は「採用」の局面には契約の締結も必須であることを指摘してくれた。スコット・ロフテスネス氏は人事管理に関する章の順番に問題があることを指摘してくれた（ありがとう、父さん！）。ステファン・グロス＝セルベック氏は「組織のスケーリング」の各章の構成について改善点をあげてくれた。また、ソーレン・トンプソン氏のおかげで「組織のスケーリング」の数箇所を明確にできた。ジョン・ストゥリーノ氏は「デリバリーチーム」に追加するべき重要なコンセプトを紹介してくれた。ベン・リンダーズ氏は「組織のスケーリング」の章の改善を助けてくださった。ヤン・レーンハルト氏は「採用のスケーリング」の多様性に関して貴重な意見を寄せてくださった。エリック・エングストロム氏は「採用のスケーリング」の章に2つの体験談と貴重な意見を寄せてくださった。チャーミラ・カスパー氏は採用に関する章の多様性について助言してくださった。オリバー・フーキンズ氏は本書全体の最初の詳細なレビューをしてくださり、きわめて貴重な意見を寄せてくださった。ピーター・ビダ氏は「採用のスケーリング」のレビューをしてくださった。フィリップ・ロッゲ氏は「組織のスケーリング」のレビューをしてすばらしい意見を寄せてくださった。サイモン・ミューニック＝アンダーソン氏は本書全体のレビューをしてくださり、有用で励みになるフィードバックをくださった。デイビッド・パーメンター氏は本書全体の構成について数々の助言をくださった。ソニア・グリーン氏とロベルト・スリフカ氏は価値観と文化を結びつける樹木のメタファーを教えてくださった。マイク・ピエロビッチ氏は「人事管理」の章に引用するのに最適な言葉を寄せてくださった。このほか、ひと握りだとは思うが、お世話になったにもかかわらず失念してしまった方がいるかもしれない。ご無礼をご容赦の上、謝意を受け止めていただきたい。

　そもそも本書執筆のアイデアが生まれたのは、2015年にアルメニア共和国の首都エレバンで開催されたカンファレンス「Hive Summit」で著者2人が出会った時なのだが、そこに居合わせ、その場でもその後も励ましと支援をくださった方々に御礼申し上げたい。ローラ・ビラザリアン、デイビッド・シングルトン、レノン・デイ＝レイノルズ、デイル・ハリソンの各氏。また、あのカンファレンスを主催し、すばらしいきっかけを我々に与えてくださったハイブ・グループ、TUMOセンター、アルメニアのITコミュニティ

にも御礼申し上げる。あのカンファレンスに我々2人を招聘してくださり、今日ここに至るまでの道のりの出発点に立たせてくださったラフィ・クリコリアン氏にも心から感謝申し上げる。

　次は格別のお力添えをいただいた方々だ。我々2人を共著者として迎え入れ、本書出版のプロジェクトを立ち上げてくださったオライリーメディアのローレル・ルーマ氏。スケーリングに伴う難問を複数の局面から論じることを提案してくださったティム・ハウズ氏。着想を読みやすい文章で表現する過程で後押しをしてくださったロバート・フークマン氏。我々の言葉やアイデア、スケジュールを、自信たっぷりに、だが優しく、バッサバッサと切り捨てたコリーン・トポレク氏。あなたのその自信と優しさは、まさしく我々が必要としていたものだった。

　著者デイビッド・ロフテスネスは妻ペニー・キャンベルに心からの「ありがとう」を贈る。本書の執筆中、どれほど忍耐強く支えてくれたか、本書についてどれほど多くの要修正点や追加事項を指摘してくれたか、言葉ではとても言い尽くせない。また、子供たち（ZとL）、何ヵ月も執筆に没頭してかまってあげられなかった父さんのことを我慢してくれてありがとう。この本はそんな子供たちに捧げよう。きっといつの日か、この本の第n版を読んでくれて、要修正点を指摘してくれることだろう。

　もうひとりの著者アレクサンダー・グロースは、少なくともこれからしばらくの間は、もっと家族と共に過ごすことを誓う。妻のメイ＝ブリット・フランク＝グロースの支えと、3人の子供たちの忍耐がなければ、本書の執筆はとうてい不可能だった。

第1章

採用のスケーリング —— チームの拡充

偉大な人材が揃っていなければ、偉大なビジョンがあっても意味はない。
—— ジム・コリンズ著 山岡洋一訳『ビジョナリー・カンパニー2 —— 飛躍の法則』

　チームを拡充するためには、チーム管理者のひたむきな努力が求められる。補充するべきポストやスキルを見極めて人材を募集し、応募者の中からベストな人材を選び採用する。おそらく予想を上回る奮闘努力を強いられるはずだ。そうした頑張りを「すばらしい人材の獲得」という形で実らせるためには行き届いた採用プロセスが必要で、このことがとくに当てはまるのが発足当初のチームだ。というのも、創業者と草創期の社員こそが会社のその後の成長を支える基盤となるからである。多くの場合、人選を誤るぐらいなら採用しないほうがまだましなのだ。

　ここからの3章で、10人未満のチームを何百人もの大所帯に拡充することも可能な、スケーラブルな採用プロセスの概要を紹介する。具体的には、応募者を効率よく正確に評価するコツ、採用プロセスから極力「バイアス」を排除するコツ、チームに貢献できる有能な人材を確保する機会を最大限に広げるコツなど。まずは有効な採用プロセスの基盤となる「鉄則」を紹介しよう。

1.1　チーム拡充のための採用の鉄則

　新たな人材を求めているチームは、「現時点でこのチームがやれること」と「将来このチームがやるべきこと」の間に横たわる溝を埋めようとしている。「溝」は2種類考えられる。ひとつは「スキルの溝」で、たとえばハードウェアエンジニアのグループが、自分たちの製品には大規模なソフトウェアコンポーネントが必要だと悟る、といったケース。もうひとつは「チームにこなせる作業量の溝」で、たとえば草創期から変わらずに来たチームが現状のままでは新機能やサポートを求める顧客の声に到底応えられないと悟る、といったケースだ。どちらにせよ「溝」をできる限り埋めてチームを成功に導くために管理者は何をするべきなのか。

採用プロセスの全工程を概説する前に、このプロセスの鉄則を紹介しよう。

1.1.1　スキルに焦点を当てよ

言うまでもなく、ベストな人材を採用することが大切だ。この場合の「ベスト」とは、長期にわたってチームの成功にもっとも貢献できる人材、を意味する。特定の短期的な「スキルの溝」を埋めることにばかり気を取られたり、無能な人材でも人手不足の穴埋めとして雇ってしまったりするチームは珍しくない。だが常に忘れてはならないのが「現段階での採用が、後続の諸段階での採用の傾向（トーン）を決める」という点だ。

1.1.2　あくまでもチームに焦点を当てた人選を

チームはどれも千差万別だ。大企業の場合、チームを取り巻く組織も同様に千差万別だ。「あなたのチームにとってベストな人材」は、近所のスタートアップで「あなたの友人が率いているチームにベストな人材」とは大きく異なるかもしれない。よく「ベストプレイヤーだけを厳選して採用しろ」というアドバイスを耳にするが、それよりもベストチームを育て上げることのほうが大事だと我々は考えている。いかに並外れた才能の持ち主でも、価値観がチームと異なるのであれば、チームの増強どころか分裂の要因ともなりかねない。そこで、チームの長所を伸ばし、チームが手がける製品に本気で情熱を注ぐことができ、あくまで製品重視のオープンな組織を重んじる価値観を共有できる人材を見極める秘訣を紹介しよう。

1.1.3　バイアスは極力排除せよ

バイアス（偏見や先入観）に囚われた面接は、正当な面接とは言えない。人種や性別、年齢など、的外れな要因に目を奪われて採否を決めるのは、そもそも応募者に不公平なことだし、チームがベストな人材を見出す機会を減らす形にもなる。下の「多様性を確保せよ」で、チームを育てる際になぜ多様性が重要なのか、その理由を説明し、面談の過程で目につきにくいバイアスの影響を弱めるコツを紹介する。

1.1.4　工程を省くなかれ

「面談のプロセスの厳格化」は「コードレビューのプロセスの厳格化」と似ている。コー

ドレビューでバグを見つけたほうが、本番環境で見つけるよりはるかにコストが小さい。同様に面談の過程でチームに合わない候補者を不採用にするほうが、とりあえずその候補者を採用して、その結果生じる問題にいちいち対処を迫られるよりはるかにコストが小さい。「検知漏れに対する最適化」と呼ばれる手法だ。実践方法はこの章のあとのほうで説明する。あわせて、最適とは言えない応募者でもリスク承知で採用するのが戦略的に妥当なケースも紹介する。

1.1.5　応募者には敬意をもって接せよ

　求人の応募者が面接での体験を友人や家族、同僚に話すというのはよくあることだし、さらにそれを求人情報サイトやQ&Aサイトなどに投稿することもある。良い経験になったと応募者が思うような面接ができれば、企業側でも望みの相手を確保できる確率が上がり、さらに今後、求人への応募者も増えるかもしれない。逆に面接での経験が芳しくないと、望みの相手を取り逃がす恐れがあるばかりか、のちのちその応募者の人脈までごっそり失うことにもなりかねない。ここで目指すべきは、実際の採否に関わらず、どの応募者にも「この会社で働きたいものだ」と思いつつ面接会場を後にしてもらうこと、なのだ。

口コミ —— アレックスの体験談

応募者はとかく面接の際の経験を周囲の人々に話して聞かせるもので、それが募集する側に良くも悪くも影響する。ある時、私（著者のひとりアレクサンダー・グロース。略称アレックス）のチームに最適と思われる応募者がいたが、結局この人はやはりヨーロッパへ移り住むのは無理との理由で辞退した。だがその2週間後、同じ会社の別のエンジニアが応募してきて、同僚からとてもすばらしい面接だったと聞いたのがきっかけになったと明かしてくれ、結果的にはこのエンジニアを採用することになった。
また別の折、あるカンファレンスで見事な講演をした人がいて、大変感銘を受けた。そこでその講演者に我が社で募集中のポジションに応募しませんかと誘ってみたところ、なんとこう言われてしまった。「実は少し前に本当にそうしようかと考えていたんですが、貴社の求人に応募した友人から面接がめちゃくちゃだったと聞かされて別の会社を選んだものですから」
採用プロセスのマイナス面よりプラス面に関してのほうが格段に感想や噂が耳に入っ

て来やすい（そもそもマイナスのイメージをもっている人は求人に応募などしないだろう）。だから候補として適任と思われる人に積極的に接触し、弊社のイメージはどうでしょうか、と意見を訊いてみると、会社自体やその採用プロセスにまつわる噂や口コミを仕入れることができ、それに基づいて改善を施すことも可能になる。

1.1.6　どこまでならリスクを冒せるか慎重に検討せよ

　爆発的な成長のさなかには、成長目標を達成するためならリスクも冒さなければとプレッシャーに感じてしまうことがあるものだ。そうした流れで、当落線上にいる応募者に一か八か賭けてみることも、あるいは推薦による応募者を、共同創設者が良い噂を聞きつけたという理由だけであっさり受け入れてしまうことも、共にあり得る。だが、あえて言わせてもらえば、もっと慎重に行くべきだ。それでなくても大車輪、大混乱の日々なのに、リスク承知で採用した新人がハズレだったと判明し解雇しなければならなくなったら？　職場に解雇は付き物だが、採用プロセスでリスクを冒す機会が増えれば解雇の件数も増えておかしくない。

　たしかに、ダイヤモンドの原石を見つけるためにはもっとリスクを冒すべし、「誤検知（期待はずれ）」も許容すべし、と説く人もいる。たとえばヘンリー・ウォードは「採用のコツ」と題するブログ記事（https://carta.com/blog/how-to-hire/）でこう書いている。「結果的に『誤検知』となりかねない応募者の採用も恐れるな。人にはチャンスを与えるべきだ。恐れるべきなのは、やがて人の20倍もの働きをするようになる候補者の『検知漏れ』のほうだ」。

　もちろん、採用のプロセスや基準をゆるめ、むしろ職場での勤務状態の評価プロセスを厳しくしてそれに頼り、期待はずれの新人を早期に見極めるというシステムを作ることも可能ではある。だがたとえそうやって早期に解雇を決めたとしても、それを実行に移すには時間と労力を要する。時間と労力は爆発的成長のさなかではとくに貴重な資源だ。だからこそ我々は「どこまでならリスクを冒せるか慎重に検討すべし」と忠告しているのである。

1.1.7 直感に頼るべき時を見極めよ

　経験豊富な面接官の場合、面接を始めて10分から15分で直感が働くことが少なくない。直感は偏見につながる恐れがあるから唯一の採用基準にはできないが、もっと探りを入れて相手を、そして自分の反応を見定めろと命じるシグナルではある。

勘（かん）に頼るべき時とそうでない時

まずはアレックスの体験談から。
　　以前在籍していた会社で製品担当バイスプレジデントを募集していた時のことだ。候補者をどう思うか、みんなで意見のすり合わせをしたところ、好意的な見解が大勢を占めたが、ひとり、プロダクトマネージャーだけが「これといった根拠があるわけじゃないんだが、なんとなく『協調性に欠けるかも』って気がして」と言い出した。そこでさらなる身元照会を行い（それもとくに不採用を薦める人々の話を聞き）、結局不採用にした。

だが一方で、直感が当てにならないことを物語る次のような体験談もある。ベサニー・マッキニー・ブラント氏が寄せてくれたものだ。
　　履歴書は文句のつけどころがなく、面接での受け答えもすべて卒（そつ）なくこなした男性応募者がいたが、どこか引っかかるものがあって「採用したくない」というのが私の本音だった。なぜだろうと首をひねっているうちにピンと来た。サイテーだった私の元カレに妙に似ているのだ。あれこれ考えた末、この人はサイテーなんかじゃない、元カレを連想させるだけなんだと判断し、結局「採用」に票を投じた。

1.1.8 多様性を確保せよ

　バイアスは採用プロセスのどの段階にも影響を与える恐れがあるため、採用に関わる章（第1章から第3章まで）では例外なくバイアスの排除とその影響力抑制のコツとを提案している。だが詳細に入る前にまず何がバイアスに影響されるのかを明確にしておこう。それは「チームの多様性」だ。多様性を構成する属性には、人種や民族、性別、年齢、宗教、身体的能力、性的指向などがある。このようにさまざまな属性があるにもかかわらず、職場の多様性を論じる際、ひとつか2つの属性にしか目を向けないケースが

あまりにも多い。

バイアスは、直接影響を受ける人々に不公平であるだけでなく、要件を満たす候補者の範囲を狭めることで採用業務の有効性を低下させる。純粋に実利的な観点から見ても、特定のグループを除外することには、本来なら非常に広範であるはずのタレントプール（自社で将来採用する可能性のある人材をデータベース化したストック）の規模を小さくしてしまうという悪影響しかない。

その結果生じるのが多様性に欠けるチームで、とくに創造性や革新が求められる状況でパフォーマンスが劣りがちになる。この現象に関する研究の詳細は、マッキンゼーのレポート「なぜ多様性が大事なのか」（http://bit.ly/mckinsey-diversity）や、ハーバード・ビジネス・レビューの記事「チームの多様性の重要性、さらに立証される」（http://bit.ly/2gFkmwi）を参照してほしい。

また、多様性に富んだチームのほうが、顧客に寄り添う能力が高い傾向にある。たとえば多様性の点から見て均質な職場では「製品に関する意思決定が、ユーザーを無神経に傷つけたりしないか」といった自問を怠りがちで、その事例は枚挙にいとまがない。好例は、写真や動画を投稿できるSNSのSnapchat（スナップチャット）が公開した写真加工用フィルタ「anime」や「Bob Marley」だ。その昔、白人芸人が顔を黄色や黒に塗って東洋系やアフリカ系の人々を笑い物にしていた時代を連想させ差別的だとして即座に炎上の憂き目に遭った。

さて、スタートアップが規模拡大を図ろうとする際に直面しがちなのが「草創期からの社員と似たような人材を雇い入れる傾向」という当然と言えば当然な問題だ。草創期の人材は往々にして創業時のチームメンバーの人脈を介しての紹介だというのがその一因だが、この親密さがじきに弱点と化す。多様性に欠ける中核チームには、属性や経歴の異なる人が加わりにくくなるのだ。たとえば50人から成るチームがあって、その全員に子供がいないとする。「3児の親」はこのチームに入りたいと思うだろうか。しかもこの職場では、よく午後8時にミーティングが始まるとしたら？　午後8時といえば子供を寝かしつける時刻だ。また、全員が男性でとてもうまく行っているチームに女性第1号としてわざわざ入りたがる人がいるだろうか。均質性が図らずも生み出してしまう無思慮が応募者を圧倒しはねつける壁となってしまうわけだ。

そこで我々のアドバイスだが、あなたと価値観やアイデアを共にする仲間で創業チームを結成して一向にかまわない。また、これと同様の基準を草創期の新規雇用にも適用して一向にかまわない。チームの使命に情熱を注げる人々の集団を作るのだ。チームのメンバーが全員、20代の未婚男性なら、それでかまわない。全員が既婚女性なら、それ

もそれでよい。だがそれ以降は、チームの多様性確保を最優先しなくてはいけない。その目標を達成するためのコツを、このあと、章末までで紹介していく。

最後にもう1点、チームの多様性を確保する上で「開放的な職場作り」が不可欠であることも指摘しておきたい。せっかく多様な人材を雇い入れても、すぐ辞めてしまうようでは意味がない。これに関する詳細は、第5章の「5.2.4 開放的な職場作り」を参照してほしい。

1.2 採用プロセス

以上の鉄則を念頭に置き、ここからは、典型的な採用プロセスを詳細に解説し、さらに、チーム拡充の効果が上がっていないことを示唆する兆候や、調整を加えつつチームを継続的に拡充するコツも紹介していく。

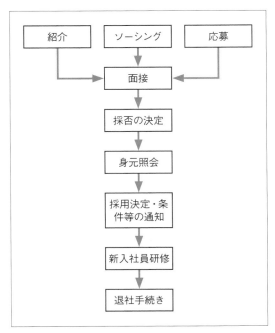

図1.1　典型的な採用プロセス

まずは図1.1を見てほしい。典型的な採用プロセスである。各項目についてこれから詳しく見ていくが、まず3種類のルートのいずれかを介して求職者が応募し、スクリーニングと面接の段階を経て採否の決定が下される。採用が決まった人材にはその旨、通知され、本人がこれを受諾すると新入社員研修^{オンボーディング}が行われ、その後、所定のポストに就く。なお、我々はさらに「退社手続き^{オフボーディング}」も採用プロセスに含めている。こうすることで採用と組織に関する貴重な洞察が得られるからだ。図示したフローは唯一絶対のプロセスとしてではなく、大多数のIT企業が採っているアプローチの大まかな流れとして見てほしい。

1.2.1 募集／応募のルート

人材募集／応募の主なルートは3種類、すなわち、本人の応募、「ソーシング」、知人等の紹介である。第3章では会社を買収して社員の全体（あるいは一部）を確保するという、また別の手法を紹介するが、ここでは一般的と言える上記3つのルートについて詳しく見ていく。

☐ 1.2.1.1 紹介

議論の余地はあるだろうが、候補者を得る上でもっとも効果的なのはまず間違いなく「紹介」だ[*1]。つまり在職中の社員（もしくは顧問や投資家、役員などの「社友」）が既存の人脈を介して有力候補の存在を把握するというルートである。過去に紹介者が一緒に働いたことがあり資質や資格、価値観がすでにわかっている人物であれば理想的だ。多くの点で他のルートに勝^{まさ}る方法だが、中でも顕著な強みが次の3点である（そのあとで、注意点も指摘する）。

経費と労力を節約できる

　　紹介者への報奨金は（後述するように）大抵は支払う必要があるが、「紹介」で候補者を確保できれば、社内リクルーター（これも後述）を雇ったり、外部のリクルーターへ業務委託したりせずに済むので、その給与や費用を節約できる。また、他のルートよりもはるかに事が速く進む

＊1　たとえば、ポール・ペトローネ著「候補者を得る上で、なぜ『紹介』が最良の方法なのか」（http://bit.ly/2hNYNxx）などを参照。

社員になってからの離職率が低い

紹介で採用された社員とその社内推薦者は、紹介経験のない社員より、その会社からの離職率が低い

成功率が高い

通常、紹介による応募者は事前に在職中の社員から会社についていろいろ聞かされるので、採用プロセスの開始時点ですでにモチベーションが高まっている。また、会社に関する情報を他のルートの応募者より多く仕入れられることから、会社の価値観に共鳴し、仕事の流儀や、要求される仕事の質をよく理解している傾向にあり、組織の文化にも馴染みやすい。そしておそらくもっとも重要なのが「人は普通、きっと良い働きをすると思える人物を紹介するから、他のルートの場合より雇用契約にまで持ち込める確率が高い」という点である

募集／応募ルート全体で「紹介」が占める割合が、会社の健全性を測る非常に有効な指標となり得る。この割合が小さい場合、従業員が職務に不満を抱えている状況や、会社の将来に不安を抱いている状況が考えられる。この割合を長期的に追跡調査することで、チームの士気を推し量ることができる。常に注視していたいデータである。

ただ、「紹介」に頼りすぎるのもよくない。そもそも人は共通点が多いからこそグループを作るという傾向がある。だから「紹介」だけで多様性に富んだチームを作ろうとしても、困難に直面することになる。紹介だと最初から多様性を乏しくする方向に進みがちなのだ。創業チームそのものが多様性に欠けている場合、特にそうなる。フリーダ・ケイパー・クラインによる研究[*2]では、白人の場合、友人の90％が白人、アフリカ系米国人なら友人の85％がアフリカ系であった。

ちなみに、在職中の社員による紹介の場合、その社員と被推薦者が以前から親しい関係にあると、入社後にサブグループを作ることがあるから要注意だ。そのサブグループで独自の文化を生み出し、一斉に辞めてしまう事態もあり得る。

☐ 1.2.1.2 「紹介」による応募者への接し方

「紹介」で応募してきたこと自体が有望な兆候ではあるが、どのルートの候補者も全

[*2] キム＝マイ・カトラー著「IT業界の多様性に関して長年の経験からケイパー夫妻が学んだこと」（https://techcrunch.com/2015/04/02/kapors-2/）

員が同じ手続きを踏むよう取り計らうことが大切だ。「紹介」の応募者を形ばかりの面接で受け入れたりすれば、チームの既存のメンバーがその新人の資質を疑うことにもなりかねず、これでは好調な滑り出しとは言えない。

　また、応募者には敬意をもって接するべきだということは、すでに「鉄則」のひとつとして紹介したが、「紹介」による応募者にはとくに敬意を払う必要がある。そうした応募者が面談等で不快な経験をすると、その推薦者も感情を害して、その後、紹介の労を取る気をなくす恐れがあるからだ。採用プロセスの改善を計画している場合は、ひとまず「紹介」だけに的を絞ってプロセスを整備し、その後徐々に他ルートへも手を広げるとよいだろう。さらに、「紹介」による応募者が今採用プロセスのどの段階にあり、見込みはどうなのか、といった最新情報を常に推薦者に提供する配慮も忘れてはならない。こうやって推薦者を「蚊帳の外」に置かないための努力を怠らず、今後も引き続き紹介の労を取ってもらえるよう働きかけるわけだ。

□ 1.2.1.3　「紹介」の促進

　社員に依頼するだけでも、驚くほど多くの「紹介」が得られる。現在募集中のポストがあればそれをチームの面々に知らせ、適任者がいたら紹介してほしいと依頼する、という手法を定期的に実践するとよい。これを担当するのは、採用担当チームでも、人材を必要としているチームの管理者でもよい（後者の場合、1対1ミーティングを活用するとよいだろう）。

　「紹介」による候補者の採用に成功した場合、その推薦者に報奨金を払うか否かも決めておくべきだ。米国のほとんどの企業が報奨金制度を設けている。単純明快な方法だし効果もある。次の点を押さえておこう。

・自チームのために候補者を推薦した管理者には報奨金を払わない。自チームの欠員補充は管理者の職務の一環だから、報奨金を払う必要はない
・報奨金額を決める際は、候補者探しを外部委託した場合の手数料を（上限として）参考にする。米国での相場は2,000ドルから5,000ドルである
・Amazonなど一部の企業では、紹介の件数が増えるにつれて報奨金も増えるという方式を採っている。こうやって「旨味」を加えることで、社員が1度か2度、紹介しただけでお役御免だと思い込み、紹介をやめてしまうような事態も防げる

　報奨金制度を設けていない企業の主な考え方は「紹介も職務の一環。社員はベストな

仲間と共に働けるよう、優れた人材を推薦するべき」というものだ。報奨金制度があると、報奨金欲しさに、さほど適任でない者でもついつい推薦してしまうような事態も考えられるが、その場合でも、厳格な面接プロセスを確立できていれば非適任者はふるい落とせるはずだ。

1.2.2　本人の応募

　ごく単純明快な人材採用ルートである。主に会社のウェブページの応募フォームを使って、応募者本人が直接申し込む。ただし小規模で知名度の低い企業は効果が見込めない。

　創業後間もない企業の知名度を上げるコツとしては、求人掲示板に広告を出す、マスコミに取り上げてもらう、自社の社会的価値観や技術部門の文化をブログ記事で紹介する、などがあげられる。このうち3つ目の手法は、有意義な取り組みであるだけでなく、価値観や考え方の似た人々を社員予備軍として惹き付ける効果がある。たとえばSlackのCEO兼共同創業者スチュワート・バターフィールドは全社員に「米国でマーティン・ルーサー・キング・ジュニア・デイを休日にしている企業は37%にすぎないが、この日は仕事をせずに、この日の意義に思いを馳せようではないか」（https://bit.ly/2gFiDqQ。日本語の記事はhttps://tcrn.ch/39z2D3q）という感動的な手紙を送ったそうだ（厳密にはブログ記事ではなく手紙を書いた事例だが、その手紙がブログで取り上げられ広く話題になった）。

　一方、「本人の応募」の弱点は「ノイズ」、つまり該当ポストの応募要件を満たさない志願者が多くなることだ。これは容易には解決できない問題で、履歴書に目を通すのは根気と時間を要する。

1.2.3　ソーシング

　「ソーシング」は事前対策的な採用法で、SNS、オープンソースのホスティングサービス（GitHubなど）、その他の関連サイトで、可能性のありそうな候補者を探し、直接コンタクトを取るというものだ。ソーシングのために社内で専任の「リクルーター」のポストを設けたり、将来の上司を採用責任者に任命したりする企業、いわゆる「ヘッドハンター」に外部委託している企業もある。

　創業後間もない企業では、創業者など幹部がソーシングを担当し、面接のスケジュー

ル管理は現場の管理者が担当する、といった形を取ることがあるが、これは採用プロセスに欠かせない次の2つの役割を体現した形態である。

- **リクルーター** —— ソーシングの業務を担当。つまり、さまざまな方法で有望な人物を探し出し、コンタクトを取る
- **コーディネーター** ——「応募者 体 験」の調整役。具体的には、面接のスケジュールを管理し、面接で候補者を出迎え、面接が滞りなく行われるよう終始気を配る。ただし、この役割の業務量はとかく過小評価されがちである

　一方、候補者探しをプロのリクルーターに外注すれば、そうしたリクルーターが有する大規模なタレントプールにアクセスできる。米国におけるプロのリクルーターの業務形態と委託料の請求方法は次の3通りに大別できる。

一般リクルーター

　分野にもよるが、新規採用者の初任給の10%〜25%を手数料として請求。通常、前払金は不要

エグゼクティブ・リクルーター

　通常は定額制で、3回の分割払いが多い（候補者探しの開始時、面接の開始時、採用決定時）。このうち最初の2回の手数料は大抵、基本料金として請求される。他ルートでの応募者が採用されることになっても、最初の2回の手数料は支払わなければならない場合が多い。他のリクルーターより料金は高いが、その分、特化した独占的な人材データベースにアクセスできる可能性が高い

時給制のリクルーター

　このほか、時間給制を採っているリクルーターもいる

　以上3通りの業務委託の長所と短所をまとめたのが表1.1である。

	長所	短所
一般リクルーター	・前払金不要	・依頼元との雇用・提携関係なし ・「応募者体験」が良くないケースが多い（適格な人材を見つけることよりも、ただ候補者を見つけて紹介することに焦点を当てがち、など） ・効率が悪い場合が多い（外部リクルーターとの連絡や意見のすり合わせに時間を取られる）
エグゼクティブ・リクルーター	・他ルートでは接触不可能な候補者にも接触できる ・前払金を請求されるが、その分、依頼主のニーズの把握に時間を割いてくれる可能性が高い	・コストの割に、候補者探しの成果が必ずしも大きくない ・成功が保証されていないにもかかわらず、かなりの投資が必要
時給制のリクルーター	・成功報酬ではなく時給制であるため、不適でもなんでも候補者を見つけなければ、と思わせる誘引がない	・迅速な採用を促す誘引がないため、雇用契約成立までに要する日数が極端に長くなる恐れもある

表1.1　3種類の業務委託の長所と短所

そして外注先の選定のコツとして我々が推奨するのは次の3点である。

1. 過去に候補者探しを委託して成果をあげたリクルーターを紹介してほしい、と社内外の人脈を介して依頼する
2. リクルーターの候補が見つかったら、その実績を照会、確認する。その候補に、厳格な採用プロセスを備えた企業から業務委託されて成果を上げた実績があるなら理想的だ。また、多様な人材の確保を目指すなら、バイアスに影響されない候補者選びで定評のあるリクルーターであることが要件となる
3. リクルーター候補との面接では、採用責任者（ハイヤリングマネージャー）との意見のすり合わせをどのように行うつもりか、訊いてみるとよい。これは、そのリクルーター候補が適格な候補者を見つける「手腕」を推し量るための質問である。依頼主のニーズをきちんと把握できないリクルーターは、有望、優秀な人材をなかなか見つけられない

□ 1.2.3.1　補充の必要なポストによってリクルーターも変えるべし

　製品担当バイスプレジデントなど、定員1名のポストの欠員を補充したい場合は、有力候補探しに役立つパイプは見込めないだろうから、外部リクルーターへの業務委託こそが理にかなった措置と言える。比較的上層部のポストを補充したい時にはエグゼクティブ・リクルーターへの委託を検討するべきだが、それ以外のポストについては一

般リクルーターまたは時給制のリクルーターで十分だろう。また、ジュニアプログラマーなど、常時募集したいポストに関しては、社内でノウハウを蓄積するのがよい。

□ 1.2.3.2 採用責任者とリクルーターの意見のすり合わせ

　社内外のリクルーターと社内の採用責任者との関係で一番大事なのは、継続的な意見のすり合わせだ。つまり、リクルーターと採用責任者は定期的に顔を合わせて候補者選びの要件を確認し合わなければならない、ということだ。これが不十分だと、非適任者を選んで面接し不採用に終わる可能性が高く、時間も労力も無駄になる。すり合わせ不足を物語る兆候は、たとえば「あんな候補者、面接するだけ時間の無駄だ」「候補者の質が良くない」といった面接官の声である。

　そこで、意見のすり合わせに効果的な手法を紹介しておこう。まずリクルーターが、仮想の候補者10名から20名のリストを作る。学歴、職歴、長所、短所がさまざまに異なる候補者のリストだ。できあがったら、これを採用責任者と共に1時間ほどかけて詳細に検討する。採用責任者は各候補の履歴書に目を通し、有望か否か、その理由は何なのか、リクルーターに説明していく。通常、この作業はどちらにとっても大変有益だ。採用責任者の側では、希望する資質をより明確に浮き彫りにでき、これがリクルーターの候補者探しとふるい分けに役立つのだ。エグゼクティブ・リクルーターはよく候補者探しを始める前にこの手法を実践して、理想的な候補者の明確なイメージをつかもうとする。

　さまざまな経歴の候補者を10人から20人想定し、そのリストを作るというのは大変な作業だが、完成したリストを使って1時間のすり合わせをしてしまえば、あとは週1回、リクルーターと採用責任者で本物の候補者の履歴書を検討するだけで、さらなる意見のすり合わせを図れる。採用責任者は各候補者について「この候補は良い」「こちらはダメ」と言うだけでは足りない。リクルーターの立場を理解しようと努め、自分たちがとくにどんな資質を重視し期待しているのか、きちんと説明して情報を共有しなければならない。もっとも望ましいのは、採用責任者からリクルーターに次のような感じで説明してもらうことだ。「この候補者をご紹介しなかったのは、これこれこういう理由があったからです。一方、こちらの候補者は、○○が興味深いと思ったのでご紹介しました」。こんな具合に意見交換を続けるうちに、リクルーターは、どんな点が採用責任者の目に魅力的に映るのかが徐々につかめてくる。以上の手法を、欠員の補充が必要なすべてのポストについて実践するとよい。

□ 1.2.3.3　社内リクルーター／コーディネーターを雇うべき潮時

　社内リクルーターを雇うべきタイミングを見定める際の「物差し」は2つ。「採用責任者が候補者探しと絞り込みに費やしている時間」と「新規採用に関する全社レベルの戦略」だ。社内のリクルーターやコーディネーターを雇うべき潮時が来たことを示唆する兆候には、たとえば次のようなものがある。

- チームの事務スタッフや部課の管理者が、候補者との面接のスケジュール管理や出張面談の航空券の手配などに忙殺され、本務をないがしろにする形になっているようなら、採用担当コーディネーターを雇って、このような管理事務を任せるという選択肢を検討するとよいかもしれない
- 同様のことが候補者絞り込みのための電話やネット経由の「リモート面接」についても言える。ある会社では技術部門の採用候補者の履歴書とリモート面接による絞り込みをたった一人で担当していたため、職務時間の半分以上が奪われていた。その後、会社が専任のリクルーターを雇い入れてくれたので、ようやく本務に本腰を入れられるようになった。リモート面接はチームのエンジニアたちに割り振ることもできるが、きちんと調整しないとはかばかしい成果が得られない恐れがある。こうした絞り込みの作業は有能なリクルーターがいれば大半を任せられるので助かるはずだ

　厳しい採用基準が確立しており、採用の取り組みを全社レベルで適宜支援している企業において、単独かつフルタイムの専任リクルーターが各月に雇用契約の締結にまで持ち込めるのは通常1人か2人である。同じ業務を採用責任者がこなす場合も、これと同じペースで仕事を進めると想定すれば、雇用契約の締結に持ち込むまでの所要時間をはじき出せる。採用チームを立ち上げる最初期の段階でとくに重要なのは、リクルーターの質、ならびにリクルーターと採用責任者の緊密な連携だ。

　一方、採用担当コーディネーターを雇う潮時を見極めるための「物差し」は、チームの事務スタッフや秘書、採用責任者が、人材探しや絞り込みに関連する事務作業にどれほど時間を費やしているか、である。経験豊かで有能な採用担当コーディネーターを雇えれば、当面はひとりでリクルーターとコーディネーターを兼務できる場合も多い。

最初のリクルーター

SoundCloud時代に著者アレックス・グロースの同僚であったエリック・エングストロムは、今なお、人材探しや面接にまつわる難問を抱えた者にとっては頼れる相談役である。そんなエングストロムによると、「最初に雇うエンジニア、デザイナー、プロダクトマネージャーによって、チームのそれ以降の流儀や雰囲気が決まるが、同じことが最初のリクルーターについても言える」のだそうだ。エングストロムに最初のリクルーターに必要だと考えている資質を、重要度の順にあげてもらおう。

「心の知能指数」の高さ

タレントプール（自社で将来採用する可能性のある人材をデータベース化したストック）を構成する人々にじかに接触することになるリクルーターは、いわば「我が社の顔」である。そのためリクルーターには「人を理解できる人材」が望ましい。つまり一緒にいて話の弾む人、興味深い会話のできる人、相手に気をつかわせない人、共に働きたいと思わせる人、思いやりのある人だ。あなたがそう感じる人物なら、晴れてリクルーターになってからは候補者からきっと同じように思われることだろう。リクルーターはあなたの会社を代表し、候補者やその「人脈」にとっては直に連絡を取り合う唯一の相手だ。リクルーター次第で、就職支援活動が思いやりに満ちたものにも、通り一遍なものにもなり得る。また、不採用通知は建設的なものにも無神経なものにもなり得るし、採用通知も心温まるものにも的外れなものにもなり得る。このように、リクルーター第1号として初めて雇う人物が、あなたの会社の「雇用者としてのブランド」を決定づけるわけだ。

有望な候補なら、リクルーターが必要な準備をさせれば面接を首尾よくこなせる可能性が高い。逆に、有能な候補でもリクルーターが何も手助けせず「手探り状態」のまま放っておけば、失敗する恐れがある。そして、雇用契約の締結に持ち込める可能性は、リクルーターと候補者との関係、および候補者のモチベーションに対するリクルーターの理解度に大きく左右される。先を読めるリクルーターなら、候補者を理解して良好な関係を築こうとする努力を怠らない。また、リクルーターは候補者の描く将来のプランに自社がどのような形で適合するのかも必ず示さなければならない（たとえば、タイミングを見計らって候補者を社内の最適な人物と引き合わせたり、職務内容や給与体系などを詳細に提示したりする必要がある）。以上の要因にまったく配慮しない、いい加減な採用責任者もいるだろう。逆に「有能なリクルーター」自身が、候補者に入社を決断させる大きな要因のひとつとなる場合もある。チームに入ってきた新人に、リクルーターがどうだったか感想を訊いてみるとよい。まあ、リクルーターがすばらしかったから、という理由で入社を決断す

る者はそうそういないにしても、リクルーターも心がけ次第でいくらでも腕を磨ける。というわけで、リクルーターを雇い入れる時には、まず第一に「心の知能指数の高さ」に注目するべきなのだ

計画性と仕事の速さ

リクルーター第1号を雇い入れたら、さっそくほかでもない技術部門の人材探しに尽力してほしいところだろうが、おそらく支援の必要な部署はほかにもあり、「合計10以上のポストを補充しなければならない」といった状況もあり得る。そのため、優先度を判断する能力と、どの該当部署とのコミュニケーションも欠かさずできる能力もカギとなる

採用プロセスに関する専門知識

典型的なスタートアップでは、候補者を探して適任者を採用する仕事を命じられても、まったくの未経験で、どう進めたらよいのか見当もつかないというスタッフが多い。だからこそ採用プロセスに関して専門知識を有するリクルーターが必要だ。どのような知識なのか具体的にあげてみよう。

- 採用のベストプラクティスを確立するよう努める
- 株式発行による資金調達などスタートアップ全般についても、その特定の企業の事業についても理解している
- 候補者に対する採用条件等の効果的な提示方法を心得ている
- もしも面接を受けた候補者たちを何週間も待たせる一方で新たな面接を次々に続けるような採用責任者がいたら、これに異議を唱えることも辞さない
- 採否の明確な判断を下せるよう、視野が広くバイアスの入り込まない面接プロセスの確立を促進する
- 採用管理システム（ATS: Applicant Tracking System）を選定するための知識と能力を持ち合わせている
- 評価基準を策定するよう努める
- 候補者のモチベーションを刺激する要素を把握している
- 将来の上司や会社の創業者に対する候補者の態度がリクルーターに対する態度と異なることをきちんと理解している（この3者に対する候補者の態度は確かに異なるのだ）

ほかにもまだある。単なる「経験者」を雇うだけでは不十分なのだ。今あげたことすべてについて、また、ほかに何か疑問点や懸念があればそれについて、どう考え

るかリクルーターの候補者に尋ねてみることだ。最後にもう 1 点。最初のリクルー
ター選びでは、「定量的な基準に基づいた管理を重視していること」のみを根拠に
して採用を決めたりしてはならない。最初のリクルーターにはメトリクス管理を実
践する時間的余裕などないはずだし、どのみち複数部署の新規採用業務を一手に
引き受けなければならない最初のリクルーターが使いこなせる十分なデータなど
あり得ないのだ

候補者を絞り込む能力（必須ではないが望ましいスキル）

リクルーター第 1 号に、候補者を絞り込んで面接官の負担を軽減できる力があれ
ば、まさに「鬼に金棒」だ。候補者の絞り込みができるリクルーターが通常スクリー
ニングの尺度にするのは「候補者の専門分野の知識」ではなく「成功の予測因子と
なる能力」、たとえば「複雑なプロジェクトおよびそのプロセスや決定事項等を、事
業の目標や成果の観点から詳しく語れる能力」だ。戦略的思考やコミュニケーショ
ンといった採用プロセスに必須の能力をあなたに代わって発揮してくれるリクルー
ターが確保できれば理想的なのである

1.3　雇用者としてのブランド

「やるべきことはすでに山ほどあるのに、なぜ『雇用者としてのブランド』にまで注力
しなくてはならないのか？」と思う人もいるだろう。だが、しかるべき「雇用者として
のブランド」を確立できれば、採用過程への多大なテコ入れ効果が期待できる。企業ブ
ログで洞察に富んだ記事を読んだことがきっかけで優れた人材が求人に応募してくる
ことはよくあるし、企業ブログには社員の定着率を高める効果もある。さらに、社員は
ブログ記事やカンファレンスでの講演で自分たちの仕事を発表、宣伝することを許され
れば、キャリア面で実績を積めるし、自分たちの仕事が社会的に認められたという満足
感も得られる。

1.3.1　ブログ

（事業によっては内部の事情を公にできない場合もあるだろうが、可能なら）社内の
さまざまなニュースや逸話を紹介するブログを作るという手もある。すでに紹介した目

的以外にも、組織の文化や技術などについて知りたくてブログを読む候補者（予備軍）は多い。ただしブログを始めたら定期的に記事を更新する必要がある。更新が途絶えて古い記事ばかりになってしまったブログは、求人の点では逆効果だ。

1.3.2　交流会

　インターネットを介してコミュニティを作った同好の士が実際に顔を合わせる交流会^{ミートアップ}は、地元の候補者予備軍に働きかける簡便な方法だ。スペースや設備の点で可能なら、自社の事業や、チームが選定した技術に関連する交流会を主催するという選択肢を検討してみてほしい。交流会の運営者側が、会場を提供してもらったことに感謝して、主催者にチームについて、募集中の関連ポストについて、話す時間を多少与えてくれることも珍しくない。カンファレンスに比べれば費用も低く抑えられるから、規模の大きくない企業にとっては注目を集める絶好の方法と言える。最後に、社内で進行中の興味深いプロジェクトや活動等をこうした交流会で紹介することで、候補者予備軍の応募意欲をかき立てられる、という点も指摘しておきたい。

1.3.3　カンファレンスでの講演

　カンファレンスでの講演は宣伝・周知効果が高いが、どのカンファレンスで講演するかは、賢く慎重に選ばなければならない。講演の準備には相当な時間を要するから、関連性の低い場での講演は意味がないのだ。社員にカンファレンスでの講演を許可するか否かの判断基準は次の2つである。

- そのカンファレンスには候補者予備軍が多く参加するか？　そのカンファレンスで行う講演に、候補者予備軍は興味をもちそうか？
- そのカンファレンスの講演内容または講演者から、参加者は多くのことを学べるか？

　つまり、採用の好機か、学びの好機か、いずれかになりそうなカンファレンスで講演を行うのがよい。

1.3.4 OSSへの貢献

　オープンソース・ソフトウェア（OSS）に貢献できるか否か（とくに勤務時間中の貢献が許されるか否か）を重視するエンジニアは多い。だがチームのソースコードの公開を許可するか否かを検討する際は、自社の事業上のニーズに配慮する必要がある。妥当な方針は「社内で使用しているOSSに関しては勤務時間中の貢献を奨励し、他社に競争上の優位性を与えない技術に限り公開を許す」というものだ。そして常に忘れてはならないのが「オープンソースプロジェクトは継続的なメンテナンスとサポートが欠かせない」という点だ。ソースコードを公開したはいいが、その後、一切更新なし、あるいはプルリクエストへの対応なしで放置したりすれば、技術的ブランドのイメージダウンを招きかねない。

オープンソースへの実際的なアプローチ

キーラン・エリオット＝マクリーは、Etsy〔エッツィ〕の元CTO等の実績があるほか、技術部門のプラクティスと文化を論じるライターとしても高く評価されている。また、OAuth〔オーオース〕のオリジナルの作者のひとりとして、OpenWeb〔オープンウェブ〕の意義と影響力を熱く語る推進派でもある。そんなマクリーに、自社開発ソフトをオープンソース化する場合のコツや注意点を訊いてみた。

　　会社の資金で開発したプロジェクトをオープンソース化する場合、とかく長期的な継続管理の要件を過小評価しがちだ。だが、プルリクエストへの対応速度は、コードの質や使用しているプログラム言語などと同様に、社外でのブランドを左右する要因となる。たとえば、その企業を就職先の候補のひとつと考えている優秀な人材がGitHubで複数のプロジェクトのリポジトリが放置されたままになっているのを目にしたら、それを警告サインとして受け取るだろう。そうしたプロジェクトに貢献した人々がすでに揃って退社していたりすれば、とくにその恐れが大きい。
　　オープンソース化の検討対象にしてもかまわないのは「他チームにも役立ち、しかも本番環境に移行してからすでにかなりの時間が経過しているツール」だけだ。会社の事業上のニーズに応えるためではなく、オープンソース化するだけのためにエネルギーを費やしてツールをデザインすることは避けるべきなのだ。それに、すでにかなりの期間、本番環境で稼働しているツールについて（意外な効能や予想外の問題などを取り上げて）書いたブログ記事のほうがはるかに面白い。
　　ただ、会社とは関係のない独自プロジェクトをオープンソース化することならチー

ムのエンジニアに許して一向にかまわない。重要なサイドプロジェクトの存在を報告するプロセスを確立する必要はあるが、こうしたサイドプロジェクトは奨励するべきだ。たとえばチームのエンジニアが職務とはかけ離れた面白いテーマを見つけた場合、独自のサイドプロジェクトという形でなら支障なく結実させられるかもしれない。

最後にもう1点。オープンソースについて検討する際には、会社が利用しているオープンソースプロジェクトを支援できないかも考えてほしい。既存のプロジェクトに対する支援は、当初はあまり評価されないかもしれないが、会社が依存しているオープンソースプロジェクトへの参加を許された社員が、やがて主要な役割を担うようになるケースは少なくない。

1.4　まとめ

　優秀な人材の確保は、最強のチームを育て上げる上で不可欠な要素だ。本章では、スケーラブルな採用プロセスの基盤となる「鉄則」と、適格な候補者を見つけ出す最良の方法とを紹介した。次なるステップは「確保した候補者をふるいにかけ、チームのニーズに照らして評価し、採否を決めること」だ。これを次章で解説する。

1.5　参考資料

・タミー・ハンの「人材争奪戦で募集側と応募側の双方が勝利を収めるためのカギ」（http://bit.ly/2gFpiBl）。企業と求職者の双方に、正しい選択をするためのノウハウやコツを伝授している

- レスリー・マイリー著「多様性についての考察 パート2 多様性の向上が難しいワケ」
（http://bit.ly/2gFtPnw）。職場の多様性を促進する取り組みで直面した問題を中
心にTwitter時代を振り返っている

- 英語版ウィキペディアの「Diversity (business)」の項（http://bit.ly/2gFqGnL）
に多様性がビジネスにもたらす利点の概説がある[*3]

- ライリー・ニューマン、エレナ・グリウォル著「まずは自分たちから —— データサイ
エンスを応用したAirbnbの多様性向上の取り組み」（http://bit.ly/2gFrnxe）。同
社のデータサイエンスチームが普段は顧客のために駆使している手法を応用して自分
たちの職場の多様性を改善した経緯を紹介している

---

*3　[訳注]日本語版Wikipediaでは「多様性」と「ダイバーシティ・マネジメント」の項が参考になる。

採用のスケーリング —— 面接と採否の決定

　本章でも採用プロセスに関わる解説や提言を続けるが、ここで焦点を当てるのは「確保した候補者の中から最適な人材を選ぶコツ」だ。採用プロセスで言えば、図2.1の濃い背景で示した「面接」「採否の決定」「身元照会」の3ステップが関連箇所になる。

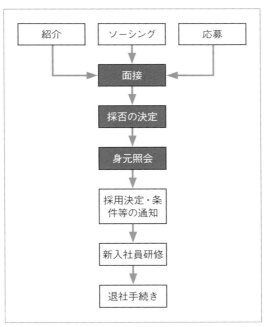

図2.1　本章の対象となるステップ（白文字部分）

　会社が成長を遂げる過程で、採用プロセスのスケーリングの立ち遅れを示唆する兆候に気づくことがある。たとえば次のようなものだ。

・採用プロセスに関して、候補者から否定的なフィードバックが寄せられる。「面接で毎回同じようなことを訊かれました」「面接官の方がきちんと準備していらっしゃらなかったように感じました」「全体にまとまりがなく、スムーズにはいきませんでした」など

・採否決定の過程が長引き、なかなか雇用契約の締結に持ち込めない。経営陣が採否決定プロセスを信用できない場合、面接結果のフィードバックを精査したり、さらなる面接や身元照会を要求したりすることがあり、最終決定をなかなか下せない

・ベテラン社員から「新人の質が落ちた」との苦情が寄せられる。採用プロセスをもっと厳格化する必要があるのかもしれない。あるいは採用プロセスのスケーリングがチームのスケーリングに追いつけていないのかもしれない

・成功要因のひとつである「多様性」がチームに欠けている。あるいは、候補者探しのパイプがチームの既存メンバーの構成とほとんど変わらない

・人手不足に困り果てた採用責任者（ハイヤリングマネージャー）が破れかぶれになり不適任者でも採用してしまう。そのせいで採用プロセスに対する上層部の信頼感がますます薄れる

ここからは、以上のような問題の解決に役立つ手法やコツを詳しく見ていく。

2.1　面接

補充が必要なポストの候補者を確保できたら、次なるステップは「その候補者の評価」である。我々の推奨するプロセスを図2.2に示す。

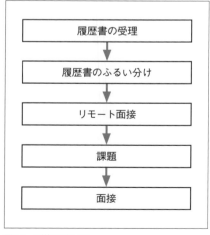

図2.2　面接のプロセス

　これ以外にも、たとえば「課題」のステップを省き、代わりに現場での面接でコーディングのスキルを評価する、といった手法があるが、ここで紹介するのはすでに多くのIT企業で効果が実証済みのものである。

2.1.1 履歴書のふるい分け

　履歴書によるふるい分けは、どうひいき目に見ても「あまり当てにならない」としか言いようがない。というのも、このすぐあとでふるい分けの指針を提案していくが、そのひとつひとつに「例外」が実在するからだ。ある特定の指針に照らしてみると「ハズレ」だが、まあとにかく採用してみるかということで社員になった人物がその後なかなかの手腕を発揮した実例を、著者が個人的に知っているのだ。それに、管理職ではない一般レベルのポストの応募者で、履歴書の書き方を心得ている者はそうそういないし、異業種からの転職者となると自己PRに関する常識や基準が異なる場合もある。そんなわけで、ここから紹介していく指針は、あくまで我々の「提案」と見なし、今後の現場でのフィードバックや評価経験を踏まえて自分なりの「勘」を磨いていってほしい。

　さて、第1の指針は「明確で具体的な実績を探せ」である。たとえば履歴書に漠然と「Xチームに所属。Rubyによる開発を行う」と書いている候補者より、「X機能のデザインと実装を担当。これにより顧客満足度がN%向上」などと具体的な実績を明確にあげている候補者を選んだほうがよい。

　第2の指針は「過去の在職期間をチェックしろ」である。過去の所属先の一部を短期間で辞めた、というケースならまったく問題がないが、どの会社も2、3ヵ月で辞めているなら、今回もその程度の期間で辞めてしまう恐れがある。我々が以前ふるい分けをした履歴書の中に、なんと10社をいずれもかっきり2年で辞めたと書いているものがあった。というわけで、ここで探すべき候補者は「今回の勤め先も自分のキャリアの踏み石のひとつにすぎない」などと考えてはおらず、次の就職先を慎重に選ぼうとしている候補者、かなり長期にわたって勤めたいので価値観等の相性が良い会社を見つけたいと考えている候補者だ（ただ、「比較の問題」ではある。シリコンバレーでの平均的な在職期間を、たとえばデンマークのそれと比較すれば、当然はるかに短いと感じるはずだ）。

　このほか、「職場以外での専門的な活動」は、仕事に対する候補者の思い入れを測る尺度となり得る。たとえばGitHub等のプラットフォームでソースコードを公開した実

績、カンファレンスや交流会で講演をした実績、オンライン講座を受講した経歴などが履歴書に記載されていないかチェックするわけだ。また、世界中の大学と協力して一部のコースをオンライン上で無償提供しているCourseraなどで学習を続けているといった記載があれば、新しいことを学ぶ意欲がうかがえる。もっとも、職場以外で専門的な活動をする時間や資金のない者もいるだろうから（たとえば親が病気で、夜間は働きながら大学に通わなければならなかった候補者など）、こうした詳細を必ずしも候補者ふるい分けの決定的な要因にできるわけではないが、時間や資金に恵まれて上記のような実績を積んだ候補者に関しては、履歴書の記載事項が参考になり得る。

　また、幹部など管理者レベルのポストを補充する際には候補者の職歴をとくに入念にチェックする必要がある。文化の異なる業種で長年勤め上げた候補者が次の職場の文化に馴染めないことがあるからだ。たとえばこの20年間、大手多国籍企業に勤めていた候補者がスタートアップの文化に適応できず苦労する、といったケースである。

2.1.2　最初のスクリーニング

　履歴書のふるい分けで見込みのありそうな候補者を見つけたら、次は「候補者側と選考者側の双方から見て、直接会って面接する価値があるか否かを検討するステップ」だ。候補者が遠隔地から飛行機等で来なければならない場合、このステップは言うまでもなく大変重要になる。候補者が比較的近くに住んでいるなら、とにかく顔を合わせるのが一番だが、それが不可能な場合はリモート面接（電話やネット経由の「面接」）が次善の策となる。

　直接でもリモートでも面接の情報収集力は抜きん出ている。他の手法と比較して、選考担当者がより短時間でより多くの情報を得られ、しかも他の手法では得られない微妙な手がかりをつかめるからだ。ただしバイアス（偏見や先入観）には影響されやすい。近年、「候補者ふるい分けのステップ」と「候補者に実践的な課題に挑戦してもらうステップ」（いずれも詳細は次節を参照）で選考担当者をいわば「目隠し」の状態にし、より公正な評価を促そうとするオンラインツールが登場している。明らかにこれが一番、と薦められるものはまだないが、チームに最適と思えるツールが見つかるかもしれないから、この選択肢は検討に値すると思う。

　このステップの精度と効率を高めることは、採用プロセスのスケーラビリティを高める上で不可欠だ。直接会うのはチームにとっても応募者にとってもコストが高いし、選考側であれ候補者側であれ「相性が良くなさそうだ」と気づくのが早ければ早いほど、

関係者全員の時間をより多く節約できる。

　また、リモート面接では候補者に就職活動全般の進捗状況を訊いておくことも大切だ。すでに他社から有力なオファーが来ていないか？　来ているとして、受けるか否かの決断は、あと何日くらいで下すつもりか？　他社の面接プロセスがすでに半ばぐらいまで進み、決断を下す意志も固まりつつある候補者には、迅速に対応しなければならない。候補者は必ずしもこういった情報を自分からは明かしてくれない。候補者の現状がどうなっているのか、最初から把握していないと、時間を無駄にしたり土壇場になって慌てたりしかねない。

　続いて、リモート面接のコツや注意点を紹介する。

☐ 2.1.2.1　準備

　候補者は、あなたの会社について事前に調査をしただろうか。そもそも候補者たるもの、きちんと態勢を整えて面接に臨むべきなのである。リクルーターから声をかけられて応募してきた候補者であっても、準備は必須だ。だからリモート面接では開口一番、「弊社について、これまでにどんなことを耳にされましたか。何か質問はありませんか」と尋ねてみてほしい。その返事を聞けば、候補者があなたの会社に本当に関心をもっているのか否かがわかる。たとえば「良いことずくめだと思います」などと言ってのける候補者は、おそらくあなたの会社の製品をまだ見てもおらず、したがってその製品に夢中なはずがなく、事前の調査をするほどモチベーションが高まっているわけでもないと思われる。むしろ積極的に探し出すべきなのは「そうですね、すでにスゴい製品だとは思いますが、○○の機能は改善していただきたいですね。そうすれば私がやりたいと思っている××も可能になりますし、△△のような使い方もできますから」といった返事のできる候補者だ。こうやって候補者が自ら考えを明かしてくれると選考側も嬉しくなって、こんな風に思ったりする。「よし！　この候補者は早くもこの製品に夢中かも。たとえそうでなくても、すでにこの製品を使ってくれているのだから、今後入れ込んでくれる見込みはありそうだ」。

☐ 2.1.2.2　文化

　候補者が経験豊富であればあるほど、他社のさまざまな文化にも通じている可能性が高い。リモート面接では、過去に在籍していた企業の文化や価値観がどのようなものだったか、また、そのどこが性に合ったか合わなかったか、訊いてみるとよい。そして

それに対する答えをじっくり検討することが非常に重要だ。引く手あまたの優秀な候補者の中には、面接では必ず事前対策的にその会社の文化について尋ね、相性を見極めるようにしている者がいる。こうした文化や価値観の相性を面接でどう見極めるべきかは、第9章の「採用における価値観と文化」で詳しく解説している。

☐ 2.1.2.3　職歴

前の職場を辞めた（辞めたい）理由は必ず訊いておこう。複数の会社を短期間で辞めた経歴の持ち主は大抵この質問に対する答えを抜かりなく用意しているものだ（このあたりは「心の知能指数」の低い面接官にはなかなか見抜けないかもしれないが）。そして今度の職場ではどんなことを望み、期待しているのかも訊いてみてほしい。この手の質問に意表を突かれ、自分の希望を明確に語れない候補者は少なくない。こうした質問をぶつけてみると、候補者の関心や不満、課題など、さまざまなことを掘り起こせる。

☐ 2.1.2.4　知識と適性

初めてのリモート面接では候補者が「チームの文化と価値観の点で適任か」と「該当ポストに最低限要求される職務をこなせるか否か」を見定める必要がある。初回のみで事足りる場合もあるが、必要に応じて回を重ねてももちろんかまわない。複数回のリモート面接は（候補者の都合や負担に配慮して、なるべく間を置かずに行うのが理想的だが）、経験の浅い面接官には恰好の訓練の場ともなり得る。1回限りではなく複数回のリモート面接で必要な情報を仕入れたのちに、本当の「面接」に臨めるからだ。専門知識を備えた面接官なら、候補者の知識の深さを探る質問を投げかけてみてもよい。

いずれにしても、選考側と候補者側の双方がかなり乗り気になったらリモート面接は完了、今後さらに時間を投資して候補者に課題に取り組んでもらう甲斐がある、ということだ。リモート面接が完了すれば、リクルーターは候補者に関するやり取りから、性別や人種など、バイアス要因となり得る詳細を削除する操作を行ってもかまわない。

2.1.3　課題

候補者は、晴れて雇用契約を結んだら、どのような仕事をして1日を過ごすことになるか。たとえばITエンジニアなら「コードを書くこと」が主な職務となるはずで、選考側としては当然候補者のその能力を立証する具体的なサンプルを見たいと思うだろう。その意味で候補者の能力を確認し損なえば、これは重大な見落としとなる。

そこで候補者の能力を確認するための既存のアプローチを 3 つ紹介しておく。

・自宅で取り組めるよう、課題^(チャレンジ)を候補者に送付する。こうすれば候補者は必要に応じ
てウェブ検索、リファレンスマニュアル、オンラインチュートリアルなどを活用、参
照しながら課題をこなせる（採用されたら、おそらく職場でもこのようにして仕事
を進めるはずだ）。ただし期限は設けたほうがよい。そうしないと結果の返送件数
が減ってしまう。また、本当に候補者自身が課題に取り組んだのか否かを確認し、
建設的な批評に候補者がどう反応するかを見定めるため、面接では課題の結果につ
いて「探りを入れる質問」をしたい
・課題は社内でやってもらってもかまわない。こうすれば、候補者本人が自分でやっ
たことが確認できるし、ほかのエンジニアとの共同作業ができるかも評価できる
・公的な貢献実績があれば、課題の過程は省いてもかまわない。エンジニアの場合、
公開したソースコードがあれば、課題のステップを省き、代わりにそのソースコー
ドと「イシュー」や「プルリクエスト」に対する候補者の対応を確認する。デザイ
ナーの場合は、候補者自身がデザインして公開されている作品があればこれを調べ
る

　この段階でバイアスを排除するコツは「課題のステップで担当者が候補者の履歴書を
見ずに、もしくは匿名化した履歴書を見て、評価を行う」というものだ。履歴書の匿名
化とバイアスの有無の確認はリクルーターが補佐してもかまわない。

課題に関するアドバイス

Etsy^(エッツィ) の元CTOであるキーラン・エリオット＝マクリーに、面接の過程で課題に挑戦し
てもらう際のコツや注意点を訊いてみた。

　　課題をやってもらう時には、制限時間を設け、それを忘れずに伝える（たとえば「こ
　　の課題は 4 時間以内でやってください」など）。課題を選んだ理由も説明する必要
　　がある（たとえば「これはスケーリングに関して弊社が抱えている重要な問題を単
　　純化したものです」「○○など、チームが日常レベルで使っている重要なスキルを、
　　あなたがどの程度もっていらっしゃるかを評価できる課題だと考えて選びました」
　　など）。また、評価基準も明確にするべきだ。どんなプログラミング言語を使っても

> かまわないと言っておきながら、チームにとって望ましい言語を使わなかったとの理由で減点する、といったことがあってはならない。プログラミング言語はXを使ってくださいと命じ、Xの特定の機能を使わなかったとの理由で減点するのも好ましくない（ただし、チームがXの特定の機能を重視しているが、それを新人に教えている余裕はない、といった事情があるなら話は別だ）。課題の解答にユニットテストもしくはインテグレーションテストが添えられているか否かを評価するつもりなら、そのことを事前に告げるべきだ。
>
> 最後にもう1点。選考側として候補者に課題を命じる行為は、「解答の評価まで引き受けたこと」を意味する。課題を命じられる段階まで進んだ優秀な候補者なら、自分の解答について語りたいと思うのが当然だ。せっかく挑戦したのに選考側から何の反応もなかったらガッカリするに違いない。

2.1.4　面接内容の検討

　Googleによれば、採用プロセスでは面接官が多くなりすぎると効果が薄れるという。4人目の担当者による面接まではいいが、それ以上増やしても「意思決定の精度」は面接官1名につき1%しか上がらない、との調査結果が出たそうだ。「言い換えると、それ以降は面接回数を増やしたことで生じるコストが、増員分のフィードバックが最終決定にもたらす価値を上回ってしまうのである[1]」。このことがもっともよく当てはまるのは、すでに面接の内容がきちんと決まっている企業だ。

　だが面接官を4、5人に限定することにはリスクもある。チームの他のメンバーが新人採用に際して「蚊帳の外に置かれた」という印象をもちかねないのだ。それを防ぐ低コストな手法が「複数のチームメンバーが候補者と昼食を共にしながら行う面接」だが、候補者の心理的負担は増してしまうかもしれない。

　もうひとつ、より多くのチームメンバーを関与させる手法として、複数人で面接を行うというものがあるが、この場合にも候補者の心理的負担が増す恐れはある。

---

[1]　「Googleの11ステップから成る面接官のための手引き」Inc. magazine, October 17, 2014（https://bit.ly/2R7pLA0）

5回とも似たりよったりの内容 —— アレックスの体験談

SoundCloud で技術部門を率いていた時、私はいつもみんなの面接が終わったあとで
一番最後に候補者に会うようにしていた。応募者全員に会ったりしたら、職務時間を全
部奪われるのが落ちだと思っていたからだ。一番最後に会うようにすれば、他の面接
官の評価が低かった候補者は飛ばせるし、候補者にこれまでの面接についての感想を
訊くこともできる。

最初のうち（チームのエンジニアが30人程度まで）は、これでうまくいっていた。だが、
いつ頃からか、気がつくと候補者のこんな感想が増えていた。「いい感じでしたが、ど
ちらかというと5回とも似たりよったりの質問内容でした」。会社の規模がもっと小さ
かった頃は、誰が何に焦点を絞って面接を行うか、担当者の間ですり合わせをしていた
のだが、規模が1年未満で3倍に膨れ上がった爆発的な成長の最中は、そんな相談をし
ている暇などなくなってしまっていた。

そこで面接の回数を制限しようということになった。候補者の負担を減らし、似たり
よったりの内容になって効果に疑問符が付いてしまった面接に費やす時間を減らすた
めだ。また、面接官が焦点を当てるトピックが重複しないよう、構成にも留意するよう
になった。その結果、それまでよりはるかに少ない労力で、だが精度を落とすことなく、
優秀な人材を見極められるようになった。

2.1.4.1　幹部の関与

爆発的な成長のさなかには、創業者や部門全体の管理者などの幹部が勤務時間の半
分を採用に費やしてしまう事態も珍しくはない。チームに最適な人材を確保すること
の重要性を考えれば、それだけの時間を投資する価値が十分にあるのだ。

というわけで、創業直後は幹部自身が候補者全員を相手に面接したとしてもまった
く問題はない。そうすることで幹部は採用プロセスの全体像をつかむことができ、適材
を確実に雇用できるし、面接に長けた部下を見極められる。だが幹部にとっての最終
目標はあくまでも「自分抜きで十分機能する採用プロセスを確立すること」である。

2.1.4.2　面接パネルの選出

大抵、面接のうまい部下が見つかるのは、面接が完了した時点で担当者たちが集まっ
て行う「意見のすり合わせ」でのことだ（このミーティングについては後続の「2.3.1　意
見のとりまとめと議論のコツ」を参照）。たまに、候補者ひとりひとりについて明確に
「合格」「不合格」の診断を下せる面接官がいて驚かされることがある。ほかの面接官は

というと、表面的な感想や意見を述べるだけだ。こうしてほどなく「基準をゆるめることなく候補者の現況を的確に把握し、行き届いたフィードバックを返せる面接官」が見つかる。

次に面接委員団（パ ネ ル）だが、幅広い視野で面接を進められるよう、さまざまなチームからさまざまな勤続年数の社員を選出する必要がある。この点は技術部門にとってはとくに重要だ。エンジニアの場合、所属チームが結構頻繁に変わるから、新たに雇い入れる人材は特定のチームではなく部門全体に馴染めそうな者でなければならない。また、多様性の向上を目指すなら、まず面接パネルの多様性を極力高めなければならない（ただし過労（バーンアウト）には要注意だ。たとえば、この部門の女性スタッフはひとりきり、といったケース。そういう女性は面接パネルが結成されるたびに「紅一点」として選ばれてしまう可能性が高い）。

採否決定の手法に関しては、後で紹介するので、その中から自分たちの組織に合うものを選んでほしい。幹部は面接終了後の検討会に時折顔を出して万事が滞りなく進められているか否かを確認する必要がある。だが滞りのないことが確認できたら、プロセス強化の任務はリクルーターや他のスタッフに委ねてかまわない。最終的には、幹部が面接する相手は幹部候補だけとなるのが望ましい。ただし、以上で概説してきたプロセスは、成長の速度がさほど速くない企業では徐々に導入していけばよい。

☐ 2.1.4.3　抜けをなくす

候補者から「5回とも似たりよったりの質問内容だった」などと言われないよう、また、必要事項を漏れなく面接で採り上げられるよう、自分たちの組織にとってとくに重要なのはどの領域なのかを見極め、それを面接官にきちんと割り振る必要がある。これは採用責任者（ハイヤリングマネージャー）の任務だが、リクルーターが経験豊富であれば補佐してかまわない。

候補者の評価に必要な背景情報を事前に漏れなく面接官に伝え、面接官が焦点を当てる領域の重複を防ぐためには、採用責任者がブリーフィング（事前説明）を行う必要がある。急成長の初期段階では、チームメンバーがまだ採用プロセスに精通していないので特に重要だ。小規模なチームなら、この準備のためのステップを、普段のスタッフミーティングやスタンドアップミーティングの一環にしてもよいだろう。より規模の大きなチームなら、面接パネルの各メンバーにメールを送る形にしたほうが効率的だ。「候補者の背景情報（その候補者を見つけた経緯など）」「補充するべきポストの職務と社内での位置付け」「各面接官が焦点を当てるべき領域」といった内容だ。以下に（完璧とは程遠いが）面接で使えそうなトピックや質問をリストアップしておく。言うまでもないが、現実に補充するべきポストの要件に即して適宜調整しつつ活用してほしい。

技術系（特定の技術的スキルが求められるポスト）の候補者の場合

- コンピューターサイエンスの基礎知識（データ構造、アルゴリズム、計算量など）
- アーキテクチャ（可用性、水平方向と垂直方向のスケーリングの違いなど）
- 問題解決手法

デザイン系の候補者の場合

- 審美眼（影響力、美的センス）
- プロダクト思考（プロセス、問題解決、優先順位付け、目標を立てて作業を進める能力、成功の評価基準など）
- 連携能力（技術部門や製品部門との協働）

すべての候補者（コミュニケーション能力と価値観の適不適）

- 2人1組で課題に取り組んでもらう時には、批評に対する候補者たちの反応を見る
- 「もう一度プロジェクトXをやれると仮定しましょう。もしも別のアプローチを採ってもかまわないなら、どんな風にやりますか？」と訊いてみる。プロジェクトXでうまく行ったこととそうでなかったことを、候補者は振り返って語れるだろうか。そうした経験から教訓を引き出せるだろうか。万一「別のアプローチなんて採るつもりはありません」と答える候補者がいたら、それは「あのプロジェクトは完璧に進行し成功裏に終わった」という意味で、そんなことはあり得ない
- 「過去のプロジェクトのうち、最高だったと思うものと最悪だったと思うものをあげ、その理由も教えてください」と尋ねる。こうした一般的な質問を投げかけると、候補者が情熱を注いでいる対象や、逆に避けたがっている物事を掘り起こせることもあり、これがチームのニーズとの適不適を判断する材料となり得る。また、候補者に自分の仕事を振り返って教訓を引き出す能力があるかどうかも見定める必要がある

　面接で価値観の適不適を探るコツについては第9章の「9.5.1　採用における価値観と文化」を参照してほしい。

2.1.5 管理職の採用のコツ

　前節までで、一般的なポストの採用プロセスのコツやノウハウを紹介してきた。管理職レベルの採用プロセスの場合も骨子はほぼ変わらないが、微妙に異なる点もある。具体的な内容は第4章の「4.4 外部からの管理者の採用」を参照してほしい。

2.2 採否の決定

　今回の補充は、全社レベルのものか、それとも特定のチームのためか？　言うまでもなく採用は管理者がチームや組織を構築するべく遂行する中でも格別に重要な職務だ。どの採用プロセスでも最後には必ず決断を下さなければならず、その出来不出来がプロセス全体の成否を決める。そんな採用プロセスへのアプローチの中には、広く知られているものもいくつかあるが、どれも一長一短あって甲乙つけがたい。いずれにしても、次にあげる目的を達成できるものが有効なプロセスと言える。

- ・補充の必要なポストに必須の専門知識・技術^{スキルセット}を候補者が有することを確認する
- ・文化と価値観の点で相性の良い候補者であることを確認する
- ・包括的な視点で候補者を選考できるようフィードバックを漏れなく集める
- ・採用プロセスの関与者全員の意見を参考にする
- ・「（急務なのに他に候補者がいない等で）破れかぶれになって」、あるいは「身びいきで」など、的外れな理由による採用決定を回避する

　どの採用プロセスでも、最終目標は「長期にわたってチームに貢献できる優れた人材を確保する確率を極力高めること」である。ここからは、採用プロセスの「採否の決定」の段階でよく用いられている方式の長所と短所を紹介していく。

2.2.1 採用責任者が採否の決定権を掌握

　まず最初に、採用責任者^{ハイヤリングマネージャー}が最終決定権を有し、その全責任を負う、という方式を検討しよう。この方式では面接官からの意見も参考にはするが、面接パネルの多数派の意見であっても覆すことができる。

　この方式の強みは、最終決定権の所在が明確である点だ。たとえば複数の面接官の間で候補者の資質に関する調査結果や見解が分かれた場合、見当違いな規準で判断した面接官の意見を排除するなどした上で採用を決断し、候補者にオファーをしてもかまわない。また、面接官が大勢いて賛否同数となった場合、採用責任者が最終決定を下せば、決定の遅れを回避できる。あるいは経験豊富な採用責任者が何らかの理由（たとえば「信頼のおける人の推薦」「長年の勘」「候補者本人の抜きん出た資質」など）で、ある候補者に強い思い入れがあったり、単に「一か八かこの候補者に賭けてみたい」と思ったりした場合、あえて最終決定権を行使して面接パネルの意見を覆すこともできる。

　逆に短所としては、「採用責任者が組織のニーズをよく理解できていないと、的外れな理由で候補者の採用を決めてしまう恐れがある」というものがある。背景要因として考えられるのは、採用責任者自身が採用されて日が浅い、あるいは、チームの規模拡大が急務で採用責任者が「何がなんでも新人を雇い入れなければ」と思い詰め、プレッシャーにさらされている、といった状況である。

　さらに深刻な影響や状況も考えられる。採用責任者が面接パネルの決定を覆すということは、実質的には「パネルの決定は信用できない」と言っているようなもので、パネルの面々は当然のちのちこれを引きずる恐れがある。また、採用責任者が（急いでいるので）破れかぶれになり、強引に採用を決めてしまうケースも皆無ではなく、これはもうチームや会社のためというより採用責任者のための決断と言えそうだ。

2.2.2　幹部が単独で採用を担当

　次の方式は、我々の調査対象の中でも相当数の企業が採っていたアプローチである。技術部門を例にとって言えば、すべてのエンジニアの募集・採用責任をエンジニアリング担当バイスプレジデントが単独で担い、採用した新人はその同じバイスプレジデントがさまざまな部署に割り振る。つまり、募集・採用を担当した幹部と、入社後の上司とが異なるわけだ。採否の決定権を単独で握っているため事が迅速に運び、わずか1回の面接で採用が決まるケースもある。

　ただし、採用を担当する幹部が、補充を必要としているチームのニーズや既存メンバーのスキル、文化をきちんと把握できていないこともある。その場合、チームの管理者が予想外の人選に愕然とするといった問題までが発生し、それがチームの人的資源の計画立案に悪影響を及ぼし、ひいてはチーム内に軋轢が生じたりする。こうした状況

の背後には信頼関係の問題があるのかもしれない。新人を雇い入れる能力や資格があるのは自分だけだと思い込み、部下に任せることのできない幹部が、新人の採用とチームへの割り振りを続けているという状況だ。

　こんなアプローチは好ましくない。採用を担当する幹部が補充の必要なチームの文化を理解していないと、チームの面々が新人の仕事のやり方に度肝を抜かれたとしてもおかしくないのである。現に我々が見聞きした中でも、採用を担当する幹部が新人を伴ってチームの所へやって来て「昨日の面接で採用した新人だから、よろしく」と言ったというケースがあった。新人の側でも、自分を採用してくれたのとは別の人物の部下にならされるのだから、きっと大変だろう。新たな上司との間には、当然、建設的な関係などまだ築けていない。チームが進めている作業も、少なくとも最初は他人事のようにしか感じられないだろう。

2.2.3　面接委員団の採決

　3つめの方式は、採用責任者や技術的専門家も含めた面接パネルのメンバーの合意（多数決もしくは総意）によって採否を決める、というものだ。

　長所は、複数の面接官が討議し、合意した結果に基づいて採否を決める点だ。仮に面接委員団（パネル）のメンバーのひとりが、会社もしくは特定のチームと候補者との相性にいまひとつ確信がもてなくても、他のメンバーのフィードバックを聞くうちに、皆の判断は信頼して良さそうだと思うようになるかもしれない。また、候補者が正式にチームのメンバーとなる前に、将来の同僚が何人か候補者に会えるわけだから、意外な人選に驚かされるといった事態も避けられる。さらに、これはチームの自律性を重んじるアプローチだとも言える。別の人の尺度を押し付けられるのではなく、自チームのニーズをよりよく理解した上での人選を許されているからだ。

　ただ、このアプローチにも弱点はある。面接パネルのメンバーの中に、自分たちの組織やチームがどんな資質やスキルを求めているのかが正確に把握できていない者がひとりか2人いると、討議の場に持ち寄るフィードバックを書く際の規準にばらつきが出かねない。また、面接官の人数が多いと合意を得るのが難しくなるかもしれない。さらに他のアプローチと比べて、候補者の採否が社内の派閥やコネに左右される可能性が高い。

2.2.4 採用委員会

4番目は採用委員会が採否を決定する方式である。このモデルの普及に一役買ったのはおそらくGoogleだろう。Googleは次のように説明している。「すべての面接官が提出したフィードバックを、Googleの社員が構成する独立委員会が検討する。この委員会は、採用プロセスの公平性を保つ責任と、会社が成長を続ける中でも常に高い合否基準を維持する責任とを負っている[2]」。

このアプローチと、面接官が多数決で採否を決めるアプローチの違いは？ もっとも顕著な違いは「採用委員会のメンバーは面接を担当しない」という点だ。採用委員会は、面接パネルのメンバーが面接を行いその内容と結果をまとめたフィードバックを検討し、それに基づいて決定を下す。また、そのフィードバックが明確さに欠けて採否の判定に役立たない場合や、面接官の判断に問題があると思われる場合は、面接官に対して改善のためのフィードバックを与える。

Googleのドン・ドッジは次のように説明している。

> 候補者の採否は採用委員会が決める。つまり、採用責任者が失敗の可能性をはらむ決断を単独で下してしまうといった構図はあり得ないわけだ。採用委員会が採否を決定すれば成功が100%保証されるかというと、そんなことはないが、まずい決断を減らせることは確かだ。採用委員会ではメンバーの総意により採否を決める。それならこのプロセスは手間取るのでは、と思うだろうが、そんなことはない。採用委員会のメンバーは担当する候補者の現況を週1回はレビューしなければならない決まりだから、本務の締め切りに影響されて採否の決定が遅れるといったことはないのである。また、総意による決定で、採用責任者が単独で決断を下す場合にありがちな「盲点」「バイアス」といった問題も回避でき、より的を射た決断を下せる。さらに、合否基準を高水準に保てるよう、候補者は複数のグループと比較される[3]。

また、元Google社員のピアウ・ナが採用委員会にまつわる逸話をブログ記事で紹介している。「採用委員会は、面接官が候補者について書いた意見があいまいだと判断す

---

[2] 「Googleの面接プロセス」(https://bit.ly/2xJahvc)

[3] ドン・ドッジ「Googleで職を得るには」(https://bit.ly/2X7a3Zp)

ると、皆の間では歯に衣着せぬ物言いで知られる、あるエンジニアに再度の面接を命じたものだ。・・・候補者を不適と断定することを渋る者は多く、採用委員会の参考にならないようなあいまいな意見を書く者が時折いたのである[*4]」

　採用委員会が採否の決定を担うこのアプローチの長所は「採否決定の責任を単独で負う場合に比べて、まずい決断を下してしまう確率をかなり下げられる」というものだ。Googleのさまざまな部署で欠員補充の必要が生じると採用委員会が選出されることから見て、面接の合否基準は広範に適用されている模様である。また、採用委員会が面接パネルのメンバーに、面接での質問内容や候補者の評価について、改善のためのフィードバックを与える権限を有することも長所のひとつだ。

　ただしこのアプローチにも弱点はある。採用委員会のメンバーが頼りにできるのは文書の形での評価のみで、これが不完全だったり誤解を招くものだったりする恐れがある。また、候補者が採用された場合に所属することになるチーム自体の意見は反映されないためチームの文化に合った候補者を確保できる保証はない。さらに、採用委員会のメンバーが実際に顔を合わせて検討するまでは採否を決められないので、時間がかかる可能性もある。

2.2.5　バーレイザー

　Amazonは採用プロセスで「バーレイザー（「バーを上げる者」の意。転じて「水準を高く維持する役」）」と称する面接官を使っている。的を射た採否決定が確実に下されるよう計らう、特別な面接官だ。現在Googleでテックリードとマネージャーを務めるアイバン・ギバーツが、急拡大の真っ只中にあったAmazonでの見聞を次のように記している。「バーレイザーに選ばれていたのは、一般に、長くAmazonに在籍して同社の価値観や文化をきちんと把握し、生産性、創意、技術的洞察力のすべてにおいて卓越したトップクラスの社員であった。［中略］CEOのベゾスによれば、採用プロセスで適正な採否決定を下すことこそが、会社が成功し続ける上で何よりも重要な事だった。Amazonの採用プロセスではどの候補者も他チームに所属するバーレイザー1名との面接を課され、また、採用には面接官全員の総意が必須だった[*5]」。

　こうしたバーレイザーをひとり採用プロセスに参画させることで、組織の要件を熟知

---

*4　ピアウ・ナ「採用委員会での体験」（http://bit.ly/2gS71nt）
*5　アイバン・ギバーツ「一番重要な事」（http://bit.ly/2gSf5o3）

した者が常に採否の決定に関与する、というメリットが生まれる。適任者がいればという条件付きではあるが、バーレイザーの効果は多くの企業で実証されている。

　ただ、バーレイザーを使うアプローチにもひとつ懸念点がある。卓越した社員がバーレイザーに選ばれた場合、本来本務につぎ込むべき時間のかなりの部分を採用プロセスの面接に奪われる、という点だ（たとえばAmazonでは職務時間の25％までといった制限を設けている）。候補者をこれほど厳格に審査するプロセスなら、長期的にはチームにとっても会社にとってもプラスに働くのだろうが、短期的にはバーレイザーの大きな負担ともなりかねない。会社が成長拡大する中で、ひと握りの優秀な社員がバーレイザーとして面接に関与し続けるとなると、大きな問題となる恐れもある。面接に費やす時間をどうするべきかは検討に値する問題だ。

2.3　採用プロセスの選定

　人材募集と面接のためのアプローチは各種あり、あらゆる組織に一律に薦められる手法はない。採否決定プロセスに複数人が関与するとより良い人材が確保できることを立証するデータはあるが、面接官の総意で採否を決める手法を、採用委員会が採否を決定する手法と比較して優劣を立証したデータは現時点では見当たらない。

　また、技術系以外の部署では採用責任者のポストを設ける傾向があるが、これは技術系の部署には必ずしも当てはまらない。かつて我々は、技術、デザイン、製品等の部署で共通して奏功するアプローチを模索したことがある。

　そしてその結果、次のような方式を基本とすることにした（上で紹介した「面接パネルのメンバーの合意による決定」と「バーレイザー」とを組み合わせたものである）。

- すべての面接官が、意思決定者か助言者(アドバイザー)を務める。決定は意思決定者の総意をもって下し、ひとりでも反対票を投じれば不採用となる。アドバイザーの意見は参考にはされるが、アドバイザーは拒否権をもたない
- バーレイザーは必ず決定権を有し、通常、その採用プロセスに直接関与しないグループに属する上級社員が担当する

　通常は面接官全員が決定権を有するが、面接に臨むのは今回が初めてという面接官がいる場合など、例外もないわけではない。また、エンジニアリング担当バイスプレジデ

ントなど幹部ポストの候補者の面接では、大抵、面接官の人数が多くなるため、全員に
決定権を与えると総意を得ることがほぼ不可能になってしまう。

　採否の決定方法によっては、組織に多大な影響が及ぶ可能性がある。そのため「最高
幹部は個々の人材の採否決定にいちいち関与するより、むしろ適正な採否決定が確実
に下せるプロセスを整備するべきだ」というのが賢明なルールと言える。

2.3.1　意見のとりまとめと議論のコツ

　面接結果について討議する際に生じがちな問題は「一番職位が高い面接官が最初に
発言する傾向があるため、その意見が他の面接官の意見を左右しかねない」というもの
だ。面接官といえども千差万別で、上司に公然と反論するなど到底無理と感じる者も
いるだろう。こんな具合に面接官が影響を及ぼし合う事態を回避するため、コツを2つ
提案する。

・面接結果を討議する際には、事前に、候補者との面接の内容と結果をまとめ、提出
　するよう面接官全員に依頼する
・最高ランクの面接官には最後に意見を述べてもらうようにする。こうすれば、その
　面接官の言葉に他の面接官が左右されない

　このようにしてすべての面接官の意見について議論し採否を決めるミーティングは、
経験豊富な面接官の手法やコツを学ぶ場にも、また、チームの期待や取り組み方への理
解を深める場にもなる。採用責任者にとっては、面接の上手な社員を見つける好機と
もなる。さらに、面接官は自分の意見が他の面接官の目に触れるという認識があるため
手抜きができない、という効果も期待できる。

2.3.2　多様性向上のための施策

　採用プロセスにおいては、候補者の審査から雇用契約の締結、ひいては新入社員研修^{オンボーディング}
に至るまで、バイアスを極力排除する必要がある。透明性が高く一貫性のある面接プロ
セスの確立に努め、次の4つの目標を達成してほしい。

・推薦による候補者の優遇を抑止する。推薦による候補者を特別扱いせず、常に他の

候補者と同列で面接するよう取り計らう
- 推薦者の意見を過度に重視しない。推薦者の意見は、面接官が懸念点をあげた場合、それを打ち消す強力かつ優先的なデータではなく、他と同等の重みをもつデータのひとつとして扱うべきだ
- 求人サイトや自社サイトに投稿、掲載する求人情報が、偏見がなく排他的でもない言語、表現で書かれるよう留意する。社会的少数派に属する社員に事前の原稿チェックを頼むのもひとつの手だ。こうした編集の過程は、より広範なタレントプールにアピールする公平な表現の基本を、採用担当者や経営陣が学ぶ好機ともなり得る。ただし原稿チェックは社会的少数派の社員にとっては重荷ともなりかねないので（第5章の「5.2.4.3 多様性向上の取り組みはマイノリティ出身メンバーに任せきりにしない」を参照）、社員に依頼するよりも前に、企業の文章を分析・採点するオンラインツール（Textioなど）を活用する選択肢も検討してみてほしい
- 面接官に、無意識に抱きがちなバイアスへの自覚を定期的に促し、長所よりも差異に着目した画一的な意見（たとえば女性候補者に対する「存在感の欠如」といった評価や、社会的少数派の候補者に対する「コミュニケーションスキルに難あり」といった評価）に注意を喚起する。自覚喚起の手法として我々が薦めるのは、リクルーターや採用責任者に、無意識に抱きがちなバイアスについて理解を深めてもらうための研修を受けさせることである

　経験豊富でEQ（心の知能指数）が高く、毎回厳格で質の高い面接プロセスを実現できているリクルーターなら、上であげた要件の多くを自然に満たせているものだ。だが、悪習が生じて固定化してしまわないうちに、その道の専門家に自社のプロセスをチェックしてもらってもよいだろう。なお、管理職がもつべき部下の人数が定められている会社では、採用プロセスで、より経験豊富な候補者ばかりに注目する傾向がある。一方、経験豊富な候補者は社会的少数派には少ない傾向にある。このため、部下の人数に関わる規定を選考要件から外すという選択肢も検討に値する。全社レベルで多少の人数調整が可能なら、特定のチームについては、経験が少なめの候補者の採用を許容するよう提案してみてもよいだろう。
　バイアスの排除については、Facebookが公開している研修プログラム（https://managingbias.fb.com/）や、IT業界の偏見をなくす活動をしている非営利団体Project Includeのサイト（http://projectinclude.org）も参考にしてほしい。

2.3.3　身元照会

> 適切な人材を適切な場所にあてるために費やす一分間は、後の何週間分にもあた
> る価値がある。
> —— ジム・コリンズ著 山岡洋一訳『ビジョナリー・カンパニー2飛躍の法則』

　身元照会^{リファレンスチェック}は、煎じ詰めれば自社の採用プロセスの妥当性を確認するプロセスであり、問題が網をすり抜けるのを阻止する重要な好機でもある。面接プロセスで得た候補者の印象が、前職での実績と合致するかどうかを確認するため、前の職場での同僚に照会することは不可欠だ。こうした身元紹介が通常、面接プロセスの最終段階となる。ただし候補者のあげる照会先は多忙だろうから、本当に必要な場合に限るべきだ。身元照会は管理職レベルの採用プロセスでは必須だが、一般レベルの場合はオプションである。

　なお、候補者は自分のプラス面を語ってくれる人々を照会先としてあげる、という傾向は押さえておく必要がある。また、360度評価を期し、候補者に前の職場の上司、同僚、部下（いずれも該当する場合）を教えてもらおう。

　身元照会に際しては、誘導的な質問や表面的な質問に終始して、候補者に対する自分たちの印象を裏付けるだけで終わるようなことがあってはならない。現に著者の同僚のひとりがこんな体験談を寄せてくれた。「よくあるのが5分程度で終わってしまう身元照会の電話だ。照会担当者が最初からこんな風に訊いてくる。『弊社ではこの候補者を大変買っておりまして。貴社でもご同様かと』。相手の不安を煽るようなことをこっちが言い出さないことを祈るような口調なんだ。マイナスなことを言われたりしたら、また振り出しに戻らなくちゃならないからね」。したがって、照会先に電話をしたら、まず現在募集中のポストについて明確に説明した上で、「このポストにXさんが適任だとお考えですか」「Xさんはなぜ貴社を辞められたのでしょうか」といった具体的な質問をするべきだ。またこれは、候補者に関する意見のすり合わせで面接官があげた問題点や懸念点について照会先に確認する好機でもある。

　可能であれば、書面よりも電話での照会を優先するべきだ。人は書面での返答を迫られると（法的な理由などで）口が重くなる傾向がある。ただし国ごとの法律要件には注意が必要だ（たとえばドイツでは、離職者が転職を有利に進められるよう「好意的な」在職証明書を作成することが会社に対し法律で義務付けられている）。

　大抵は、候補者採用の決定が正しかったことが身元照会で裏付けられるはずだ。だがもしも照会先の言葉に不安をかき立てられたら？　あの人はそのポストには不向きですよと言われてしまったら？　そのような時には、身元照会の結果を、採用プロセスで決定権を有する他のメンバーに知らせ、決定を変更するべきか相談したほうがよい。

2.4　まとめ

　本章では、既存のパイプを介して得た候補者の中から適任者を選ぶコツや、スケーラブルな採用を確立するコツを紹介した。候補者を徹底的に審査し、極力バイアスを排除して採否を決め、価値観の適否を重視した人選を徹底することによって強力なチームを構築できる。晴れて最適な候補者を選出できたら、次は採用決定を通知し、雇用条件等を抜かりなく提示して、候補者に受諾を促さなければならない。次の第3章では、採用のオファーを行い、受諾するよう候補者を説得するコツと、入社後の新入社員研修のノウハウを紹介する。

2.5　参考資料

・Hcareers.comの「身元照会において尋ねるべき10の質問」（https://bit.ly/2gSeD9u）。身元照会のノウハウを詳しく解説している

・Facebookがバイアス排除のために社内で実施している研修の動画（https://managingbias.fb.com）を公開している

・イボンヌ・ハッチンソン著「デザインによるバイアス」(https://bit.ly/2gS9LRE)。
  IT関連企業がバイアスによりどのような悪影響を受けるかを示している

第３章

採用のスケーリング
──雇用契約締結、新入社員研修、退社手続き

　面接を行った結果、有望であると判明した候補者に、採用決定と契約条件とを知らせる「オファー」をすることに決めた、としよう。（とくに売り手市場で）首尾よく雇用契約に持ち込むためには、明確で説得力のあるオファーを、しかるべき方法で提示しなければならない。その際、外してはならないのが次の３点だ。

・入社後に果たしてもらいたい職務を、候補者にきちんと理解してもらう
・入社直後の２、３ヵ月間に期待するレベルを候補者に明示する
・オファーの金銭面、とくに基本給以外の要素を漏れなく候補者に把握してもらう。賞与やストックオプション等の「エクイティ報酬」に関する規定はわかりにくい場合があるので、明確に説明すると喜ばれる

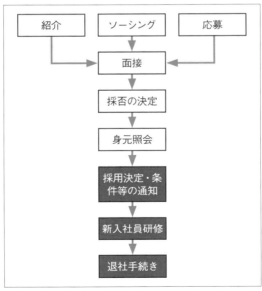

図3.1　本章の対象となるステップ（白文字部分）

　説得に成功し、候補者がオファーを受けてくれたら、次なるステップは「新入社員研修^{オンボーディング}」だ。新入社員研修は、常に満足度も生産性も高い社員でいてもらえるよう、新人にとって必要な詳細情報を提供するプロセスだが、あいにく採用プロセスの中では軽視されがちなステップである。

　なお、 本章では退社手続き^{オフボーディング}についても解説する。 退社手続きを抜かりなく行えば、採用プロセスや職場環境を改善する好機を見つけられることがある（以上、図3.1を参照）。さらに、ひとつのチームを丸ごと自分たちのチームに取り込んでしまう手法「企業買収による人材獲得^{アクイハイヤー}」も、押さえるべきツボを中心に紹介する。

3.1　オファー

　オファー（採用決定の通知と雇用条件等の提示）は、採用プロセスの中でもとりわけ慎重を期するべき大事なステップである。候補者は人生の一大転機ともなり得る提案をされたのだから、当然、最終的な決断を下す前に提案内容と提示方法をひとつひとつじっくり検討するはずだ。

　その意味で、誰が候補者にオファーをするかが重要なカギとなる。よくある失策は「初めてコンタクトを取るところから採否を決定するところまでを採用責任者^{ハイヤリングマネージャー}が受け持ち、そこで突然担当者がリクルーターか人事部の誰かに変わって、その人物がオファーを行う」というものだ。候補者から見たらずいぶん妙な話だろう。採用責任者との間で何時間もかけて面談を続けてきたにもかかわらず、まったく別の人が（それも、候補者と採用責任者の相談内容を理解しているか否かも定かでない未知の人物が）肝心の場面でいきなり担当を引き継ぐというのだから。我々が見聞きした限りでは、成約率は同じひとりの人物が採用プロセスの最初から最後まで担当したほうがはるかに高い。採用責任者ではなくリクルーターがプロセスを主導する場合も同様で、たとえオファーを別の人が担当するとしても、少なくともリクルーターも同席してしかるべきなのだ（コラムを参照）。

フルサイクル・リクルーティング —— エリック・エングストロムの体験談

【注】このコラムの内容は、社内に専属のリクルーターがいる場合にのみ該当する。

「フルサイクル・リクルーティング」とは、有望そうな候補者を見つけ出してコンタクトを取る「ソーシング」に始まり、履歴書でのふるい分けや面接を経てオファーに至るまでの全過程をリクルーターが担当、主導する採用活動を指す。その背景にある考え方は「リクルーターが候補と共に過ごす時間が長ければ長いほど信頼関係が深まり、キャリアの次のステップに候補者が何を期待しているかに対する理解も深まる」というものだ。

ここでカギとなるのが「候補者を途中で別の担当者に引き渡してはならない。そんなことをしたら情報も信頼関係も失われてしまう」という点である。通常、リクルーターは最後の「オファー」の段階に至るまで、採用の全過程を通して候補者を導いていくべきなのだ。もちろん採用責任者も関与してかまわない。ただし、採用責任者が候補者の採用後の具体的な役割や技術的課題をよりよく説明できるのに対して、リクルーターにはオファーそのものに関するノウハウがある。現にこれまでにも、オファーそのものに関する採用責任者の不手際が災いして候補者からオファーを断られるケースが結構多くあった。たとえばオファーの中でもストックオプション等のエクイティ報酬に関する部分をうまく説明できなかった、あるいは、多忙で候補者のために十分時間を割けず、さまざまな点でコミュニケーション不足に陥ってしまった（具体的には、ライバル企業からオファーが来ていることを事前に察知して自社のオファーのほうが有利であることを説明し説得する機会を逸した、［特定のタイプのプロジェクト、ワークライフバランス、最強のチーム、管理者への道など］候補者が次の職場に期待していることを把握し損なった、会社の文化やビジョンや福利厚生に関する説明が不十分だった、ストックオプションの現金化の具体的な手順をきちんと説明しなかった）などである。

さらにもうひとつ指摘しておくべきなのは、採用責任者と候補者の間で給与をめぐる交渉が発生し、話がもつれた場合、それがその後の上司と部下としての関係に響きかねないという点だ。とくに給与や（ワークライフバランス、テレワーク、幼少の子供がいるため勤務時間を調整する必要性などの）勤務条件に関しては、前職で欠けていた要素や次のポストでは変わって欲しい要素を将来の上司である採用責任者に告げるのを候補者は本能的に控える傾向がある。仕事に対する情熱や献身的な姿勢が欠けていると思われるのを恐れてのことだ。

通常、採用責任者は給与に関する交渉には関わるべきではなく、その理由はいくつかあげられる。まず、採用責任者は交渉事にかけてはリクルーターほど詳しくない可能性があること。また、採用責任者は他部署の給与体系を正確に知る立場にないかもしれず、そのため不用意に類似ポストの給与を候補者に告げ、これが失策につながりかねないこ

と、などだ。なお、給与に関しては、（会社の成長段階にもよるが）候補者に提示される
給与額が直属の部下と同レベルかあるいは少なくなるケースが少なからずある。これは、
その直属の部下が創業後ほどない、まだチームが小規模だった時代に「低賃金、重責、
非常に有利なエクイティ報酬」という条件で採用されたのに対し、候補者に対する提示
ではエクイティ報酬額が小さいためというケースが多い。

一定以上の規模の会社なら人事部に給与関係の専門家がいるはずで、この専門家が全社
員の給与を調べ、基準を設定するほか、さらに既存社員のエクイティを維持管理すると
同時に人材市場での競争力も維持できるよう四半期ごとに調整を行っている。採用責
任者としては、つい自分自身の給与を自チームの給与の上限として候補者に提示してし
まいたくなるものだが、前述のように雇われる時期や目的によってはこれが必ずしも
適切な判断基準にならないこともあるから、給与の基準は他の人間が設定するべきで
ある。

3.1.1　雇用契約の締結

　適材が見つかり、ではそろそろオファーを、という段階では、「この候補者には他社
からもオファーが来るはずだ」と想定するのが無難だろう。ここでは、オファーをして
候補者に「YES」と言わせるためのコツを紹介する。

　（これはすでに面接の段階から始めるべきことだが）候補者に対する理解を深め、候
補者が何を重視しているのかを探る努力を重ねる。重視しているのは上司か、それと
もチームか。給料、ストックオプション等のエクイティ報酬、肩書、あるいはほかの何か
か。候補者が重視しているものがわかったら、それに合わせてオファーの内容や方法を
練り上げていく。必要とあれば（無理のない範囲で）手直しできるよう段取りしておく。
そして万事を迅速に進めなくてはいけない。候補者に他社と話す時間を与えたりすれ
ば奪われる恐れがある。いや、もうすでに他社からオファーを受け、回答期限が迫って
いるなどで、あせりを感じている候補者もいるかもしれない。こうした情報は常時仕入
れていなければならない（候補者に訊くことだ！）。そして必要ならさらなるスピード
アップを図らなければならない。候補者と密に連絡を取ることを習慣とするべきだ。人
は直前の出来事や行動に左右されやすいという「直近効果」の認知バイアスは確かにあ
り、候補者が直近のオファーを受諾する可能性は高い。さらに、前述のとおり一貫性を
保つことも大切で、同じひとりの候補者の担当者を替えてしまうのは良くない。ただし

上位レベルの審査をするため上のランクの者が担当を引き継ぐのはまた話が別だ。だが
その場合も、直後に「CEOとの面接はいかがでしたか？」といった率直な質問を投げ
かける素早いフォローアップは欠かせない。

　言うまでもなく、オファーに関する要素の中でもとりわけ重要なのが給与面での待
遇だ。（とくに創業間もない時期に）給与について慎重な姿勢を取る企業は多いが、候
補者にあえて低い額を提示するという手法は薦めない。最初から妥当な金額を提示し、
その額に決めた理由や経緯もきちんと説明するべきだ。故意に低い額を提示して、候
補者がもう少し上げてくれと交渉してくる可能性を当てにするのは良くない。交渉を
嫌がる候補者がかなりの割合でいるもので、こうした候補者は最初に提示された額を
最終決定額として受け止める。仮に候補者が交渉を試みたとしても、長々と交渉を続
けるのは避け、「では、これなら絶対受け入れられると思う金額を言ってください」と
単刀直入に尋ねればよい。候補者の希望に沿えない場合もあるが、たとえそうであって
も、それが早くわかればわかるほど良いのである。

　この過程でとくに大事なのが意味の創出だ。「有意義だが給料が良くない仕事」と「意
義にかけては劣るが、給料の点ではましな仕事」なら、前者を選ぶケースが多い。前述
のように、面接の段階から始めるべき「候補者に対する理解を深める努力」には、候補
者にとって何が有意義なのかを浮き彫りにする効果がある。「キャリアアップの可能性」
を重視する候補者もいれば、「取り組み甲斐のある仕事」あるいは「インパクトの大きさ」
を重視する候補者もいるだろう。「キャリアアップの可能性」なら、今回のポストに就け
ば今後どう昇進し得るのか、概略を説明する（ただし、そのポストに本当に昇進の可能
性があれば、だが）。「取り組み甲斐のある仕事」なら、今回のポストに就くと、どのよう
な課題に取り組むことになるのかを説明する。「インパクトの大きさ」なら、会社全体な
らびに今回のポストが、世の中をどう変革していくのかを紹介する。当該ポストのこう
した側面はどれも、他社ではなく他ならぬ我が社を選ぶべきだと候補者を説得する際
の材料となり得る。

　最後にもうひとつ、「オファーは明快にすべし」というツボも外せない。金銭面に関
しては極力はっきりわかりやすく提示する必要がある。とくにストックオプションや
RSU（制限付き株）などエクイティ報酬に関する説明が足りないケースが多い。その点
で非常に有用なのが、エクイティ管理プラットフォームサービスCarta（旧称eShares）
の「オファーレター」（https://bit.ly/3aLYM4B）だ。これを活用すれば、給与に対す
る自社のアプローチを明示し、エクイティ報酬の今後の価値の捉え方に関する手引きも
提供できる。

　ちなみに、のちのち会社が成長して経営層が増えてきたらやるべきことが2つある。雇用契約の締結(クロージング)に持ち込むためのコツやノウハウを採用責任者に教え込むことと、採用プロセスに幹部レベルが関与する必要が生じた場合の指針を確立しておくことだ。古典的な営業戦略である「ABC(Always be closing：常に契約締結(クロージング)を目指せ)」は、採用プロセスでも有効だ。最終的にオファーするかしないかは別として、プロセスのどのステップでも、候補者に「この会社で働きたい」と思わせることに注力するべきなのだ。あなたが最終的に不採用の決定を下した候補者も、将来どこかで同僚にあなたの会社の話をすることもあり得る(ただしそれは、あなたが主導した採用プロセスが、その候補者にとってすばらしい体験となった場合だが)。

　なお、バイアスを極力排除して妥当なオファーをできるよう、第5章の「給与は職位に合わせて決める」も参考にしてほしい。

3.2　アクイハイヤー

　もうひとつ別の人材獲得手法がある。アクイハイヤー(企業買収による人材獲得)だ。「短期間で規模拡大を図るにはアクイハイヤーしかない」というケースも多々あるが、いかんせんコストがかさむ上にリスクも大きい。通常の企業買収の目的は製品やサービスの獲得だが、アクイハイヤーでは主たる目的が人材獲得で、買収される側の事業は継承されない場合が多い[*1]。

　成功例は多いが失敗例も少なくない。よくあるのは文化的相性への配慮不足による失敗である。

　たとえばビッグ社がスモール社のアクイハイヤーを決断したとする。ビッグ社には明確なビジネスモデルがあり、社員はその枠内でのビジネス価値の提供に注力している。対するスモール社は、ビジネス感覚よりはむしろ自分たちの製品に対する情熱に突き動かされて仕事を進めるタイプのチームだ。こんな不釣り合いな2社ではあったが、交渉が進められ契約が成立。しかしその後、元スモール社のチームの統合は難航し、1年後にはスモール社出身の社員の大半がビッグ社を去る。1年ももったのは、ひとえに残留(リテンション)特別手当(ボーナス)のおかげだった。

＊1　詳細はミゲル・ヘルフト 著「スタートアップ 買収の狙いは若き逸材の獲得」(https://nyti.ms/2gSctGW。2011年5月17日付けニューヨークタイムズの記事)を参照

3.2.1 アクイハイヤーの「べからず集」

アクイハイヤーで外せないツボは、実は通常の採用の場合と変わらない。つまり、買収する側はこう自問するべきなのだ ―― 「我々の会社で働きたいという意欲が買収対象チームにあるか？　才能、スキル、文化、価値観といった点での我々との相性はどうか？」。

こうした基本要件に配慮しなかったせいでアクイハイヤーに失敗するケースは少なくない。その背景には、買収する側の幹部が契約の締結に持ち込むことばかりに焦点を当てたり、買収対象の会社の投資家たちが「面目を保っての退場」にこだわりすぎたり、といった状況がある[*2]。

以上を踏まえて、アクイハイヤーの「べからず集」を紹介しておく。

創業者たちとの面接だけで終わりにしてしまう

（特定の人物ひとりか2人のみの獲得が目的ではないアクイハイヤーの場合）買収で獲得する人材を漏れなく正規の採用プロセスの対象にして審査しないと、買収側のチームの資質の基準を満たさない人材まで受け入れてしまう危険がある。実際にそうなってしまうと、のちのち「実力に見合わない給与」や「士気の低下」といった問題が生じてアクイハイヤーの価値が問われかねない

チームメンバーの意向や価値観に配慮しない

獲得されるチームのメンバーを漏れなく正規の採用プロセスの対象にして審査すれば、「（創業者のみならず）チームの全員が、買収側の企業で働くことを本当に望んでいるのか」と「両チームの価値観と文化の相性の良し悪し」を確認することもできる。大手企業が規模のはるかに小さな企業を買収する場合、文化がさまざまな点で異なることが多いが、価値観が同じなら、買収されるチームが統合先の文化に馴染める可能性もはるかに高くなる。価値観と文化に関しては、より掘り下げた第9章の解説も参考にしてほしい

[*2]　リズ・ゲインズ著「『買収』の虚飾 ―― なぜ無意味な契約を？」（http://bit.ly/2gtm9Ec。All Things D, August 10, 2012）

創設者は残留するものと決めてかかる

買収された企業の創業者たちが穏当な形で極力早期に買収先から去る、というのは非常によくある話だ。被雇用者の立場に甘んずることなく、次の新事業を立ち上げたいと意欲を燃やす起業家は多い。したがって、創業者こそがアクイハイヤーの主たる目的であるなら、ストックオプションの受給資格を段階的ではなく一括で確定することを雇用条件に入れる、残留特別手当を付与する、あるいは取り組み甲斐のある仕事を割り振るなど、大きな慰留効果が見込まれる方法を模索するべきだ

大風呂敷を広げる

採用担当者なり事業開発担当者なりが、買収対象企業との交渉で、移籍先でのバラ色の日々を描いて見せる（「もちろん貴社の技術を活用しますとも！」）が、新人たちの士気は研修を終えたところで急速にしぼんでしまう。たとえば事業買収の名目でもちかけられた買収が、蓋を開けてみたら人材獲得のためのアクイハイヤーだったといったケースもこれに当たる。買収する側は「新天地」の売り込みで大風呂敷を広げてはならない

買収で獲得したチームを予告もなく解散させてしまう

買収されたチームの面々は、これまでのチームワークにすっかり馴染み、移転先でも同じ態勢で仕事を進められるものと思い込んでいる。ところが買収後にいきなり解散させられ、移転先の既存のチームにバラバラに振り分けられてしまう。離れ離れにされたメンバーから見れば、面接を受けた時に想定していたものとはまったく異なる立場や仕事であり、これでは離職者が出てもおかしくない

以上のような不手際が必ず失敗につながるかというと、そうでもない。だが我々が見聞きした限りでは、そのアクイハイヤーに期待していた人材拡充効果や生産性向上効果が、こうした不手際のせいで薄れてしまう危険性は高まる。

アクイハイヤー ── デイビッドの体験談

筆者のひとりデイビッド・ロフテスネスが仲間と共に創設した小さなコンサルティング

会社Blue Mug（ブルーマグ）が2003年にAmazonにアクイハイヤーされた時の体験だ。事前に統合計画を練るために開かれた話し合いで、我々はチームの維持を強く主張した。全員が互いの才能を知り尽くし、緊密な連携のもとに仕事を進めてきた体制を活かしたかったのだ。ところがAmazonはさらに強い口調で、買収したチームを解散させ再配置することにも利点や効果はあると反論し、Geoworks（ジオワークス）のシアトルオフィスの30名から成るエンジニアリングチームを買収した際の経験を引き合いに出した。解散させられ技術部門全体にバラバラに再配置された元Geoworksのメンバーは、持ち前の絶妙なチームワークを発揮して、組織全体のコミュニケーションのバックボーン役を果たし、アイデアや技術のチーム間のやり取りを促進したという（おかげでこの面々はのちに「ジオワークス・マフィア」の異名を取ることになる）。結局Amazon側は我々Blue Mugチームに対しても同様のアプローチを取った。Geoworksチームの事例を巧みに使った説明の効果もあって統合は円滑に進み、その後反感等が生じることもなく、やがて我々はGeoworksチームの場合と変わらぬプラス効果を実感することになった。

3.2.2　アクイハイヤーの進め方

アクイハイヤーの適切な手順を紹介しておこう。

- 買収対象のチーム全体を十分に把握できるよう、極力すべてのメンバーと面接を行う。アクイハイヤーでしかるべき成果を上げるためには、大多数のチームメンバーを正規の採用プロセスの対象にして審査する必要がある
- 自分たちの会社が、買収対象チームのメンバーの目に魅力的に映るかどうかを確認する。たとえば今後予定しているプロジェクトや現在抱えている課題を紹介して、相手チームの面々が興味を示すかどうかを見る
- 買収対象企業の既存の製品やサービスをどうするか討議する。買収側としては獲得に必要な労力を最小限に抑えたいところだが、顧客や提携先の怒りを買うことなく直ちにサポート中止やサービス停止に持ち込むのが難しいケースは多い。買収する側の評判が傷つき、獲得対象チームの士気が下がる恐れがある
- 買収したチームを維持するか、解散させてメンバーを社内各所に振り分けるかは、さまざまな要因を天秤にかけて慎重に決める必要がある

□ **3.2.2.1　肝心なのは雇用契約締結後**

　晴れてアクイハイヤーの契約が成立し、大仕事が無事完了、と関係者が喜び合う場面を我々はこれまでに何度も目にしてきた。だが本当の仕事は契約書類が交わされたのちに始まる。アクイハイヤーで獲得した人材に対しても、通常のルートで採用した新人と変わらぬ研修を課することが大切だ。また、新人が新たな職場に慣れるのを支え助ける「バディ」役も付けてあげなければならない。さらに（元のチームが解散させられて、移転先のさまざまな部署に分散させられてしまった場合）元のチームでの仲間意識を捨てるよう指導するのは好ましくない。だからといってそうした仲間意識を持ち続けろと薦めるのも好ましくない。買収されたチームの面々にとって、これは一大転機なのであり、従来の仲間同士でまとまりたくなるのは当然の心理だと理解していれば、それで十分だ。新たな職場との相性さえ良ければ、やがて自然と移転先のチームこそが「わがチーム」と思えるようになる。

> ### アクイハイヤーの成功例
>
> 2009年、Nokia（ノキア）がbit-side（ビットサイド）という会社を買収して見事成功を収めたが、その背景にあったと思われるのが「bit-sideはプロ向けのサービスやソフトウェアを提供する企業で、以前から社員のほぼ半数がNokiaでプロジェクト支援にあたり、生き生きと仕事をしていた」という提携関係だ。つまりbit-sideのほぼ半数の社員がNokiaの文化のすばらしさと仕事の面白さを前々から熟知しており、この買収はごく自然な流れだったのである。

3.3　自社の採用プロセスの評価

　スケーラブルな採用プロセスを確立しようとする際に効果的なのが「自社のプロセスがどの程度機能しているのか、データを使って評価する」という手法だ。たしかにデータを使って調べてはいるものの、「空きポストができてから補充するまでの平均期間」など単純なメトリクスを2、3用いているだけ、という企業は多い。だが採用プロセスはどの段階でも問題が起こり得る上に、根底にある原因が必ずしも明白ではないため、次のようなデータを使って、もっと詳しく分析する必要がある。

- 「候補者に初めてコンタクトを取った時点」から「オファー」に至るまでの平均期間、ならびにこの2つのステップの間に存在する各ステップの平均所要期間
- 候補者がオファーを断る際に、もっともよくあげる理由
- 各人材獲得ルート（紹介、本人の応募、リクルーター）の成約件数の割合
- 採用プロセスの各ステップを通過した候補者の割合。とくに、面接を受けたのちにオファーを受けた候補者の割合（このステップは非常に費用がかさむため）

　また、入社はしたが短期間で辞めるというケースは会社にとっては痛手が大きいので、全体論的（ホリスティック）な視点に立ち、その社員の在職期間全体の勤務状態を分析することを推奨する。具体的には次のようなデータを使って分析する。

- 採用プロセスでの体験に関するアンケートの回答内容
- 新人として勤め始めてから半年間もしくは1年間の勤務状態に関するデータ
- 候補者を紹介することのある社員の割合と、紹介件数の中央値
- この後の節で説明する「残念な離職（会社側が慰留したかった優秀な社員の離職）」と「残念ではない離職（成績不振の社員や、会社の規模拡大について来られなかった社員の離職）」の比較。規模が一定以上の企業の場合、辞めた社員が求人に応募した際のルートと採用後の在職期間とでさらに分類し、傾向を見る

　離職にまつわるデータは格別に重要で、さまざまな産業分野の離職率に関するデータが多数存在する。これに関する（我々の実体験にも即する）経験則は「離職率が年間10%以下であれば、おおむね健全」というものだ[3]。急成長中の企業で採用プロセスのスケーリングが立ち遅れると、新規採用者が揃って完璧な適材、という具合に行かなくなるのである。

　数値に関しては常に言えることだが、個々のデータも時折チェックすることが大切だ。たとえば離職率が10%だから問題なしと思っていたが、ふと気づくと、辞めていくのは成績優秀な社員ばかりだった、というのでは明らかに健全ではない。辞めた社員全員について調べ、「残念な離職」なのか「残念ではない離職」なのかを見極める必要がある。

＊3　詳細はベンソン・スミス、トニー・ルティリアーノ著「離職率の真相」（http://bit.ly/2gSmlAi）を参照

「残念な離職」の率の高さが採用プロセスの不備を示唆する兆候であるケースは多い。適任でない人材を雇ってしまうことの痛手は往々にして大きいため、本当に採用プロセスに不備があるのか掘り下げてみる価値はある。しかし原因がまた別にある可能性もある。たとえば入社後3年間は優秀な成績を上げていた社員が、その後の1年間は振るわず、結局辞めていったとする。これは必ずしも採用プロセスに不備があったせいとは限らない。入社後3年で、あなたの会社がもはやその社員の「居場所」ではなくなったからかもしれないのだ。詳しくは後続の「3.5.1 『残念な離職』と『残念ではない離職』」を参照してほしい。

3.4 新入社員研修

新入社員研修は採用プロセスの中でも格別重要なステップだ。2、3回転職を重ねた候補者なら、すでに「とりとめのない新入社員研修」や「無いも同然の新入社員研修」を経験済みかもしれない。「この机を使って」と言われただけで、あとは何の指導もオリエンテーションもなし、だったりする。とにかく、その会社で働くのが実際にどんな感じなのか、新人の第一印象を決めるのが新入社員研修、とも言えるのだ。その第一印象が「めちゃくちゃ」だとか、「新人のことなんか構ってらんない先輩たちから成る職場」だったとしたら、その新入社員のその後の在職期間の短さは想像に難くない。また、新入社員研修が不十分であると新人の生産性が一定レベルに達するのに手間取り、これも会社にとってはありがたくない話だ。さらに、ケイト・ヘドルストンが指摘しているように、しかるべき新入社員研修プログラムが整備、確立できていないと、職場の包括性（多様な人材を受容する度合い）が低レベルのままとなりかねない[*4]。多数派に属する新入社員なら、同じく多数派の先輩たちに訊くなどして必要な知識を比較的容易に獲得できるだろうが、少数派に属する新入社員は不利な立場に置かれ、最終的には離職率を押し上げる形になりかねない。

さて、ここからは企業の成長に伴って新入社員研修をいかに発展させていくべきかを見ていこう。肝に銘じる必要があるのは「会社の規模が拡大すればするほど、成熟度が増せば増すほど、新入社員研修プロセスへの期待や要求も高まる」という点だ。

図3.2に、会社の成長段階に即した新入社員研修の方法を示した。

＊4　ケイト・ヘドルストン著「プロセス不在」（http://bit.ly/2gSjkQF）

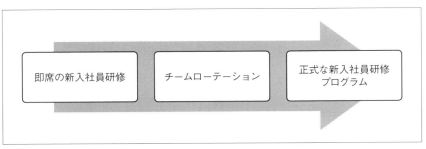

図3.2　新入社員研修の展開方法

3.4.1　即席の新入社員研修

　草創期には企業の規模は小さく、社員はおそらく全員が同じオフィスやフロアで働いている。この段階での新入社員研修は、まず新人にパソコンを渡し、チームメンバーのひとりに指南役（メンター）を命じ、指導を開始してもらうところから始まるのが普通だ。社内、チーム内での意思疎通がまだ難なくできている状況、いずれにせよ全員が言葉を交わし合っている状況に依存する手法ではあるが、それでも事前対策的（プロアクティブ）に押さえておくべきツボはいくつかある。

- 自明と思えるかもしれないが、新人がオフィスで過ごす最初の週（理想的には初日）に、必ず直属の上司と1対1（ワンオンワン）のミーティングをもてるよう計らう。これは今後の新入社員研修に対する新人の期待を高め、「チームから歓迎されている」という印象を抱かせる上で効果的な手法だ
- チームメンバーのひとりに頼んで、新入社員研修のための簡単な資料を作ってもらう。新人のオリエンテーションに役立つ手順や注意が2つか3つ並んだだけのちょっとした指示書でかまわない。その後、チームに新人が入って来るたびに、その新人に（さらに次の新人を念頭に置いて）「新たに気づいた要変更点」や「便利なヒント」などを追加、更新してもらう。これを重ねていけば、新人ひとりひとりの小さな努力が積み重なり、やがてはかなり包括的な手引書になるはずだ
- メンターに対して明確に説明しておかなければならないのは「メンターは必要な情報を新人に提供する責任を負っていること、そしてそれは職務記述書にも記載されている職責の一環であること」だ。首尾よく責任を果たせたメンターには称賛の言葉と好意的なフィードバックを与える。指導の不備で新人が苦労する状況を放置す

ると、新人の勤労意欲が急速に削がれる（詳しくは後続の「3.4.4 メンタープログラム」を参照）
- 新人を創業者など幹部たちに引き合わせる。その折に幹部が会社の歴史や製品、現況を紹介、説明すれば、新人にとっては有意義なオリエンテーションとなる
- プロダクトチームが新人に、製品の要所を紹介する機会を2、3度設ける。その際、欠かせないのが次の2点である
    - 現行製品に対する理解を深めてもらうこと。具体的には、現行製品がどのような理由で誕生し、どう発展してきたか、将来についてはどのように計画しているか
    - サポートチームでの一日研修。現行製品がユーザーにどう受け止められているかを、ユーザーから寄せられる苦情や不満（があれば、その中でもとくによくあるもの）と併せて知ってもらう

3.4.2 チームローテーション

「即席の新入社員研修」の効果は会社が成長拡大するにつれて薄れてくる。チームの数が5に達した頃から、そのうちのひとつに加わった新人が、他チームが何を作っているのか、そのままではわからずじまいとなる恐れが出てくる。全体がどうまとまり、どう機能しているのかを理解することなく、視野の狭いまま、他チームのエンジニアとの連携を欠いたまま、で終わりかねないのだ。この問題を回避するには、各チームが持ち回りで新人研修を担当する「チームローテーション」が必要だ。それぞれの新人の学習速度にもよるが、1週間またはそれ以上の期間（最低でも、簡単な作業を完遂できるようになるまで）各チームで研修してもらう。すべてのチームでの研修を終えるまでに、新人は大半の社員と共に働いて顔見知りになっているはずだし、各構成要素が全体をどう形作っているのか、全体像をある程度きちんと把握できているはずだ。

【注意】ここであげた事柄は、上の「即席の新入社員研修」であげた必須事項に代わるものではなく、追加するべきものである。

3.4.3　正式な新入社員研修プログラム

　しかし「チームローテーション」も、チーム数が一定レベルを超えれば効果を失う。「すべてのチームを回って研修などしていたら時間がかかりすぎる」という段階が来るのである。おまけに、あるチームに属する下位チームが研修の場として選ばれれば、新人はシステム全体を包括的に見られなくなる、といった問題も生じてくる。そこで次なる合理的なステップだが、それは「正式な新入社員研修プログラムを作る」というものだ。通常このプログラムは、すべての新人を対象にした部分と、技術、製品、デザインの各部門に特化した部分から成る。

　SoundCloud^{サウンドクラウド}のエンジニアが20名前後だった頃、新入社員研修といえば「新人が5つ前後のチームで1週間ずつ研修を受ける」というものだった。だがチームとエンジニアの数が増すにつれて、こうした全チームでの研修が意味をなさなくなった。ただ、システムの機能の中枢を担うチームが2、3あって、そこでの研修は不可欠だった。そうしたチームのひとつがコアAPIチームで、すべてのコアビジネスロジックに対する責任を負っていた。このチームで「チームローテーション」の新入社員研修が始終行われるというのは、チーム編成がほぼ毎週変わってしまうことを意味し、そのせいでほどなくチーム効率が落ちてきた。そこで「チームローテーション」はやめにしようということになり、関心を示したドゥアナ・スタンレーに新たなアプローチの開発を依頼した。結局ドゥアナはFacebookの新入社員研修プログラム「ブートキャンプ」（http://bit.ly/2gSnSq2）にヒントを得て、独自のアプローチを編み出してくれたが、その時の経緯を本人に訊いてみた。

SoundCloudの新入社員研修の再構築 —— ドゥアナ・スタンレーの体験談

　新入社員研修に対する新たなアプローチは、技術的、組織的複雑性が増した我が社の状況に対応できるものでなければならない、と我々は考えた。つまり、開発チームに過度の負担をかけることなく、複雑な技術アーキテクチャと組織の主要メンバーを紹介できる系統的な新入社員研修プログラムを構築しなければならない、というわけだ。また、新人に極力短期間で仕事に慣れてもらうと同時に技術部門の現行の文化を理解してもらうことも必須だった。文化については、現行の文化をしっかり踏まえた上で、目指す方向に照準を定めて紹介する必要があった。

最初のアプローチ

まず、技術部門の中核領域を見極め、各領域に関するプレゼンテーションをしてもらった。これで新人エンジニアは各チームにひとりずつ「連絡窓口」をもつことができる。

また、新人にコードベースを理解してもらい、最初の何週間かで何か有意義なものを仕上げてもらえるよう、我が社のRubyによるモノリシックなアプリケーションである「mothership」のバグをひとつ、丸1日で修正してもらい、その後、その結果を本番環境にデプロイしてもらう、という課題も組み込んだ。新入社員研修は1日2セッションずつ行われ、全体の長さは2週間であった

この最初のアプローチには次のような問題点があった。

- セッションも消化するべき情報も多すぎて、新人エンジニアが圧倒されてしまう
- バグの修正が成功裏に続けられていくうちに、mothershipに、修正が難しく、また修正したとしてもその効果がほとんど目に見えないようなバグしかなくなってしまった
- 新人エンジニアがmothershipのコードをいじることに意義を見出せなくなった（自分の仕事とは関係が薄いと感じるようになった）

第2のアプローチ

第2のアプローチでは、バグ修正のセッションをやめ、代わりにmothershipのコードベースの概要を紹介するプレゼンテーションを導入した。さらに、バグ修正セッションに代わるものとして、ちょっとした「ハッカソン」をやってもらおうとしたが、大変すぎるということで取りやめになった。

また、プレゼンテーションの準備と実施にかかる時間を省くため動画の利用も検討したが、最終的には「動画では人間味が薄れる」との判断を下した。生のプレゼンテーションのほうが候補者の中で皆の顔と名前が一致しやすいし、人と人の有意義な絆も生まれやすい。ただしプレゼンテーションは「ワークショップと対話のセッション」に変えた。プレゼンター役のエンジニアが、自チームのコンポーネントの上位5つのテーマ（主要概念、弱点、バグなど）について論じるセッションである。このほうがはるかに大きな効果が得られた

最終版

最初の3日間は会社全体（法務部、マーケティング、製品など）についてのプレゼンテーションを行い、これにはすべての部署の新人が出席する。その後、技術的トピッ

クに関するセッションを1日1回ずつ、1週間にわたって行う。SoundCloudではチームごとに新人を採用しているため、新人は採用後直ちに配属先のチームに加わる。したがって配属先のチームに早く貢献したいという新人の意欲は高く、新入社員研修に集中するのがなかなか難しそうではある

以上の過程で我々が得た教訓も紹介しておこう。

- 新入社員研修の責任者はひとりでよいが、多大な労力を要する仕事である上に、採り上げるトピックも幅広いので、首尾よく実施して効果を上げるためには複数の人手が必要である
- スケジューリングに要する労力も軽視してはならない
- 新入社員研修を受けた新人からの反省や感想などのフィードバックは参考になる
- 新入社員研修のプロセスを改善するための時間もきちんと確保できるようにするべきだ
- 特定のチームにエンジニアを雇い入れる場合と、エンジニアを採用してから、あとで所属チームを選ばせる場合とでは、新入社員研修に対する新人の受け止め方が大きく異なる。前者の場合、新人は一刻も早くチームに加わりたいと気が急いて、より広範な新入社員研修にはなかなか集中できない。後者の場合、新人はチームを選ぶ前に組織やアーキテクチャについて極力多くのことを知っておきたいと感じるので、新入社員研修が完全に終了するまではチームの割り振りをしないのが得策だ

　我々はSpotify（スポティファイ）のコンシューマーエンジニアリング担当バイスプレジデントであったケビン・ゴールドスミスにインタビューしたが、その時点ですでに同社の従業員は600人前後に達しており、本書が対象とするチーム規模をはるかに超えてはいたが、Spotifyの新入社員研修に関する同氏の説明が大変興味深かったので、ここであえて紹介する。

Spotifyの新入社員研修 —— ケビン・ゴールドスミスの体験談

Spotifyでは新人エンジニアに対し、新入社員研修のための「ブートキャンプ」に2週間、フルタイムでの参加を義務づけている。ブートキャンプでは、プロダクトオーナー、ア

ジャイルコーチ、バディ（ブートキャンプのみの一時的なパートナーとなる新人エンジニア）と共に「分隊」を組み、全社の組織と、ビルドのプロセスなどの技術的アプローチを教わる[*5]。最初の2日間は会社と製品の概要を紹介され、その後は製品の特徴について学ぶ。

プロダクトオーナーに2週間もブートキャンプに加わってもらわなければならないため、当初はモチベーションを上げるのに苦慮したが、しばらくするとプロダクトオーナー自身が「ブートキャンプに参加するだけで新たなチームがひとつ手に入ってしまうこと」に気づいてくれ、それからは先を争って分隊を組んでくれるようになった。

ブートキャンプの終了時点で、1分隊が新機能をひとつ本番環境に載せた形となる。

3.4.4　メンタープログラム

メンタープログラム（バディープログラム）は、新人に入社直後の一定期間、一対一で指南役を付けるという手法で、単独で実施することも、あるいは他の新入社員研修の手法と組み合わせることも可能だ。

アンドレア・ハラブが、「バディシステムの基本 —— 新入社員研修とバディシステムの利点」と題する記事（https://bit.ly/3aKEI2p）で、この手法を次のように解説している。

「バディ」は管理者でも監督者でもなく、同僚である。新人が入社した直後の2、3ヵ月間、一対一で指南役を務め、会社の日々の活動を紹介する。たとえば新人にオフィスを案内し、ルールや習わし、方針を説明し、社内の仕組みや文化を教え込む。

というわけで、我々も新人に一対一でメンターを付けることを推奨する。少なくともコーヒーマシンがどこにあるかや、皆が昼食をどこでとっているかぐらいは教えてあげたいものだ。そして（すでに述べたように）メンターに対しては、どのような役割を求められているのかを明確に説明し、それを実行するための時間を十分に与え、首尾よく

*5　「分隊」の詳細は「Spotifyのスケーリングアジャイル —— 部隊、分隊、支部やギルドと共に歩む」（https://bit.ly/2x7d0hN）参照。

責任を果たせたら称賛の言葉や好意的なフィードバックを与える必要がある。若いチームメンバーにとってメンター役はリーダーシップを身につける上で恰好の第一歩ともなり得る。相手が仕事を覚えるのを支援する能力が自分にどの程度あるのかを見定める好機なのだ。

3.5　退社手続き

　退社手続きと言っても、退社する社員からパソコン等を回収し、アカウントをすべて閉鎖するだけでは終わらない。退職者面接をきちんと行えば、表面化せずに終わってしまう「辞職の理由」も掘り起こせる可能性がある。理想を言えば、すでに上司や人事部の担当者が退職者と話し合っているのだから、退職者があげる辞職理由は予想外であるはずがない。しかし何人もの退職者がこの段階で次々に予想外の理由をあげるようなら、退社手続きの早い段階で何か大きな不備があった恐れがある（たとえば、上司が退職者との1対1のミーティングを怠っている、あるいは退職者の提出したフィードバックに上司が目を通していない、など）。退社手続きが過不足なく行われてきたのであれば、予想外の退職理由に驚かされることなどないはずなのだ。

　また、どの部署の人員が縮小しているのか、注意を払うことも欠かせない。他の部署よりも人員が目立って減っている部署があれば、ぜひともその理由を探るべきだ。急成長中のスタートアップにありがちな離職の原因にはたとえば次のようなものがある。

・文化の変化（職場環境が協調的なものから競争的なものに変わる、など）
・「キャリアアップの見込みがほとんどない」という社員の感触（キャリア形成の促進のコツについては第4章と第5章を参照）
・配慮不足で生じた、ボトルネック、微細管理（マイクロマネージメント）、自律性喪失

3.5.1　「残念な離職」と「残念ではない離職」

　社員が辞職を申し出ると、「残念な離職」と「残念ではない離職」に分けて扱う企業は多い。前者は今後もチームに残留してほしいと会社が望む社員の場合で、大抵は人事部の担当者と会社の幹部が本人と話し合って慰留を試みる。その過程で辞職を希望した理由が明らかになるはずで、これを人事部が追跡調査し、対処が必要な問題があ

ればそれを把握しておく必要がある。その際、必ず確認したいのが次の３点だ。

- ・辞職を申し出た社員の懸念や不満の声に管理者がきちんと耳を傾けたか。その社員は、自分に対する管理者の扱いが公正だったと感じているか
- ・給与やキャリアアップに関して見解の相違はなかったか
- ・辞職を申し出た社員は、文化にまつわる問題があったと感じていないか。感じているとすれば、それは文化がその社員の望まない形で変わってしまったからなのか、それとも実際の文化が、その社員が入社時に聞かされたものとは違ったからなのか。とくに後者の場合、採用プロセスで会社やチームの文化が候補者にどう伝えられているのかを確認する必要がある

　一方、「残念ではない離職」は、会社がその社員を手放すことを惜しんでいない場合を指す。よくある筋書きは、批判的なフィードバックを受けたり、業績改善計画（PIP: Performance Improvement Plan）の対象となったりした社員が辞職を決意するというものだ。この場合に確認するべきなのは次の２点である。

- ・採用プロセスを改善する必要はないか。重要な情報の入手を妨げている不備や欠陥が採用プロセスに存在しないか
- ・その社員は採用時には適任であったが、それは当初のみで、のちに適性を無くしたのではないか。そうであれば、それはごく普通の成り行きで、必ずしも懸念材料にはならない

　このように「残念な離職」と「残念ではない離職」をそれぞれ別個に追跡調査することで、離職の件数の急増が、手堅い管理（たとえば成績不振者への「退職勧奨」）の結果なのか、あるいは何らかの管理の不行き届きのせいなのかを明確化できる。ただ、残念か残念でないかを見分ける責任を、管理者ひとりに委ねることのないよう注意が必要だ。辞職を申し出た社員については、ついつい「なあに、あの社員はどのみち必要なかったんだ」と言いたくなるのが人情だが、これを許していると「残念ではない離職」の件数が人為的に膨れ上がり、辞職の真の理由が見えなくなってしまう。

　また、すべてのケースについて徹底した退職者面接をする価値はある。辞職を願い出た時点で社員が口にするのが真の理由ではないケースが多いからだ。「上司は私のことが好きじゃないようなので」と言うよりは「新たな挑戦をしたくて」と言ったほうが事

ははるかに簡単だ。そのため、退職者面接を「その社員の我が社での経験の事後分析^{ポストモーテム}」

※上記のルビ「ポストモーテム」は「事後分析」に振られている。

ははるかに簡単だ。そのため、退職者面接を「その社員の我が社での経験の事後分析」
と捉え、一般的な問題や失策に対する事後分析に劣らぬ厳密さをもって実施するとよ
いだろう。

3.6 まとめ

　採用のスケーリングに関するものでは最後の章となる本章では、採用プロセスの最終
段階（候補者にオファーをして雇用契約の締結に持ち込む段階）で最大限の成功を収め
るコツと、晴れて入社した新人に順調な滑り出しを果たしてもらうコツを紹介した。ま
た、退社手続きのコツと、辞めていく社員から採用プロセスや職場環境全般を改善す
るのに役立つ情報を引き出すコツについても解説した。ここまでで、チームの規模をス
ケーラブルな形で拡大するコツを掴んでもらえたと思う。続く2つの章では、会社が成
長を続ける中で、新入社員を満足度と生産性を損なうことなく管理する秘訣を紹介す
る。

3.7 参考文献

・ヘンリー・ウォード著「オファーレターの模範例」（https://bit.ly/3aLYM4B）。有
　用で誠実なオファーレターの模範例

・ジョー・アベント著「逃した魚 —— オファーを断られた理由を解明することの価値」
　（http://bit.ly/2gSvitF）。オファーを断った候補者から、自社の採用プロセスに関
　するフィードバックを引き出すコツを伝授

・ステファニー・K・ジョンソン、デイビッド・R・ヘクマン、エルサ・T・チャン著「候補者の中に女性がひとりしかいない場合、その女性が選出される統計的確率はゼロ」（http://bit.ly/2gSqt3p）。現状維持バイアスに関する秀逸な記事

第 4 章
管理体制の導入

　急成長中の企業にとって「管理職の新設」は、どうひいき目に見ても「時間の無駄」、下手をすれば「（会議の増加、意思決定の遅延、社内政治の発生など）大企業病の始まり」としか思えない場合が多い。「うちも大手の仲間入りってわけかい！」——廊下に響き渡る古参社員の抗議の声が聞こえてきそうである。

　こういった異論もあり得るものの、とくに急成長中の企業では、人事管理に明示的に照準を定めることこそが全社レベルの成功のカギとなる。しかるべき研修を受けた管理者が健全な文化のもとで、チームの士気を鼓舞し、会社の目標に沿った作業の割り振りを図り、対立を解決し、成長の次なる段階へ向けて技術チームの態勢を固めることによって、チームのスケーリングを助長できるのだ。

　まずは悲惨なシナリオを3つあげる。

- 「一時期、上司の直属の部下がなんと70人にも膨れ上がり、その頃の（勤務評価の面談（フィードバックミーティング））は無益なんてものじゃありませんでした。なにしろ私に対する上司の勤務評価は、私が提出した自己評価に、チームメイトの私についてのコメントを2つ3つ切り貼りしたようなものでしたから…」
- 「この会社に来て半年になるというのに、上司との1対1（ワンオンワン）がまだ一度も行われていません。それどころか、すでに上司が2、3度代わって、今現在の上司が誰なのかもわからないんです」
- 「初出勤の日、IT部の人からパソコンとバッジを支給され、上司の部屋へ出向くよう言われました。社内をあちこちさまよった挙げ句、ようやく上司の部屋を見つけたと思ったら、離席中。やむなく廊下で待っていました。2時間ほどして運良く前の会社で同僚だった人が通りかかり、ランチに連れて出してくれました」

　どれも急成長中のチームの古参メンバーなら、どこか身に覚えのあるシナリオだろう。こうした「削がれる」体験は日常茶飯事なのか。IT業界で仕事をするなら避けて通れない代償なのか。とんでもない。人事管理のスケーリングに際し、確かな知識と情報に基づいたアプローチを採れば、上記のような失策を回避しつつ、チームレベルでも全

社レベルでもパフォーマンスを大幅に改善できる、と我々は信じている。

　本書の第1章から第3章では規模拡大の主要な方策である「採用」について解説したが、本章以降の数章では規模拡大の副次的影響、すなわち増員に伴う課題や難問の数々を取り上げる。まずはチームを構成するメンバーを管理する必要性について解説する。

4.1　フォーマルな人事管理の必要性

　スタートアップであれ、一定以上の規模の企業における新規チームであれ、とにかくチームの発足当初は驚くほど仕事がはかどるように感じる。アイデアを練り上げるブレインストーミングも、デザインに関する詳細な議論も、問題の修正も、苦もなくこなせてしまう。目に見える形で有意義な結果が出るから、激務だろうが長時間勤務だろうが、これっぽっちも重荷にならない。また、難問も不確実な前途も何のその、チーム一丸となって取り組むことで結束力も強まっていく。

　やがて望みどおりの製品が完成すると、往々にしてその成功に、チームは足をすくわれる。新規顧客が殺到して対応に追われ、それでなくても多忙な日々をかろうじてこなしてきたチームが、もはやお手上げの状態に陥る。短期間でチームの生産量（アウトプット）を増やすには増員しかないという状況だ。本書の第1章から第3章まででは、こうした場面で役立つチーム拡充の手法と、成長段階に即したその展開法とを紹介した。

　この流れで肝に銘じておきたいのが「チームは人の集まり」という点だ。才能もモチベーションも千差万別な人間の集団なのだから、共通の目標に照準を定めて効率良く作業を進められる結束力の強いチームが自然に育つことなど、めったにない。まさにここで中心的な役割を果たすのが、人事管理なのである。

　人事管理（人のマネジメント）は、次の3つの領域のマネジメントとは明確に異なる。

テクニカルマネジメント
　チームが技術的な意思決定を適正に下すよう計らう仕事

プロジェクトマネジメント
　プロジェクトが計画どおりに進行、完遂されるよう管理する仕事

プロダクトマネジメント
　顧客の望む製品が構築されるよう管理する仕事

　いずれも重要な職務である。一部分を人事担当者が兼務している企業も少なくない。だがチームのスケーリングに限って言えば、スケーリングを効率良く実現して十分な効果を得るための人事管理戦略を確立することのほうが、上記3つの職務よりも重要だ。以前私の同僚であったジョー・ゼイビアーが、いみじくもこう言ったように——「共通の目標を達成するための骨格と筋肉をチームに与えてくれるのが、適正な人事管理なのだ」。優秀な管理者は、具体的には次のような形でこれを実践している。

- チームに適任者を加え、不適任なメンバーを外す
- やり甲斐のある仕事を割り当て、相応の給与を支給し、学びの機会を与え、キャリア指導を行って、チームメンバーの満足度と生産性の維持向上を図る
- 最優先するべき成果の達成に照準を定め、対立を解消し、意思決定の行き詰まりを打開し、障害物を取り除くことで、チームを補佐する
- チームに必要な資源(リソース)を確保する。たとえばプロジェクトに必要なスキルを持つ新入社員、ブレインストーミングのための会議スペース、プロジェクトのデータを可視化するダッシュボードを表示できるような大型モニターなど

　いずれも人事管理には欠かせない職務である。実務の詳細は現場現場でかなり異なるにしても、上にあげた職務は、チームの規模、メンバーの経験や年齢、チームのメンバー構成(たとえば部下をもたない一般社員から成るチームと、大企業の幹部チーム)といった差異に関係なく、どんなチームとメンバーにも必要不可欠だ。これを次のように裏返してみれば、人事管理に対する投資を怠るとチームの成長がいかに妨げられるかが容易に実感できるだろう。

- 不適任な者をチームに加えてしまう、あるいは不適任なチームメンバーへの対処が遅れる
- チームメンバーへの作業の割り振りや給与に対する配慮、キャリアアップの支援を怠り、チームの士気や生産性の低下を招く
- 焦点を絞る、優先順位を付ける、対立を解決する、障害物を取り除くといった職務を怠り、チームの生産性の低下を招く
- チームの成功に必要な資源の確保を怠る

　いずれも実際に「爆発的な成長(ハイパーグロース)」を身をもって体験した人なら思い当たる節のある状

況だろうし、（燃え尽き症候群、チーム内の対立、上層部に対する信頼の喪失、チームの使命にまつわる誤解、意に反する辞職など）結果的にどんな悪影響を招くか、きっと「積もる話」もあるだろう。ちなみに人事管理の価値を浮き彫りにする興味深いケーススタディとも言える啓発的な体験談がある。SNS管理ツール「Buffer」の運営会社の公開ブログ（https://bit.ly/2gStSiR）だ。管理職廃止の実験で得た教訓と、8ヵ月後に管理職を復活させた理由を明かしている。

4.1.1 「アドホック」から「フォーマル」へ

　小企業の間では、人事管理の職責を指導的地位にある人（通常は創業者）が必要に応じて果たす傾向にある。これはIT系のスタートアップでよく目にする管理形態で、たとえば人事管理の経験がゼロに近い創業者兼CTOが、創業当初の十数人のエンジニアを束ねているといったケースが多い。アドホックな（その場その場で対処する）人事管理の手法である。

アドホックな人事管理のツボ

アドホックな人事管理を行っているチームは、次の4つのツボを押さえておかなければならない。これは規模の拡充を考えるよりも前に満たすべき必須要件である。

- チームのメンバー全員が、自分の直属の上司が誰なのかを把握していなければならない。唯一の例外はCEOで、CEOの「上司」は取締役会である
- どのチームメンバーも、上司との1対1を定期的に行わなければならない
- 上司との1対1で話し合うべきなのは、各メンバーの職務の根幹を成す要素、つまり「自分が会社から何を期待されているのかを理解できているか」「職務を遂行するのに必要な資源を確保できているか」「前進を妨げる障害物がないか」だ。上司は各メンバーの勤務状態に関するフィードバックを与え、改善のための提案を行う必要もある
- 上司はキャリアアップに関わる各メンバーの希望をきちんと把握し、それに沿った形で課題や機会を提供するよう尽力しなければならない

こうした必須要件を満たせていないチームは、スケーリングを試みても成功する見込みが薄い。人事管理の基本を網羅した完璧な指導書となると本書の範囲を超えてしまう

が、有用な資料や参考書はすでに豊富に出回っている。また、新任の管理者には、第1
章の最後で推奨した参考資料にも目を通してもらいたい。

□ 4.1.1.1　成長への対応

　以上のようなアドホックな管理手法の効果は、チームが成長拡大するにつれて薄れて
くる。たとえば創業者兼CTOが丸1週間、ベンチャーキャピタルへの売り込みや提携
企業との交渉、アーキテクチャをめぐる議論などに忙殺され、部下との1対1やフィー
ドバック、社員間のもめごとへの対応に、まるで時間を割けなかったとか、チームが拡
大して管理の職務も複雑になり、創業者兼CTOがもはや自分の手には負えないと痛
感する、といった状況が生じる。あるいはキャリアパスが確立されていないことや、他
の社員との対立がなかなか解決しないことを理由に、中心的な役割を果たしていた社
員が辞めてしまう、といった突然の危機的状況もあり得る。いずれにせよ、成長中の
チームのリーダーがある時点で、人事管理の構造と文化を明確化する必要性（つまり
フォーマルな管理手法への転換の必要性）を悟るわけだ。
　「アドホック」から「フォーマル」へ転換するタイミングと方法は、チームによって、ま
た数々の要因によって、さまざまに異なるが、次のように企業の成熟段階に従って展
開していくのが一般的だ。

草創期

　アドホックな人事管理を開始する段階。ひと握りの創業者を中心に、5人から25
人のメンバーがチームを形成する（そしてメンバーのほぼ半数が製品開発に当た
る）。創業者のひとりが事実上の人事管理者を務め、チームは製品の構築と市場の
開拓、ビジネスモデルの模索を進める（図4.1）

過渡期

　チームが対象とするべき市場が見つかり、メンバーが25人から100人に膨れ上がっ
ていく急成長期が、この「過渡期」に当たる。アドホックな管理手法の効果が薄れ
始める時期で、幹部は正式な管理職を配置し始め、その職位を自ら引き受けるか、
あるいは適任者を既存の人材（または外部）から採用する（図4.2）

成熟期

正式な管理手法を大規模に実践する段階。社員が100人規模から数百人規模へと膨れ上がるのに伴って、草創期の管理チームも拡大、進化していく。取締役やバイスプレジデント(VP)など複数の管理層が設けられ、勤務成績の管理やキャリア形成などについても、より複雑な管理システムが整備される

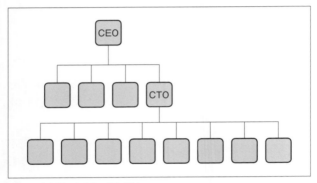

図4.1　草創期の典型的な報告体制

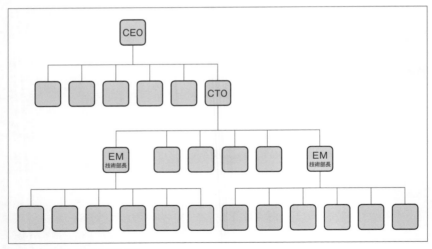

図4.2　過渡期の典型的な報告体制

> **Note**
>
> 「報告体制（誰が誰の直属の上司であり部下であるか）」と「組織構造（個々の社員がど
> のような形で作業チームを構成するか）」は、明確に区別することが大切だ。2つが重な
> るケースは多いが、常にそうであるとも限らない。たとえば中央集権型の階層をあえて
> 避け、独自の組織体制を敷く「ホラクラシー[*1]」や、部下をもたない技術者が（デザイン、
> フロントエンド、バックエンド、プロダクトマネジメントなど）自分の専門の職能部門と、
> 職能の枠を超えて特定のプロジェクトを遂行する部門の両方に所属し、それぞれの部門
> で直属の上司をもつ「マトリクス組織」といった新たな組織管理システムも登場してい
> る（第8章に詳細）。

4.1.2　フォーマルな管理体制の導入の潮時

「過渡期」の段階には入ったものの、フォーマルな人事管理体制を導入するべき潮時
の見極めがなかなか難しい、ということもあり得る。幹部が顧客対応やチームの規模拡
大に追われ、勘に頼って導入を決めてしまうことは珍しくないし、危機的状況が発生
して対応を迫られるまで放置というケースもある。だが大抵は次に示すような、フォー
マルな管理体制が必要になったことを示す初期の兆候が表れるもので、それを認め対
応策をとれば、危機的状況は回避できる。

☐ 4.1.2.1　フォーマルな管理体制の必要性を示唆する兆候

アドホックな体制からフォーマルな体制へ移行する潮時であることを示す兆候とし
ては、たとえば次のようなものがある。

アドホックな体制ではもはや本務がきちんとこなせない

チームのリーダーが1対1のための時間を取れなくなった、「火消し」に追われ、チー
ムメンバーとのミーティングという「本来の職務」が果たせなくなった、（チーム
の規模が大きくなりすぎて）1対1に時間がかかりすぎる、喫緊の人事問題にかか
りきりで、戦略立案や資金調達など必須の任務に手が回らない、など

[*1]　オリビエ・コンパーニュのブログ記事「ホラクラシー vs. 階級組織 vs. フラットな組織」（https://
bit.ly/2hH56BG）を参照

作業の方向性やチームの先行きについて意見の対立や誤解が生じる

先行きに関わるメンバーの見解が合わず、チームが身動きの取れない状態に陥ったり、優先順位の取り違えが起きたりして、上層部が介入し決断を下さなければならない場面が増えた、など

製品の品質や生産性が低下

製品の質が落ちた（顧客の苦情や不具合、稼働停止時間、ロールバックの増加など）、チームのリーダーが技術的な生産性の低下を実感し「チームのメンバーは本当に全力を尽くしているのか」「本質的ではない作業にかまけているのでは？」といった疑念を抱くようになった、など

士気が低下、人員が縮小

不平不満に満ちたメール、反社会的行動、給湯室や喫煙コーナーでのシニカルな会話など、士気低下の兆候が目につくようになった、遅刻や早退、始業直前の在宅勤務申請が多くなった、チームで「キャリアアップができない」「仕事が面白くなくなった」「もうクタクタ」といった不満の声が聞かれるようになった、社員の離職率が顕著に高まった、など

いずれも単独であれば必ずしも危機的状況の兆候とは言えないが、同時にいくつも見られるようなら、対処するべき時が来たと受け取るべきだ。ただちに背景要因を探ると同時に、よりフォーマルな管理手法の導入に着手する必要がある。その具体的なノウハウについては、後続の「4.2 人事管理の導入」を参照してほしい。

対応を先延ばしにすればするほど、シリコンバレーの投資家ベン・ホロウィッツの言う「管理上の負債」がかさむ恐れがある ——「技術的負債同様、管理上の負債も、便宜的、短期的な決定を重ねているうちにたまってくる。長期的に悪影響を与え、多額の出費につながるものだ。このような状態は、これまた技術的負債の場合と同様に、時にはうなずけるものもあるが、筋の通らないものが多い[*2]」。ここでの「便宜的な決定」とは、危機的状況を示唆する兆候を見据えて人事管理体制を改善するのではなく、従来の体制を維持することを選ぶ、という決定だ。

[*2]　ベン・ホロウィッツ著「管理上の負債」（https://bit.ly/2JSmwZa）

□ 4.1.2.2　移行のタイミングの見極め

　とはいえ、危機的状況を示唆する予兆がとくに見当たらなかったり、兆候があっても軽度で簡単に対処できるものだったりして、いつフォーマルな管理体制に移行すればよいのか迷うこともあるだろう。理想的なタイミングの決定要因は多々あるが、まずは「チームの規模」を見るとよい。ひとりの管理者が有効に監督できる直属の部下の数（いわゆる「管理の限界」）に関する研究はすでに多数発表されており、7人から10人が妥当な数とされている[3]。このモデルによれば、創業後、チームのメンバーが10人を超えた時が、よりフォーマルな管理体制に移行する潮時と言える。

　ただ、管理者が部下に施すべき教育や支援の水準（「マネジメントの責任範囲[4]」）はチームによって異なる。また、幹部の中にはアドホックな人事管理の職務を本務と並行してこなせる者もいる。さらに、チームの構造によっては日常レベルでの人事管理を複数の指導者に割り振るだけでよく、単独、専任の管理ポストを設けなくても済む場合がある。フォーマルな管理体制に移行する潮時に関する「鉄則」はないのだ。

　ただし移行の潮時を見極めようとする際に拠り所となり得る明白な要因もあるので紹介しておく。

創業者たちの管理経験

　　経験が豊富であればあるほど、アドホックな管理体制のままでも「管理上の負債」をさほどためることなく凌げる期間が長くなる

技術チームの成熟度

　　ここで言う「成熟度」は「経験年数」だけではない（もちろん、管理の行き届いた会社で相当期間勤続してきたエンジニアたちがチームにいることは損にはならない）。エンジニアの自己管理能力も考慮に入れる必要がある。自己管理能力に長けたエンジニアなら、管理者が与えるべき仕事上の指示や、勤務状態を改善するための指導の量も、また、そうしたことに要する時間も少なくて済む[5]

---

[3]　ピーター・ドラッカー著『現代の経営』（上田惇生訳、ダイヤモンド社、2006年）を参照

[4]　ドラッカー著、前掲書

[5]　ジョン・アレスポー著「優れたシニアエンジニアとは」（https://bit.ly/2gFPPPi）ならびにベンジャミン・ライツァマー著「大人のエンジニア」（https://bit.ly/2gFPQCy）を参照

メンバー同士の熟知度

これまで良好な関係を保って仕事を首尾よくこなしてきたグループは、互いの力量や性格、癖を今まさに知ろうとしている段階にあるグループと比べれば、管理の必要性も低くなる

チームの意思決定力

自分たちだけで意思決定を下せるチームもあれば、意思決定を創業者や管理者に承認してもらわなければならないチーム、賛否が拮抗して創業者や管理者に最終決定を仰がなければならないチームもある

成長の速度

専属の管理者を置くことによる効果を最大限に享受できるのは、短期間での規模拡大を必要としているチームだ。専属管理者なら、有望な人材を確保するソーシングや面接、ならびに新入社員研修や適正な作業の割り当てなども取り仕切れる

「任務の遂行」と「探求」のバランス

厳しい納期や難しい製品投入の時機をにらみつつ作業を進める場合、フォーマルな管理体制を敷くことで顧客離れや二度手間を削減し、予測可能性を改善できる。ただし管理者はチームに現行のプランに焦点を絞らせようとするので、「探求心」や「偶発的な発見」といった面で開発チームの可能性が狭められる嫌いはある

要するに、移行の理想的なタイミングを見極める際の尺度は「今チームにはどの程度の人事管理が必要か」と「専属の管理者がいない現在、人事管理をどの程度こなせているか」なのである。

フォーマルな管理体制の導入の先送り

フォーマルな管理体制への移行を先送りするのが妥当なのは、どのような場合だろうか。とくに移行の必要性を示す予兆がまったく見られない時、先送りはうなづける措置だ。しかし経験や理論の裏付けなしに恐れや惰性で先延ばししているケースも我々は多数目にしてきた。たとえば次のようなものだ。

人事管理にまつわる過去の不快な経験に基づいた先延ばし

過去にひどい管理者の下で悲惨な経験をしたことのある幹部が「管理者なんて百害あって一利なしだ」と感じていることがある。無理もない話だが、投資家や取締役会、メンターなどに助言を請えば、この手の誤解はすぐに払拭できるはずだ

文化的な抵抗感による先延ばし

時に、正式な人事管理の導入は思想的に受け入れがたい、というケースもある。部下をもたない一般社員であるチームメンバーの職位を上げたほうがよい、との考えが根底にあったりする。スタートアップの間では「フラットな組織構造」の良さをほめそやす傾向があるが、その実、「優れた管理者の真価に対する無理解」や「ひどい管理者を雇ってしまった場合のダメージへの恐れ」「管理者の優劣を見分ける能力に対する自信のなさ」といった素因が隠れていることもある

どちらも無理からぬ理由ではあるが、チームの管理やスケーリングに関して斬新な手法を生む可能性よりは、管理上の負債の蓄積を招く恐れのほうが大きい。

とはいえ、フォーマルな管理体制への移行を先送りするもっともな理由があるケースもゼロではない。とくに経営陣が「移行に伴うコストとリスク」と「会社の主要業務」とを天秤にかけなければならない時がそれに当たる。本章を読めばわかると思うが、フォーマルな管理体制の導入は断じて「些細なこと」ではない。専属の管理者を雇うには資金も時間もいるし、一般技術者を管理者にすれば少なくとも当面はチームの生産性に響く。また、とくに経営陣にとっては「移行に要する時間と労力」の形での実行コストがかさむ。さらに、財務面での制約や、製品の発売や資金調達のためのプレゼンテーションといったきわめて重要な仕事も、フォーマルな管理体制導入への注力を先送りする正当な理由となり得る。

4.1.3 専属の管理ポストを設けずに人事管理をこなすコツ

草創期のチームでは往々にして人事管理を専任者なしでこなさなければならない。チームの規模が小さくて専任者を雇う資金がなかったり、雇用するとの決定を下しても適任者を見つけるのに何ヵ月もかかったりするからだ。そのため、人事管理の職務をないがしろにせず、何とかこなしていかれるよう、当面はチームの指導的立場にある者が知恵を絞らざるを得ない。

というわけで、専任者なしでも何とかやっていくためのコツをいくつか紹介しておく。

- 技術管理の責任者を決める。企業によっては、チームが管理者に頼らなくても技術上の決定を下せるよう、意思決定に関する責任を「テックリード」に負わせている場合がある

- プロダクトマネージャーまたはプロジェクトマネージャーのポストを正式に設ける。プロダクトロードマップの管理責任を負ったり、チームがロードマップをスプリント等に細分化し中間目標（マイルストーン）を設定する際のまとめ役ができる者を見極める

- （ピアレビューやテスト戦略など）開発プロセスを明確化する。こうすれば、部下をもたない一般技術者のこうした領域における自己管理能力を強化できる

- チームメイト間の健全なピアフィードバックを奨励すると同時に、その実践に向けてチーム全体でトレーニングを積む。詳細は本書の著者アレクサンダー・グロース（アレックス）のブログ記事「ピアフィードバック」（https://bit.ly/39WI416）を参照

- チーム内ならびにチーム間のコミュニケーションの促進に注力する（第11章で、過度の雑音（ノイズ）を防ぎつつチームのコミュニケーションを改善する種々のコツを紹介している）

- チームのスキルバランスを最適化する。「もはや専属管理者が必要だ」と思ったが、根本的な理由は実はメンバーのスキル不足だったというケースが時にある。たとえば、あるチームではマイルストーンが達成できない状況が続いていたが、根本的な原因はメンバーのデバッグ能力やタスクの見積もり能力の低さだったといったケース。このほか、部下をもたない一般技術者を異動させることで、チームの自己管理能力を高める、という手法もある。たとえば経験の浅い技術チームが厳しいマイルストーンを達成するため、より経験豊富なチームから適任者を借りてくる、など

　以上、正式な人事管理者の設置に伴うコストとリスクを先送りする場合に効果的なアプローチを紹介した。だが前述のような兆候がすでに表れているなら、先送りは禁物だ。管理上の負債がたまり続けている場合はとくにそうだ。

issuuの組織構造 ── アレックスの体験談

デジタルカタログ制作・共有サービス「issuu（イシュー）」の運営会社には、エンジニアリング担当バイスプレジデント（VP）が1名、チームリーダーが7名、チームリーダー以外のエンジニ

アが38名いる。

チームはどれもデリバリーチーム（「アイデア」から「公開」までソフトウェア開発に必要な職能を漏れなく備えた自立型のチーム。詳細は第7章参照）でありエンジニアリング担当VPは日常レベルの作業には関与しない。「チームリード」と称されるリーダーはチームの各メンバーとの1対1ミーティングを隔週で行い、問題点があればVPに報告する。ピアフィードバックのシステムも確立しており、着実に運用されている。このようにこのモデルは日常レベルでは効果を上げている。一番大変なのはVPが技術部門全体の給与を改訂するために、チームリードの提出したメンバーの勤務評価に基づいて給与査定を行う期間だ。これは大層しんどい一週間となる。

4.2　人事管理の導入

スタートアップにまつわる体験談で驚くほど多いのが、次のような状況だ。ある日突然エンジニアたちがミーティングに呼ばれて、こう言い渡される ——「こちらが新任のマネージャーのAさんだ。今後、諸君の1対1はAさんに一任する」。Aさんがどれほど聡明で有能であっても、こんな突然の移行では反発が起きてもおかしくないし、「うちも大手の仲間入りってわけか！」「これからは会議が増えて、社内政治とも無縁じゃなくなるな」といった噂話も飛び交うことだろう。

これで生産性が落ちるとなると、とくに急成長中の若いチームにとっては大きな打撃だ。そんな事態を回避するためにチームのリーダーが採り得る措置にはどのようなものがあるだろうか。

4.2.1　自社の希望や目標を把握し、チームの態勢固めを

報告体制の変更を実施する前に、やっておきたい簡単な段取りがいくつかある。まずは自分たちがどういった人事管理の文化を望んでいるのかを把握しておくことだ。管理者に対してどのようなことを期待するのか。それがテックリードやプロダクトマネージャーなど既存の関連職位に対するものとどう異なるのか。それぞれの人事管理者は主としてどの領域に焦点を当てるべきなのか（人材の育成、職務の遂行など）。人事管理者の勤務状態は、どう評価するか。

ここまで読んで、下準備がずいぶんあるなと感じた人もいるかもしれないが、そん

なに難しく考えることはない。すでに最初の専任管理者が決まっているなら、その人物を呼び、たとえばジョハンナ・ロスマンとエスター・ダービーの共著『Behind Closed Doors』（Pragmatic Bookshelf）などIT管理者のための指南書を部分的にでも読んでおくよう命じ、その後、頃合いを見計らって昼食でも共にしながらその本について語り合ってみるとよい。程なく自分とその新任管理者が人事管理のどういった点を重視しているかがわかってくるはずだ。これをメモしておけば、それが自分たちの望む管理文化の原案となる。

　キャリアパス（キャリアラダー）については、エンジニア用と管理者用の2通りを用意する、という選択肢が一考に値する。キャリアパスの規定に腰の重い小企業が多い中で（たとえばTwitterは、創業から5年後の2011年までキャリアパスを規定していなかった！）、なぜ草創期の段階からキャリアパスが必要なのか。それは「エンジニアはいわば二流の市民。管理職に『格上げ』してやらなければキャリアアップは望めない」との誤った認識を正すという大事な目的があるからだ。人事管理者のポストは、技術職とはまるで違う資質を要求される、まったく異なる職位なのだ。優秀なエンジニアなら全員が必ず優秀な管理者になれるかというとそんなことはなく（その逆もまたしかりで）、シニアエンジニアが「望んでも適してもいなかった職務を押し付けられた」と感じるような状況はぜひとも避けたい。このトピックについては第5章の「5.2.6.1　キャリアパスの作成」を参照してほしい（実在の企業が公開しているキャリアパスの事例もあげてある）。

　次に候補者探しだが、まずは有能な管理者になれそうな候補者を社内で探してほしい。過去に管理者として好成績を上げ、今後また管理者の立場に戻ってもよいと思っていそうなエンジニアはいないだろうか。あるいは、管理者に望ましいと思われる資質（共感力、仕事の成果を独占せず仲間と分かち合える度量、指導者としての手腕、戦略的思考能力など）を備えたエンジニアはいないだろうか。逆に要注意なのは、対立関係やストレスを解消するのが下手、扱いの微妙な話題をあえて取り上げて議論するのが苦手、自身の勢力範囲や主導権、情報アクセス権を拡大したがるなど、危険な兆候が認められる社員だ。そして肝心なのは「並みはずれた技術力」を「管理者としての可能性」と混同してはならない、という点だ。LoudCloud の共同創設者ティム・ハウズもこう述べている —— 「コーディングの腕前がピカイチのエンジニアを管理者に抜擢したいという誘惑に負けてはならない。（中略）管理はコードではなく人を扱う仕事だ[*6]」。既存

---

*6　First Round Reviewの記事「歓喜あり恐怖ありの技術チームのスケーリングで私が学んだこと」（https://bit.ly/2gG27al）より

の社員の中から管理向きの人材を見出して育成するコツやノウハウについては、この後の「4.3 管理者の育成」を参照してほしい。

続いて、自チームに管理構造変更の意向を告げる際の注意点をあげる。メンバーの不意を突く形になってはならない。管理者の道を選ぶことに関心のあるメンバーや、何らかの懸念を抱いているメンバーがあなたのもとへ相談に来られるよう、実際に変更する1ヵ月以上前に知らせるのが理想的だ。

とにかく何よりも大切なのが「チームメンバーの不意を突くことや、信頼の低下を招くことは避けるべし」という点なのである。人事管理体制を敷くことがなぜ必要なのかをきちんと理解し、その利点や効果を活用、享受する態勢が整っているチームは、体制変更を告げられて混乱し意欲が低下してしまったチームよりはるかに高いレベルで生産性を維持できるはずだ。

4.2.2　変更計画の公表と実施

管理体制を新たに導入するのは気を使う大変な仕事で、下手をすると士気の低下を招く恐れもある。そこでチームにとって建設的な形で体制を変更するコツを紹介しておこう。

☐ 4.2.2.1　透明性を旨とし背景を明示

管理体制変更の理由と意図は極力明確に説明するべきだ。根回しも下準備もなしでいきなりチームに新しい組織図を見せるという力技（ちからわざ）でさっさと片付けてしまいたい気持ちはわかるが、社員にしてみれば、理由や利点をきちんと理解できなければ変更を受け入れるのが難しいに違いない。

好ましくない公表のしかた

CEO：はい、皆さん、聞いてください。本日付けで大きな変更を実施します。人事管理者が必要だとの経営陣の判断に従い、管理者にB氏を任命しました。今日からB氏の直属となるのは次の方々です。Cさん、Dさん、Eさん・・・

みんな：ええーっ！

望ましい公表のしかた

CEO：はい、皆さん、聞いてください。方向性やキャリアアップの機会がないと

いった不満の声は、私の耳にもすでにたくさん届いています。たしかに最近私は
1対1の時間が十分に取れなくなっていますし、もうすぐ資金調達のプレゼンが予
定されているなどで事態の好転も見込めません。そこで技術部門にも管理ポスト
を設ける必要があると判断しました。目下、職務記述書や実現計画を作成中です。
詳しいことを知りたい人は私のところへ来てください……
みんな：ふむふむ、なるほど。

　ここで忘れてはならないのは「過去にひどい管理者の下で苦労させられた覚えがあ
り、管理者の存在を煙たがる者は多い」という点だ。このため、人事管理のポストを創
設することで得られると期待される価値や、管理者の勤務成績の評価方法の案を、十
分に時間を割いてきちんと説明する必要がある。
　また、自分なりの人事管理の文化をきちんと時間を取って定義したのであれば、制
度変更を実施する際に周知徹底させるとよい。そうすれば、体制を変える理由や新任
管理者に期待するべきことに対する一般技術者の理解を促せる。それにこうすること
で、自分も管理者になりたいと関心をもつ社員が出てくるかもしれない。

□4.2.2.2　新任管理者の紹介はあくまで地味にひっそりと

　さて、あなたは既存のチームメンバーに管理の責務を負わせる決定を下したとする。
あなたがこのメンバーに対してどれほど深く感謝の念を抱いているとしても、皆に紹
介する場でほめそやしたい気持ちは抑えなければならない（後続の「4.3.2.4　これは昇
進ではない」を参照）。その理由をかいつまんで言うと、「実力を認められたければ管理
職になるのが一番」との誤った認識を招く恐れがあるから、また、管理の職務を引き受
けたメンバーが、その職務に不適であったり興味を失ったりした場合、もとのポジショ
ンに戻りにくくなる恐れがあるから、だ。

□4.2.2.3　一般技術者の影響力を維持するための方策も

　管理体制の変更を発表する場でよく表明されるのが「この会社で使っている製品や
テクノロジーに関してはエンジニアのほうが詳しいのに、今回の変更で、ロードマップ
に対する影響力が管理者より小さくなってしまう」という懸念だ。実際そういう会社も
一部にはあるが、このような状況は工夫次第で回避できる。一般技術者がロードマップ
に影響力を行使するための明白、厳密な仕組みを用意すれば、技術者も予測可能かつ
有用な形で貢献することができるのだ。

　Twitterの事例を紹介しよう。同社のプラットフォーム・エンジニアリング担当バイスプレジデントを務めていたラフィ・クリコリアンが立ち上げた「プラットフォーム・ステアリング・グループ」だ。構成メンバーはプラットフォーム・エンジニアリング部に所属する大半の（部下をもたない）シニアエンジニアで、目的は、チームのすべてのメンバーから、（とくに今後の開発を加速させる効果のあるツールや技術的負債解消プロジェクトに焦点を当てた）プロジェクト案を募ることだった。寄せられた案はレビューを受け、選ばれると次の四半期のロードマップに組み込まれた。これが計画段階におけるボトムアップの優先事項選択メカニズムとして働き、「地味だが重要なプロジェクト」でも先送りされずに資金を得られるようになった。

　また、採用や昇進に関する意思決定において一般技術者の発言権を確保する手法も各種ある。たとえば専用の委員会を招集して採用や昇進の採否を決定させるアプローチや、Amazonの「バーレイザー」のモデルなどがその好例だ（いずれも第2章の「採否の決定」で詳しく紹介した）。ここで銘記するべきは「採用に関する意思決定を管理者に一任してしまうと、技術者は影響力を奪われたと感じかねず、管理者の後押しを得て入ってきた新入社員の成績がふるわなかった場合の反発が激化する恐れがある」という点だ。

　さらに、新たな管理層をひとつ加えることで、一般技術者が「幹部との接点が失われてしまった」と感じる可能性がある。たとえばこんな具合だ――「つい昨日まで経営陣の直属の部下だったのに、今朝出社してみたらその上司との間に新任の管理者が割り込んでいて、元上司との1対1がキャンセルされてしまっていた」。こういう状況には、経営幹部が中間管理者をすべて飛び越して一般技術者と直接話し合う「スキップレベル・ワンオンワン」を時折行うという手法で対処すればよい。ほかにも、一般技術者の中から選ばれた者が幹部と話し合う「円卓会議」や、立案のためのオフサイトミーティングへの一般技術者の参加、幹部会議への一般技術者の出席といった手法がある。要するに、幹部層と一般技術者のコミュニケーションが絶たれるのを防ぐどころか、むしろそれを促進すべく意図的に組織のフラット化を図る手法だ。

　最後にあげる（だが、おそらくもっとも重要な）ポイントは「管理者チームのパフォーマンスの良し悪しを把握しておくことはきわめて重要で、管理者の勤務成績の評価で主要な役割を果たすのが一般技術者である」というものだ。詳細は第5章の「5.1.3　管理者の勤務成績の評価」を参照してほしい。

4.3 管理者の育成

　技術部門の管理者の会合などで訊いてみてほしい —— 「皆さんの中で、エンジニアとして研鑽を積んだ方は何人ぐらいいらっしゃるでしょうか」。一貫して80%から100%の人の手が上がるはずだ。これに対して「管理者になる前に、管理に関する正式な研修を受けた方は？」と尋ねると、なんと0%から10%という正反対の驚くべき結果が出ると思う。なぜかIT業界では技術部門の管理の職務を、ほぼ完全に「現場で仕事を通じて習得するもの」と捉えているのである。

　だが我々は、もっと系統的に管理者候補を育成することを推奨する。チームリーダーは、管理に適任と思われる一般技術者を見つけたら、負担の軽い研修を継続的に受けさせて一人前に育て上げるべきなのだ。そうすればチームを拡充しようとする際、大変有利になる（理由は本章の冒頭であげた）。

4.3.1 管理者候補の資質の見極め

　有能な管理者になりそうな技術者を探し出す作業は、プロのスポーツ選手の中から、有能なプロのコーチになれそうな者を探し出すのと似ている。現役時代の成績や経歴はもちろん重要な要件だが、有能なコーチになるにはほかにもさまざまな資質が求められるため、実際にコーチをやらせてみないとわからない面もある。幸い、管理者として大成するか否かを推測する際に役立つ経験則的な指針があるから、それを紹介しておこう。

　一番シンプルなのが「上アップ・横サイドウェイズ・下ダウン」の尺度（図4.3）だ。

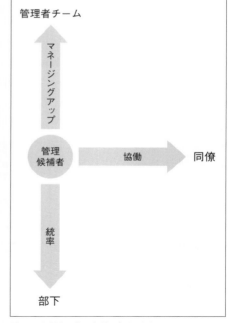

図4.3　候補者の管理資質の多面的評価

この尺度は具体的には次のように活用する。

上

その候補者のマネージングアップ(情報を共有する形で部下の側から上司を「管理」し、仕事を進めやすくする手法)の実績を探す。たとえば上司であるあなたに建設的なフィードバックを行った、作業の現況を正確に提示した、差し迫った問題(スケジュールのズレや、発覚した設計上の欠陥など)をあなたに報告、警告した、といった実績だ。ソフトウェアプロジェクトの進行中にエンジニアがこうしたマネージングアップをするべき機会は多々ある

横

その候補者が他者と協働する能力を十分備えていることを示す事例を探す。現在の同僚との協働実績にとどまらず、将来同僚になる人々(他の人事管理者やテックリードなど)とも協働できそうであることを立証する実績も見つけたい。「上」の項であげた、フィードバックや現況報告、問題点を報告し上位者の指示を仰ぐ「エスカレーション」などの能力に加え、必要に応じて責任を分かち合う、仲間と共にあげた成果を独占しない、問題が起きても名指ししたりしない、といった協調、協働の資質も求められる

下

候補者が過去にリーダーシップを発揮した事例を探す。エンジニア仲間のレベルアップを視野に技能や知識の習得を後押しできるなど、その候補者が指導能力を備えていることを確認する必要がある。候補者はまだ正式に人事管理をした経験のないエンジニアであるから、多くの場合、インターンを監督した実績や、テックスタック(チームが仕事で使っているプログラミング言語やフレームワーク、ライブラリなど)を新人に紹介した実績といった形での事例探しとなる。このほか、一定分野の専門知識をチームに教える勉強会をランチタイムに主催したとか、チームのプロセスを改善して作業の進捗に貢献したといった実績も参考になる。さらに、仕事上のことであれ個人的なことであれ、問題を抱えている人を助けるのが得意、というのも適性のひとつに数えられるだろう

　次に、多くの有能な管理者に見受けられる特質や能力を（重要な順に）あげる。こうした特質や能力を候補者が備えているか評価してみてもよいだろう。

指導力

　たとえ自分の仕事に多少響いても、同僚の技術や知識の習得を喜んで後押しする

コミュニケーション能力

　複雑な考えやアイデアを、口頭でも書面でも明確に表現できる。批判的なフィードバックなど扱いの難しい事柄でも、言葉をつくろったり曖昧な言い方になったりせずに話題にできる

共感力

　他者の感情や視点がたとえ自分のものとは違っていても、それを理解できる模様だ。対立が生じた場合、まず（相手を打ち負かそうとするのではなく）相互理解を図ろうとする

リーダーシップ

　たとえ正式なリーダーでなくても、その指導や命令を皆が自然に仰ぐ（皆が自然とその言葉に耳を傾け、それに従って行動する）

謙虚さ

　仲間と共にあげた成果は独占せず、いさぎよく皆と分かち合うことができる。自分の名声ばかりを追いかけることはチームにとって得策ではない、と理解している

戦略的思考力

　目先の任務だけでなく先も見越して全体像を把握し、チームの仕事が製品全体の方向性や全社のニーズに沿っているか否かを判断できる。沿っていないと判断したら、訊きにくいことでも訊き、反対もする。あえて短期目標を一定期間棚上げしてでも、チームが追求するべきより大きな戦略的チャンスを模索する

　候補者が以上のような特質を備えていることが確認できれば、「この候補者なら人事管理の職務を任せられる」との確信も強まるはずだ。

逆に「マイナスの指針」も紹介しておく。これがあれば「この候補者に管理の職務を任せるのは考えものだ」といった判断も下せるだろう。

ストレス耐性の低さ

チームが厳しい締め切りに負われている時に心配で眠れなかったり冷静さを失ったりする

対立やもめごとを避けて通る傾向

扱いの難しい事柄や論争の火種となっている問題などについて話し合う能力や意欲に欠けている。他のメンバーが異論や対案を出した場合、持論を引っ込めずに妥協案を探るということをせず、鵜呑みにしてしまう

コミュニケーション力不足

上司であるあなたが意見を求めても、なかなか忌憚なく率直に話せない。チームメイトに関わる問題について、直接本人と話すより、まずは上司であるあなたに報告するほうを選ぶ。重要な情報を自分から進んであなたに伝えるのを怠ったことがある（あなたはその情報を後日、別ルートで入手した）

支配欲

他者を意のままにしたがる節がある。ある状況で主導権を握ろうとして、上司であるあなたに介入を要請することが度々ある

「情報屋」的な側面

情報を仕入れるチャンスを絶えずうかがっている（とくに上司であるあなたの同僚や、あなたの部下である管理者たちから耳寄りな情報を引き出そうとする）。情報を手に入れても同僚や直属の部下に明かそうとしない。会社の廊下でしきりに噂話を仕入れている

　ここでも候補者が管理者として大成するか否を予測するための完璧な「公式」など存在しないが、上で紹介した尺度を「とっかかり」として使えば、候補者を説得するための材料が得られるはずだ。

候補者の説得 ── デイビッドの体験談

命じもしないのに部下のひとりがやって来て、管理者にしてくださいと申し出る、そして私自身もそのエンジニアがたしかに管理者向きの有望な候補者だと思う ── そんなケースは私の場合、これまでに2度しかなかった。ベストな管理者候補は大抵、聡明かつ鋭敏で、「管理の職務は自分がこれからしかるべき研修を受けなければ到底こなせない重責だ」と理解しており、そのためにあくまで控えめで慎重な姿勢を取っている。このような一般技術者に、少なくとも「管理者が一考に値する職位であること」を示してあげるのがあなたの務めだ。たとえば「管理者になればコーチングやメンタリングを介して既存のメンバーや新人の能力向上を支援できる」「チームが一番影響力の大きな仕事に注力できるよう、ほかならぬ君に持ち前の判断力を働かせてほしい」のように、具体的な材料を使って説得を試みるわけだ。

私の直近の経験は、若手エンジニアのメンタリングを巧みに、また嬉々としてこなしていたシニアエンジニアに関わるものだ。この女性はロードマップ上の主要なマイルストーンをいかに達成するかについても、あれこれアイデアをもっていた。そこで私は、そのマイルストーンを担当する小さなチームの管理者にならないか、と持ちかけてみた。すると最初は「管理者など経験したことがないから」と尻込みしていたが、「あなたのために研修プログラムを用意しますから」と約束すると引き受けてくれ、研修プログラムもたちまちこなしてしまった。この女性とはその後2年間、共に働いたが、その間にその女性の管理の対象チームの規模が大きくなって、目下トップに次ぐレベルの管理者になることを検討中だ。このように、部下をもたない一般技術者の中から有望な候補を見つけ、管理者の道へと舵を切るよう動機づけをしてあげるというのは、チームのスケーリングには欠かせない作業なのである。

4.3.2 管理者への移行期間を乗り切るコツ

大抵の新米管理者は（第一子を授かったばかりの新米の親と同様に）新たに課された責任を前にして準備不足を痛感する。率直に言わせてもらうと、新米管理者は大半が実際にも準備不足だ。初めて任せられた管理の職務に関して何がしかの研修を受けた者はほとんどおらず、しかも突然管理ポストに就くよう命じられたケースが多く、関係者が揃って気まずい思いをしていることが多い。だがこんな状況も、対応次第で回避できる。

☐ 4.3.2.1　新米管理者が予期するべきこと

一般技術者に管理職への舵切りを打診する際に踏むべき第一のステップは、新任の管理者が予期するべき事柄をきちんと説明、紹介することだ。とくに、管理職になるとどういったことに面食らい、感動し、怒り、やり甲斐を感じるのかに焦点を当てる。(新卒者は別として)一般技術者は、すでにチームの管理者がミーティングを開き、キャリアプランやロードマップを作成し、チーム内の対立や論争を解決する姿を目にしてきたのだから、管理者たることがどういうことかなど知っていて当たり前、と逃げを打ちたい気持ちはよくわかる。だが管理の職務には、次にあげるものなど、一般技術者には目にすることのできない側面もある。

管理者ならではの時間管理とスケジュールがある

すでに随所で書かれてはいるが(中でも有名なのが、 米国のプログラマーでありエッセイストであるポール・グレアムの人気エッセイ https://bit.ly/makers sched だが)、管理者のスケジュールと一般技術者のスケジュールはまるで違う(そしてこれにはそれなりの理由がある)。だから「一般技術者のスケジュール」から、不慣れな「管理者のスケジュール」へと切り替えを迫られる新任の管理者はそれこそ必死の思いをさせられる。そこで新任の管理者には次の3点をあらかじめ教えておきたい。

1. 部下や上司の求め(割り込み)に柔軟に応じられる態勢作りは管理者の大切な職務のひとつである
2. 割り込みを上手にさばくことは仕事の段取りのひとつである
3. 一定時間、集中を要する仕事が舞い込んで来たとしても(そんな仕事、頻繁には来てほしくないものだが)、「ヘッドホンをつける」「会議室へ逃げ込む」「在宅ワークに切り替える」など、対処法がないわけではない

もはや「仲間のひとり」ではない

管理職は往々にして孤独な存在だ。「マネージャー」の肩書が付いた途端、仲間内の気楽なランチや毒舌まじりの楽しいチャットにお呼びがかからなくなる。絶対不可避とは言わないが、「こういう状況もあり得る」と承知してさえいれば、さして感情的にならずに対処できるだろう

管理者になると、もつべき視点もガラリと変わる

エンジニアは製品やサービスを構築することで達成感を得る。そういう形で幸福を感じる「報酬系」の神経回路が脳内に出来上がっている。そんなエンジニアが管理者になると「報酬系」を作り変えなければならず、これには長い時を要する。管理者たるもの、「自分自身」ではなく「自分が管理するチーム」が構築するものに関して達成感を得、幸福を感じるコツを身につけなければならないのだが、チームが良いものを構築できるか否かは管理者である自分の働きにかかっている、と心底納得できるまでに結構時間がかかるのだ。具体的に「管理者である自分の働き」とは、明確な司令を出す、メンバーがスキルを磨くのを後押しする、チームの行く先に横たわる障害物を取り除く、といった仕事だ。にもかかわらず、コード書きに執着し、技術的な意思決定に口を出したがる新任管理者が少なくない。報酬系回路の組み換えに手間取っているのだ。こんなことをしていたら自分の新たな職務がなかなか覚えられないし、部下の一般技術者たちがチームで技術的指導力を発揮する機会を奪ってしまいかねない。そんなことにならないよう、新任管理者がまさに第一歩を踏み出そうとしている今の段階で、どの程度の量や種類の技術的作業をどのような状況下で行うのであれば妥当なのか、あなたが大枠をあらかじめ示してあげるべきだ。たとえばこんな具合に —— 「チームのコードを読むのなら自由にやってかまわないが、コード書きは管理の職務をすべてこなしてからでなければやってはいけない」。つまり「チームのニーズを第一に」のルールを強調するのである。これについてはケイト・ヒューストンの記事「管理者はつらいよ —— もはや時間不足でコーディングにさよなら」（https://bit.ly/2gG1Vrl）を参照してほしい。コード書きの仕事から手を引くことがなぜつらいのか、だがそれこそが管理者として正しい道で、それはなぜなのか、といった内容の記事だ

管理者としてどう管理されるか

部下をもたない一般技術者がどう管理されるかは、管理者がどう管理されるかとは大きく異なる。「管理者を束ねる管理者」であるあなたは、自分がどのように命令を発し、目標を設定し、部下への期待レベルをどこに設定する意向なのかを、新任管理者に明示する必要がある。また、どの部分は新任管理者の裁量に任せ、どの部分は自分も意思決定に加わるつもりかも明確にするべきだ。あなた自身が新任で、管理者を束ねるのはこれが初めて、という場合は、まだ自分でもこうした点を明確にできていないかもしれない。必要に応じて、あなた自身のメンターや社内の

相談役に指導を仰ぐとよい

☐ 4.3.2.2　新任管理者を迎え入れるチームの態勢固め

　これについてはすでに本章の「変更計画の公表と実施」で解説した。その骨子は、新任の管理者が選ばれた理由、その管理者の勤務成績の評価方法、日常レベルでチームに何らかの変更が生じる場合にはその内容を、いずれも明確に知らせる必要がある、というものだ。知らせるのは実際に報告体制が変わる前でなければならない。事前に知らせれば、たとえ懸念点があっても、移行前に掘り起こして対処できる。

☐ 4.3.2.3　負担の軽い管理者研修

　「新任の管理者はこの3ヵ月間の研修に参加してください。そうすれば準備は万全です！」と言えたらどんなによいだろう。しかしそんな研修などあるはずがない。仕事を覚えるためとはいえ、肝心な管理の職務を放り出して3ヵ月も研修に費やすのを許す会社なんてそうそうあるまい。ただ、新任管理者に仕事の基本を伝授しようとする際、効果的で手っ取り早い方法があるので紹介しておく。

　一番簡単なのは、関連性が高いと思う本やブログ等の記事を読んでおくよう命じ、読み終えたら内容について1時間ほど話し合う、というものだ。どうしてもコレを読ませるべし、といったオススメの本や記事があるわけではない。1対1のやり方、フィードバックの与え方、方向づけなど、管理に不可欠な基本のスキルを漏れなく紹介している広範な資料があればそれでよい。それを補足する対話の狙いは、新任管理者の職務と、それに関するあなたの希望、期待について認識を共有しておくことだ。管理者とその上司の管理スタイルが大きく異なるのは珍しいことではないから、この出だしの時期こそ、あなたが新任管理者に是非とも従ってほしい部分と、裁量に任せる部分とを確認し合う絶好の機会なのだ。たとえば「どの直属の部下とも、最低でも月1回は略式でかまわないから1対1を行うべきだという点は譲れないが、その1対1の開き方や内容など詳細ついては一任する」といった具合だ。このような「決まり」を事前に確認しておかないと、のちのち二人の間に摩擦が生じる恐れがある。

　さらに時間とやる気のある人は、次にあげる手法の中から良さそうだと思えるものを2つ3つ選んで、部下の態勢固めの後押しをしてあげるとよいだろう。

指南役の紹介

　社内でも社外でもよい、知り合いの管理者2、3人に依頼して、新任管理者と（た

とえば1ヵ月間、週1回の割で）30分から1時間ほど顔を合わせ、管理者になりたての頃の経験や、実際に仕事を始める前に知っていればよかったと思った事柄、これまでに直面した最大の難問などについて話してもらう。成果が上がるようなら、その後も月1回のペースで続けてもらい、新任管理者が実際に仕事を始めてから出くわす難題についてもアドバイスを仰げる「拠り所」となってもらう

専門家によるコーチング

管理職を対象にしたコーチングを専門とするコーチは米国にはごまんといるが、腕の良い者ばかりとは限らない。だが本当に優れたコーチを知っているなら（あるいは優れたコーチを紹介してくれる知人がいるなら）投資するのも悪くはない。投資した分はのちのち何倍にもなって返ってくるはずだ

読書グループ

あなたの直属の管理者たちの継続的な学びを促す絶好の方法だ。もちろん新任の管理者にも、正式に就任する前から参加してもらって問題はない。ただし毎回、何を読むかを決めて司会を担当する者をきちんと決める必要はある（あなた自身でもよいし、あなたが誰かを指名してもよい）

弱点に焦点を当てた演習

1対1の時間を利用して、その新任管理者が一番苦手そうだと思われるスキルの演習を行う。例をあげよう ――「こんな風に仮定してみよう。私は君の部下で、重要なクライアントから依頼されたプロジェクトをすでに数ヵ月にわたって率いてきたが、仕事ぶりがはかばかしくない。そこで君は私をリーダーから外すことに決め、代役として私のチームメイトを選んだ。さて、これを私にどう告げたものか。2、3分あげるから考えてみてくれ。考えがまとまったら実際にやってみて」。ただし、あなたとこの新任管理者は上下関係にあるわけだから、こうした演習はメンターや信頼のおける同僚を相手にしたほうがやりやすいと感じる者もいるかもしれない

シャドーイング

あなたが出席するすべての会議、会合に新任管理者を帯同し（ただし1対1はプライバシーの問題があるので除く）、「管理者の1日」を体験して理解を深めてもらう。

　この手法がとくに功を奏するのは、新任管理者がこれまでほとんど目にする機会のなかった領域(たとえば採用や雇用契約に関わる会合、上層部を前にしてのプレゼンテーション、他の幹部との協働に関する打ち合わせ、ハラスメントや険悪な職場環境について管理者が法的義務を遂行する場など)である

　以上、どの手法を試みるにしても忘れないでほしいのが「この段階で一番大事なのは、トレーニング法の内容そのものより、継続的な学びの習慣を定着させること」である。管理者になりたてで無我夢中の時期には、学びの習慣などきれいさっぱり忘れてしまうことが多いのだ。

☐ 4.3.2.4　これは昇進ではない

　一般技術者を管理者に鞍替えさせる時、まるで昇進であるかのような印象を与えてはならない。むしろ「職責の大きな変化」と位置づけるべきだ。これには2つの狙いがある。ひとつは、エンジニアたちに「昇進する上で最良の方法は管理者への転身」との誤解を抱かせないことだ。というのも、これが従来とは非常に異なるこの大役を引き受ける健全な動機とは言えないからだ。もうひとつの狙いは、こうした鞍替えを昇進と称して新任管理者を鳴り物入りで華々しく紹介したりすれば、自分には不向きだったと悟って解任を願い出た場合、元のポストに戻りにくくなるため、その予防線を張ること、である。新任管理者がはかばかしい成果を上げられなかったり、自分は管理の職務に向いていないと悟ったりした場合、無理やりそのポストにとどまらせるのは好ましいことではない。本人がいつかまた挑戦してみたいとの考えなら、とりあえず管理の座から降りてもらい、しかるべき研修を受けさせたほうがよい。リンゼイ・ホルムウッドの「昇進ではない、職責の変更だ」(https://bit.ly/2gG1sFR)や、デレク・ブラウンの「管理者への舵切りは昇進ではない」(https://bit.ly/2gG63I5)などの記事を参考にしてほしい。

　ではここで、すでに広く採用され、我々も強く推奨するアプローチを紹介しよう。それは有望な管理者候補として社内で目をつけたエンジニアに、管理の職務を徐々に任せていって、本人がやり甲斐をもってその職務に取り組めるか否かを見定める、というものだ。たとえばあなたの率いるチームのひとつでテックリードを務めているエンジニアが、有望な管理者候補としてあなたの目に留まったとしよう。このエンジニアを正式に管理者に任命する前に、まずは本人に「チームのメンバーに1対1でキャリアアップに関する説明と指導を行う役割を引き受けてみないか」と持ちかけてみる。ミーティン

グの負担が増えるのを防ぐため、あなたとその管理者候補との1対1の回数を半分に減らし、減らした分を、このキャリアアップの説明指導の1対1に充てる、という形にしてもよいだろう。首尾良くこなせたら、チームのロードマップの立案や新規顧客の開拓なども任せてみる。その後さらに、作成したロードマップのプレゼンテーションを主要な関係者を前にして行うという仕事もやらせてみる。いずれの段階でもあなたの側では、評価や指導を行い、さらに「この仕事は面白かったか、それとも重荷に感じたか」と本人に感想や意見を訊く機会を得ることができる。ただし管理責任の変更に戸惑う者が出ないよう、チームのメンバー全員に、これが「お試し」のための措置であることを事前に知らせておく必要はある。

4.3.3 勤務成績の評価と継続か中止かの決定

他の職位の場合と同様に、新任管理者にも勤務成績をいつどのように評価、通知するかを知らせておかなければならない。時宜を得たフィードバックを欠かさないことも大事だが、とくに新任管理者との間では、継続か中止かを判断する、より正式な評価の期日も設定しておく必要がある。率直に言って、誰もが管理に向いているわけではないし、実際に管理職をやってみて性に合わないと感じる者もいるから、こうした取り決めがあると大変助かるのだ。期日を決めておかないと、「中止」が望ましい場合でも、やりにくい決定をあえて下そうとせず、何ヵ月もずるずる先延ばしにしてしまうことがある。

期日（たとえば3ヵ月後や半年後など）を決める時には、評価の尺度も必ず知らせよう。あなたが単独で評価を下すのか、それとも上司、部下、同僚から得たフィードバックも参考にして360度評価をするのか。管理者の役割のどういった側面に焦点を当てて評価をするのか。こうした尺度を事前に知らされれば、新任管理者はそれを拠り所にして自己啓発や自己評価を重ねられる。ここで紹介した以外にも、管理者の成長と前進を後押しするコツがあり、それは本書の第5章で紹介している。

4.4　外部からの管理者の採用

　正式な人事管理体制を導入しようとする時、大抵の企業はチームの一員である一般技術者を管理者に抜擢するほうがよいと考えるが、これにはもっともな理由がある。社員なら、製品や社内で用いられているシステムや技術、会社の価値観や文化をすでにきちんと理解しているという強みがあるからだ。これに対して外部から雇い入れる管理者には、「大企業化を図り、社内政治をもたらすのでは？」「我々 既存の社員と同じ価値観をもてるのか？」など、疑いの目が向けられることが多い。

　たしかにもっともな懸念ではあるが、とくに成長中の企業では、経験豊富な管理者を外部から雇い入れざるを得ない場合もままある。管理者になることに興味を示す適格な社内候補者が、ある時点で底を突き、どうしても外部に目を向ける必要に迫られるのだ（または、それをせずに「管理上の負債」の蓄積を招いてしまうケースもある）。とはいえ（候補者にもよるが）外部から管理者を雇い入れることには、次にあげるものも含めて明らかな利点がある。

- ・経験が豊富（とくに、勤務成績が振るわない社員の解雇、一時解雇の際の対応、組織再編の遂行といった、そうそう頻繁にはない場面での経験）
- ・すでに他社で成果の上がっている管理系、技術系の斬新な手法を知っている
- ・チームの仕事へのアプローチに関し、外部の新たな視点を取り入れられる。メンバーがチームのプロセスに馴染んでしまうと、たとえ問題点があっても気づかなくなる、という点は再確認したい
- ・チームの多様性が増し、ひいてはそれが、より多様な思考を生む。ここでの多様性とは、性別、人種や民族、年齢、性的指向、人生経験などに関わるものである
- ・今後のさらなる雇用や取引関係に役立ちそうな、新たなネットワークが得られる

　つまり、外部から優秀な人材を雇い入れることができれば、会社の歴史や内部の事情に疎いという弱点を補って余りある利益が得られるわけだ。

4.4.1　管理者候補との面接

　管理者の領域知識は、部下をもたない一般技術者のそれと部分的に重なりはするが、管理者専用の計画的な採用プロセスを確立することは重要だ（第2章の「2.1 面接」で、

一般技術者の採用のコツを紹介しているので、それも参考にしてほしい）。まずはあな
た自身が何を希望しているのかを掘り下げることから始めよう。自分の直属の管理者
チームに対してあなたが求めている不可欠な資質は何か。優れたプログラミングの技術
やセンスか。優秀な人材を獲得する手腕か。並外れた職務遂行能力か。このようにして
自分がもっとも重視している資質を明確にすれば、そうした資質を備えた人材を見つ
けて面接する方法や、適任者を見極めるプロセスの構築法を探ることも可能になる。そ
してそのプロセスを明確で透明性の高いものにすることで、新任の管理者に何を期待
するべきかをチームに明示できる。

□ 4.4.1.1　事前のスクリーニング

　チームを率いる管理者を募集する時には、一般技術者を募集する場合と同様に、電
話やオンラインでの「面接」で、採否決定の有力な手がかりとなる答えが得られるよう
な質問をし、あなたが重視している点を漏れなく確認する必要がある。45分間、雑談
に終始するような面接は避けなければならない。こうした事前のスクリーニングでは、
とくに価値観の適不適を調べることが大切だ。価値観の適不適はしばしば新任管理者
に関わる大きな懸念材料となるからだ。「この候補者はチームの文化を根本から好ま
しくないほうへ変えたりしないだろうか」という懸念である。第9章の「9.5.1　採用に
おける価値観と文化」で、価値観の適不適を面接で探るコツとその事例を紹介してい
る。また本章の「管理者候補の資質の見極め」では、面接で確認しておきたい管理者と
しての資質の数々をあげた。さらに、カミール・フルニエは「技術マネージャーの雇用」
（https://bit.ly/2gG4VUF）で、技術部門の管理者候補のスクリーニングのノウハウ
を提案している。いずも参考にしてほしい。

□ 4.4.1.2　候補者本人および裏ルートを介しての身元照会

　身元照会は、募集対象の職位に関係なく、採用プロセスの中でも重要なステップだ
が、管理者候補の場合はその重要性がさらに増す。管理手腕は並でも自己宣伝が巧み
で面接上手なおかげで、いくつもの会社を渡り歩く管理者が一部にいるが、候補者本
人に身元照会先を提示させ、さらに裏ルートを介した情報収集に努めることで、こうい
う手合いを排除できるのだ。第2章の「身元照会」で、より詳細なコツやノウハウを紹介
しているので参考にしてほしい。
　ここで覚えておくべきなのは、誤って候補者の現在の勤務先の誰かに問い合わせる
形になり、裏ルートで秘密裏に身元照会を進めていることがバレてしまったりしない

よう慎重に進めたい、という点だ。だから理想的には、まず候補者本人に提示しても
らった照会先に話を聞き、それでも的を射たデータや多角的なフィードバックが十分
得られなかったという感触が残るなら、裏ルートでの身元照会に切り替えればよい。ま
た、候補者の過去の上司だけでなく同僚や直属の部下とも話して360度評価をしたい
ものだ。この多面的な評価は従来型の標準的な採用プロセスでは見落としがちなので、
とくに重要である。

☐ 4.4.1.3　管理者候補の面接に一般技術者を参加させるための準備

　たとえ採用プロセスがしっかりとしたものであっても、管理者候補に対する面接と
なると、チームメンバーの中にはやりにくく感じる者もいるものだ。メンバーの大半は
管理職を務めた経験がないから、面接での質問に対する候補者の答えの良し悪しを判
断できない。それにたとえ面接で何に焦点を当てるべきかを承知していても、「ピカイ
チの答え」と「ザンネンな答え」を判別するのは、技術的な質問の場合よりも微妙で難
しい。

　そこで一考に値する手法を紹介しよう。チームの面々のために、これから面接する管
理者候補にもっとも必要な資質は何かを事前に話し合うミーティングを開くのだ。こ
の手のニーズはチームによってさまざまに異なる。たとえば、デザインに関する意思決
定を主導し、若手技術者のメンターも務められる、経験豊富な技術系のリーダーが必
要なチームもあれば、他チームとの協働や成果物に関わる調整を助ける管理者を必要
としているチームもある。

　前掲の「多くの有能な管理者に見受けられる特質や能力」を参考にして、それぞれの
面接で焦点を当てるべき領域はどれか、具体的にどのような質問をするべきか、候補
者の答えの良し悪しをどう判別するかをチームの面々と話し合っておこう。こうした
話し合いでさえ、どう進めればよいのか見当もつかない、という向きには、周囲のアド
バイスを仰ぐことを薦める。取締役、相談役、管理経験者などが知恵を貸してくれるは
ずだ。また、カミール・フルニエは別のブログ記事（https://bit.ly/2gGaB1a）で次の
ような質問の例をあげてアドバイスをしており、こうした資料も参考になるだろう。

質問の例

　チームに新人を迎え入れる場合、新入社員研修の一環としてあなた自身はどのよ
　うなことをしますか。あなたは新人やインターンのメンターを務めたことがありま
　すか。あるとすれば、それはどのような経験でしたか。その経験からどういったこ

とを学びましたか。

この質問をした人が求めている資質

新人の採用に関わる職務に積極的に関与し、そのプロセスの改善にも心を尽くせる。メンターの役目を重んじ、「新人とのやり取りなんて手早く済ませて、一刻も早くコード書きの仕事に戻りたい」などと思ったりしない。

理想を言えば、質問を、予想される答えと共に、どこかに書き付けておきたいものだ。そうすれば今後も新たな人材が必要になる度に行う面接の質問内容が大きく変動するような事態を防げる。

次に、面接委員団の委員を選び、チームの残りのメンバーが候補者とどういう形で面会するかも決める。委員選びの基準は比較的単純明快で、それぞれの面接で焦点を当てるべき領域と、チームメンバーの関心分野や経験とを照らし合わせて選出する、というものだ。面接などやったことがないというメンバーがいたら予行演習をする。ただし、管理者候補と顔を合わせる機会を望まない者などいない、という点も押さえておきたい。面接委員に選ばれなかったメンバーが候補者とランチを共にして、大まかな感触をつかむ、という手法を面接プロセスに組み込んでいる企業は多い。このほか、候補者が好きなトピックを選び、チーム全体を前にして短時間の講演を(ホワイトボードを使って)行うという、よりフォーマルなアプローチもある。

また、「チームの面々と行う模擬面接」という結構楽しめる手法もある。本番でどのような点に焦点を当てるべきかをチームメンバーにあらかじめ把握してもらうなど、準備態勢を整えるのが狙いだ。たとえば管理者を務めている友人に「晩飯をおごるから、模擬面接で候補者役をやってくれないかい?」ともちかける。模擬面接であなたが合図をしたら、その友人がわざと「ザンネンな答え」を挟んで、チームの面々がそれに気づくかどうか確かめてもよいだろう。あなた自身もその模擬面接に同席し、終了後に結果や感想を聞いたり具体的なフィードバックを与えたりしてもよい。この「あなた自身が終了後に結果や感想を直接聞く」という作業は、本番が始まってからはもちろん必須である。

最後に(これはあくまでも可能であれば、の話だが)、有力候補が2人見つかるまでは採否の決定を保留するとよい。こうすればチームの心理的負担を軽減できる。絶対的な判断を下すのは相対的な判断を下すよりも心理的負担が重い。競争が激化している昨今の人材市場で有力候補を2人も見つけるのは非常に難しいことではあるが、採用

後に不適格と判明した管理者を辞めさせるのに要する労力を思えば、この段階でもう一踏ん張りするほうがはるかに楽なのだ。

4.4.2　採否の決定

　採否決定のプロセス全般に関しては第2章で詳しく解説した。ただ、管理者の採用プロセスでは、一般技術者の場合より基準を厳しくし、あえて「不採用」に偏向した視点をもつことが大切だ。手腕の劣る管理者が及ぼすダメージは大きく、しかもこの手のダメージは往々にして技術的な作業がもたらすものより微妙で捉えがたい。とくに管理者を雇い入れることに熱心なチームはこのダメージを被りやすい。「どんな管理者でもいないよりまし」という考えだと、面接と審査を甘い基準のまま適当に済ませ、低レベルの候補者にオファーをすることになりかねないのだ。

　このような傾向は、事前に面接委員団（パネル）とこの問題点についてとことん話し合い、面接は「不採用」に偏向した視点に立って進めるべきである点を明確にすることで正さなければならない。前述のように、この段階では、面接での焦点の当て所と、候補者の答えを評価する厳しい基準とを明示する必要があるのだ。

　なお、何らかの理由で、本当に適任かどうか確信がもてない候補者を管理ポストに就けざるを得ない場合には、（3ヵ月後や半年後など）初期評価の期日や評価の尺度や方法、評価結果ごとの処遇内容を決め、候補者に明示するとよい。この手法は、たとえば前の職場で同僚であった面接委員は強く推しているが他の委員は面接結果に基づき候補者の適性を危ぶんでいる、といった状況に適用できる。この時、評価とそれに沿った処遇の実施の責任を負う者を決めることが大切だ（この候補者の将来の上司などが適任だろう）。

　最後にもう1点、忘れてはならないのが「外部から雇い入れた社員のすべてに、会社の文化を、創業チームの価値観とは相容れない方向へ導いてしまう恐れがあり、これがとくに当てはまるのが外部採用の管理者だ」という点である。そのため、全社員のうち外部採用の管理者が占める割合に上限を設けるという手法は一考に値する。この手法を実践すれば、将来の管理者候補として社内スタッフを育成することへの投資を促し、外部採用全般に関わる懸念を軽減できる。

4.4.3 新任管理者の研修

　外部採用の管理者の中には、何年もコード書きから離れていた者もいるだろうから、可能であれば、エンジニア向けの標準的な研修を受けさせることを我々は強く推奨する。この種の新任管理者もこうした形でコード作成作業に参加すれば、これから自分が管理するエンジニアたちがどのような技能や知識を求められているのか、チームがどのようなツールを使っているのか、日々の仕事の流れがどのようなものなのか、といったチームの状況や事情を把握できるはずだ。チームによっては、管理者はコーディングの腕を磨き直すためにコード作成作業に加わるべき、あるいは、管理の職務を始める前の数ヵ月間、部下をもたない一般技術者としてチームに参画するべき、といったルールもあり得る。このような時には、新任管理者のテックスタックの熟知度と、コーディングの現場から離れていた期間とに基づいて、その管理者に期待するべき妥当なレベルをチーム内であらかじめ設定しておくとよい。ただしチームの面々が「新任管理者はシニアエンジニアと同レベルのコーディング能力をもっていて当然」と決めつけ、そのレベルに達していないからとの理由で新任管理者がチームメイトになるのを拒否するといった事態は好ましくない（新任管理者のこういった資質については、面接の段階で徹底的に審査、討議しておくことが望ましいが、面接に加われなかったチームメンバーもいるかもしれないから、候補者の採用後に、新任管理者に対する期待レベルを再確認することにも意味がある）。

4.5 まとめ

　「ひとりの管理者が何人の一般技術者を管理するのが妥当か」「管理者とテックリードの職責はどう分けるべきか」といった点では経営幹部の意見もさまざまに分かれるだろうが、「成長中のチームでは管理者が不可欠な役割を果たす」という点について意義を唱える幹部はまずいないだろう。本章では、成長中の小規模なチームに、混乱を極力予防しつつ管理ポストを導入するための各種手法に焦点を当てて解説した。次章では人事管理体制の構築について議論する。生産性を高めるとともにチームをうまくスケーリングしていくための手法やコツを紹介しよう。

4.6　参考資料

我々が人事管理者に推奨する書籍は次の7冊である。

・ アンドリュー・S・グローブ著『High Output Management ── 人を育て、成果を最大にするマネジメント』(小林薫訳、日経BP、2017年)。技術管理に関する既存の指南書の中でも格別に教育効率の高い本だと思う。たとえば「経営等の人間活動」といった複雑な問題を、こんなシンプルな等式で表わしている ──「マネージャーの成果 ＝ 自分の組織のアウトプット ＋ 自分の影響力が及ぶ隣接諸組織のアウトプット」

・ トム・デマルコ、ティモシー・リスター共著『ピープルウエア 第3版』(松原友夫、山浦恒央共訳、日経BP、2013年)。洞察力に富む点ではグローブの前掲書に引けを取らず、人間味の点ではグローブ本に勝る。たとえばこんな感じだ ──「ソフトウェア開発のビジネスは、技術的というより社会学的であるから、機械とコミュニケートする能力よりも作業者が互いにコミュニケートする能力によって成果が左右される」

・ フレデリック・ブルックス著『人月の神話[新装版]』(滝沢徹、牧野祐子、富澤昇共訳、丸善出版、2014年)。フレデリック・ブルックスの影響力は、どれだけ誇張してもし切れない。「銀の弾などない」の論文が収録されている版を読んでほしい

・ マイケル・ロップ著『Managing Humans: Biting and Humorous Tales of a Software Engineering Manager』(Apress、2007年)。Loppの人気のサイトRands in Repose（www.randsinrepose.com）の掲載記事の中から味わい深く示唆に富んだものを厳選し収録したエッセイ集

- Oren Ellenbogen著『Leading Snowflakes: The New Engineering Manager's Handbook』（https://leadingsnowflakes.comで販売、2013年）。一般技術者が技術系管理者に転身する際の支援に焦点を絞った良書

- ダニエル・ピンク著『モチベーション3.0 持続する「やる気!」をいかに引き出すか』（大前研一訳、講談社、2010年）。「自律性（オートノミー）」「熟達（マスタリー）」「目的」の3要素に焦点を当ててモチベーションを高めるという、ピンクの提唱した枠組みには我々も大きな影響を受け、本書執筆の要因のひとつとなった

- マーカス・バッキンガム、カート・コフマン著『まず、ルールを破れ —— すぐれたマネージャーはここが違う』（宮本喜一訳、日本経済新聞社、2000年）。優秀なマネージャーと凡庸なマネージャーの差を生むのは何か。その答えはこの本にある

第5章

大規模組織の人事管理

第4章では、人事管理体制を初めて導入する際の、管理者の採用や研修のノウハウ、新体制に移行する際のコツを紹介した。これを全部こなせば、あとは思う存分、他の課題に注力できる……のだろうか?

いやいや、その後もチームのさらなる成長に伴って、あなた自身やあなたの直属の管理チームが「数々の難題に直面するのが普通」といっても過言ではない。そこで本章では、初めて管理体制を敷いた後にやるべきこと、そして直属の管理者たちを「敏腕」に育て上げ、会社が今後急拡大を続けても支えていけるスケーラブルな管理チームを構築するための種々の手法を紹介する。

5.1 管理チームの拡充

有能な人事管理者は組織全体の生産性を高める。管理者たちの影響力を確立、強化するために、経営幹部であるあなたには何ができるだろうか。また、管理チームが5、6人から数十人、いや、さらに大きな規模に育っていく中で、どういった問題が起き得るだろうか。

5.1.1 管理スキルの向上

典型的なスタートアップの場合、管理チームを構成するのは経験の浅い者ばかりだろう。メンタリングやトレーニングを継続的に受けさせて一人前に育て上げなければならない。人事管理の職務の中には、コツをつかむのに何年もかかる込み入ったものもある。たとえば人種や性別、性的指向等にとらわれずに多様な人材を受け入れる開放的な職場作り、切り出しづらい微妙な問題を同僚や部下にうまく伝える話術、チームに最適な新人を募集、採用する要領、などなど。また、ゆくゆくはチームがさらに拡大し、新たな管理層を設けるべき時が来て、現在の管理チームに候補者探しや訓練を任せる必要も生じてくる。こうした将来も見据えて、管理チームを束ねるあなたは、管理者たち

の学びと成長を促すためのサポートを重ねていかなければならない。加えて、草創期にできてしまった悪習があれば、脱却のための支援も行うべきだ。具体的にどうすればよいのか、我々の提言を以下に3つあげておこう。

新任の管理者には必ずメンターを

新任管理者の多くが、新たな地位と職務に順応しようと悪戦苦闘する中でインポスター（impostor）症候群を経験する（インポスター症候群とは、自力で成果を上げ、周囲からも高評価を得ているにもかかわらず、自分にはそんな力がない、評価に値しないと過小な自己評価をしてしまう傾向だ）。こんな時に有効なのが経験豊富なメンターとの定期的な面談である。新任管理者が今抱えている難問を持ち込んで相談に乗ってもらってもよいし、とくに問題がなければ今の仕事振りで良いと確認してもらうだけでもよい。ただ、直系の上層部の管理者がメンターになってしまうと、新任管理者は難問を抱えていても打ち明けにくいだろうから、別系統の上層部の管理者に依頼できれば理想的だ。社内で適任者を見つけられなければ、取締役会、投資家、社友（OBなど、社員ではないがその会社との関係が深く、場合によっては一定の待遇を受けている者）、前の所属先での同僚など、社外を当たってみるとよいだろう

管理者のための定期的な学習プログラム

たとえば月1回の読書会のような負担の軽い簡易版でもよいし、管理について学ぶ、より正式なトレーニングプログラムでもよい。いずれの形でも定期的な学習プログラムを確立すれば、「管理についての学習は新任管理者の重要な職務のひとつ」という認識を促すことができる

管理者のレベルアップ支援の責任者

上記のメンターの選任や読書会の手配など、管理者のレベルアップ支援の責任者をひとり任命するとよい。適任なのは、「我が社の管理層を最大限にレベルアップさせるにはどうしたらよいか？」との問いに答えられ、それをデータで裏付けられる人物だ。こうして責任者を決めてどんな時でもきちんと支援を続けさせないと、必死の追い込みモードの最中などに「二の次」扱いされかねず、そのままうやむやになってしまう恐れがある

　もちろんこうした手法の多くは管理者にも一般技術者にも等しく応用できる。この
トピックについては、より広範に論じている後続の「5.2.5 継続的学習を重視する環境
の整備」を参照してほしい。

5.1.2　協働と団結の促進

　社員が100人から1,000人という規模のスタートアップで生じがちな構図が「我々
vs. 彼ら」だ。本来は協働するべきチーム同士が責任のなすり合いを始めたり、他チー
ムについて否定的なことを口にしたり、ただもう関わり合いそのものを避けようとし
たりする。これは会社が成長を続けて社員数が「ダンバー数」を超えると自然発生的に
起きる現象らしい（ダンバー数というのは安定的な社会関係を維持できる数の上限の
ことで、人間の場合は150人程度とされている）。大企業では全員が全員の状況を常に
詳しく把握することなど不可能だから、一番身近な仕事仲間との絆を強めることにな
り、下手をすると「身びいき」にまで発展してしまう。おまけにこれを近視眼的な管理
者がチームの結束を強める手法として推奨したりなどする。短期的には有効と言えな
くもないが、結局は協働や情報の流れを妨げるのが落ちだ。協働の阻害も情報の停滞
も、大規模組織の長期的健全性には有害である。
　こうした傾向を正すために幹部にできるのが、管理者同士の関係強化に注力し、管
理チームがピアグループ（仲間意識の強い集団）となるよう働きかけることだ。昼食会
やオフサイトミーティング（職場以外の環境で意見交換を行うミーティング）などは管
理チームの結束強化を図るべく通常レベルで行われる活動だが、これに加えて、普段は
顔を合わせる機会もなさそうな管理者同士の協働を促す好機を探るとよい（具体的に
は、新任管理者の研修のために講座を企画させるとか、管理者の昇進・昇格プロセスの
改定案を練らせるなど）。Twitterの事例をあげると、広く技術部門全体から管理者を
招集し、小グループに分けて、問題点を討議させたり、アイデアを共有させたり、問題
解決に当たらせたりする「技術管理者フォーラム」を開催してかなりの成果を上げてい
る。このほか、同レベルの管理者同士（とくに「顧客・ベンダー関係管理」の関連部署の
管理者同士）で1対1を月1回行うという手法も、協力態勢を強化し、とかく組織の壁
ごしに発生しがちな対立を回避する効果が大きい。
　相互に敬意を払い、協働の何たるかを心得ている管理チームなら、急成長にも、それ
に伴って必然的に生じる問題や摩擦にも首尾よく対応できるはずだ。たとえば、組織
改変により、以前は同僚だった2人が上司と部下の関係になったとしても、相互の信

頼感と敬意を失っていなければ何とか乗り切れるだろう。逆に、協働の能力も意思もない2人の管理者が社内を二分し、無益な二度手間や権力闘争を生む、という厄介な事態も起こり得る（その実例を、我々はすでに何度か目にしてきた）。

5.1.3　管理者の勤務成績の評価

　成績の振るわない管理者はチーム全体の生産性を低下させる恐れがあるので、管理者の勤務成績を定期的に評価することは非常に重要だ。採用面接の場合と同様に、部下をもたない一般技術者よりも管理者の勤務成績を正確かつ定期的に調べ、把握することのほうがはるかに難しい。しかしだからといってやめてしまってよいわけでは断じてない。

☐ 5.1.3.1　会社の期待レベルを明示

　一般技術者のみならず管理者も、自分たちが会社から期待されている職務の達成レベルをきちんと理解していなければならない。そこでまずは管理チームが会社に及ぼす長期的影響を常に把握するよう管理者たちに促すところから始めよう。管理者の職務は、新人の採用から研修、情報共有に至るまで、すべてが最終的には会社の長期的健全性を左右する。だがこうした影響は往々にして間接的である上に、管理チームが及ぼす影響全体の計測も難しいため、通常は、事業や業務に関する主要な指標や、チームの士気、顧客のロイヤルティを測る指標であるNPS（Net Promoter Score）など、複数の二次的な指標の結果を組み合わせる必要がある。結果は記録して共有すること。こうすれば管理者ひとりひとりが、また、管理チーム全体としても、会社からの期待レベルを常に意識するようになる。

☐ 5.1.3.2　時宜を得た継続的なフィードバック

　管理者に対しても一般技術者に対しても、フィードバックは直近の出来事に基づいて頻繁に行ったほうが効果は大きい。あなたが管理者たちの評価に際して直面する大きな壁は、その管理者の同僚や直属の部下から書面やミーティングで集める評価を拠り所にしなければならない点だ。あまり頻繁に評価を依頼すると煙たがられる恐れがあるから、適度な間を見極めて定期的に依頼する。また、上層の管理者が、評価対象の管理者を飛び越して一般技術者と直接話し合うスキップレベルミーティングも効果的だ（1対1でも多対1でもよい）。一般技術者は大抵は上層の管理者と顔を合わせる機会

を歓迎するものだ。

□5.1.3.3　社内政治には要注意

管理者の間では激しい競争が繰り広げられていることがある。競争力を美徳とみなす企業においてはとくにそうだ。そのため、管理者を束ねる立場にあるあなたは、直属の管理者に対する同僚のフィードバックを慎重に扱うべきで、伝聞だけを頼りに管理者の勤務状態を判断するようなことがあってはならない。フィードバックはあくまで「さらなる熟慮を重ねて自分なりの考えをまとめるためのきっかけ」とするべきだ。というのも、たとえ評価対象者について同僚が否定的なフィードバックを提出したとしても、根底にあるのは単なる意見の相違であって、勤務状態の悪さではないかもしれないからだ。

□5.1.3.4　責務の達成度と好感度は別物

とりわけ扱いが難しいのが「部下の間では人気があるが、責務をなかなか果たさない管理者」だ。よくいるのは、期待されている働きをするよう部下に勤務状態の改善を迫るのではなく、部下の耳に心地よく響くことばかりを並べる管理者である。このため、なおのことチームメンバーからの評価だけを拠り所にせず、会社が期待する職務達成レベルを事業目標に結びつける形で明示することが重要になる。

5.1.4　成績不振の管理者の解雇

ある管理者について、成績不振により解雇すべしとの判断を下した場合、解雇の対象が管理者であるがゆえに生じる留意点がいくつかあるので紹介しておく。

□5.1.4.1　計画、伝達、傾聴、調整

管理者の解雇がチームに大きな波紋を投げかけることがある。メンバーが思わず「フーッ、助かった！」と叫ぶような、チームにとってはプラスの「波紋」もあり得るが、「何だって？　じゃ俺も辞める！」のようにマイナスの「波紋」もある。かと思うと、「あ、そうですか。えーと、じゃ、コーディングに戻ってもいいですよね？」といった冷めた反応しか返ってこない場合もある。混乱を招き、ともすると論争にまで発展しかねないこの種の大きな変化については常に言えるのだが、「入念な計画」と「迅速な対応」の間で程よいバランスを見極めつつ判断を下すことが大切だ。

　そして、解雇する管理者が負っていた責任を誰に託すか、計画を練る。たとえば「その管理者の直属の上司に託す」「そのチームを、管理者の同僚の直属のチームに一時的に合流させる」「そのチームのリーダーに管理者の代役を引き受けてもらえないか打診する」といった具合だ。ただし、余計な噂が立つのを防ぐため、相談する相手は計画の成功に不可欠な人物に限ること。そして管理者解雇の決定を伝えたら、チームメンバーからのフィードバックには必ず耳を傾け、それに沿って調整を加えていく。以前は知らずにいたことがわかる場合もある。これも計画に組み込んでいけば、チームメンバーが責任を負ってくれる可能性が一層高まり、チームの混乱を最小限に食い止められるだろう。

□5.1.4.2　チームメンバーの慰留

　チームで人気のあった管理者は(たとえ雇用契約に引き抜きを禁ずる条項があっても)メンバーを引き連れて辞めていくことが結構ある。そのため、チームのすべてのメンバーについて、解雇される管理者に引き抜かれる恐れがないと確信をもてるようになるまでは、辞職の可能性も考慮に入れて措置を講じる必要がある。しかるべき時間を割いて各メンバーのモチベーションが上がる要因を突き止め、それに沿ってメンバーひとりひとりに長期計画を提示できるよう全力を尽くすべきだ。その長期計画は、ただメンバーを引き止めるための「売り文句」ではなく、実質的なものでなければならない。

5.2　急成長期のチームの士気

　第4章で、人事管理者の必須の職務のひとつとして「やり甲斐のある仕事を割り当て、相応の給与を支給し、学びの機会を与え、キャリア指導を行って、チームメンバーの満足度と生産性の維持向上を図ること」をあげた。チーム全体であれ、メンバーひとりひとりであれ、仕事そのもの、同僚とのやり取り、職場環境全般が楽しいものであれば、成功を手にする確率も高くなる。ところが典型的な急成長中のチームは、もっぱら製品や顧客層のスケーリングに焦点を絞り込んでいるため、士気を高く保つための方策や慣行にはほとんど注意を払わない。また、事業が好調な時は、成功による高揚感のせいで、まだ表面化していない問題にまではなかなか目が届かない。こうした潜在的な問題が、最初の大きなつまずきによってみるみる露呈し、生産性の低下や、最悪の場合、残念な離職(第3章を参照)を招く恐れがある。

　「チームの士気を高めるのに最適な方策」は、チームの規模の変化のみならず、業務
の状況やチームの担当領域の変化にも応じて変わっていく。第4章であげたさまざま
な危険な兆候の有無に常に目を光らせていれば、たとえ危機的状況が芽を出したとし
ても阻止できるはずだ。ただ、より事前対策的な形で士気を鼓舞していきたければ、次
に紹介する例を検討し、これを自チームとその現況に合わせて調整の上、実践してほし
い。

5.2.1　チーム拡充への準備

　会社が急成長期に突入した時、チームの態勢固めにもっとも効果的でもっともシン
プルな方法は「今後、起こるかもしれないと予期しておくべき事を、チームメンバーと
話し合う」というものだ。次にあげるのは、どれも急成長期のチームのメンバーに感情
面で起こり得る、いたって正常な反応である。

- 自分たちの影響力が低下した、チームの自律性が失われた、という感覚
- ごく身近な人が負っていた責任が、新任管理者の手に渡ってしまったことに対す
  る反発
- 新任管理者が既存のチームメンバーの機会を奪いキャリアアップを阻害するのでは
  ないか、との恐れ
- 新任管理者が導入した新手の作業の進め方に対する疑念や、チームが「大企業化」
  してしまうという感覚
- 新任管理者がチームや会社の文化を好ましくない方向へ変えてしまうのではない
  かという不安(あるいは実際にそのようになっていくのを見るにつけ、募る苛立ち)
- 新たな管理層ができたことで、自分たちの影響力や経営幹部との接点が失われてし
  まう、という恐れ

　たとえこうした感覚を抱いたとしても、それは別に異常な反応ではない、とチームメ
ンバーにあらかじめ理解させておけば、メンバーははるかに対処しやすくなるはずだ。
「忍耐」と「密な連絡」が必須であることを1対1でもグループミーティングでも強調し
ておこう。逆に、チームや会社の成長のおかげで、新たな挑戦課題やアイデア、より多
くの責任(希望すればだが)、さらなる協働など、これまでには得られなかった機会も生
まれてくると、利点も指摘しておく必要がある。つまり全体として見れば、チームは成

長することで、より大きな影響力をもつようになるはずだが、いくらかの調整は必要、ということなのだ。これに関してはFirst Round Reviewの記事「スタートアップのスケーリングではかなりの『断捨離』が必要」（https://bit.ly/2gSK57L）で紹介されているモリー・グレアムの助言が大変参考になる。

5.2.2　主体性と影響力の確保

　小規模なチームで働くことの喜び。そのひとつが「ひとりのメンバーが日々及ぼすことのできる影響力の大きさ」だ。提案したアイデアが瞬く間に新機能になるなど、自分の働きで製品がいかに進歩を遂げるかが、チームの誰の目にも明白なのだ。この製品は自分がこの手で生み出した、この製品に対する自分の影響力は非常に大きいといった感覚が、途方もないエネルギーを生むのである。

　だが製品とチームの規模が拡大するにつれて、こうした感覚は自然と薄れてくる。ひとりのメンバーの働きが製品全体に占める割合がどんどん小さくなり、製品の変更や修正に関与したがる同僚の数が増えてくる。以前なら廊下でちょっと話し合うだけで、機能追加の決定をエンジニアが単独で下せたものだが、今では修正ひとつでも複雑な手続きを踏んで承認を取り付けなければならない。

　おまけに、バージョン管理システムのアップグレードだの、当てにならない統合テストのデバッグだの、恐ろしく古いレガシーコードのリファクタリングだの、「かっこいい」とは口が裂けても言えないような作業が増えてくる。以前は胸の躍る楽しい場所であった職場が、今や苦役の場と化しつつあるような感じなのだ。「他人事（ひとごと）じゃない。うちもきっとそうなる」と、見通しの暗い会社は少なくないが、対応次第で回避できないこともない。回避するために管理者にできることは？

☐ 5.2.2.1　チーム文化に「影響力と主体性の確保」を組み込む

　たとえば「うちではボトムアップのイノベーションと自主性を重視している」という会社なら、経営理念や社是の中でそれを打ち出すことが大切だ。かつて、つとに知られたFacebookのモットー「素早く行動し破壊せよ」は、「不具合ゼロの完璧なコードを完成させることよりもイノベーションとデリバリーの速度のほうが大事」という、自社の開発者たちに向けた意図的なメッセージであった。後年、同社はこのモットーに手を加えることになるが、「素早く行動」の部分は残し、開発の速度に重点を置く姿勢を貫いた。

エンジニアに権限を与えるアマゾンの手法 —— デイビッドの体験談

エンジニアにいかに主導権を与えるかの好例を私が目の当たりにしたのは、検索技術を専門とするアマゾンの子会社A9で働いていた時のことだ。ジェフ・ベゾスを筆頭に、アマゾンのすべての管理者が「誰でも『weblab（アマゾンのA/Bテストシステム）』で機能をテストしてかまわない。他チームが責任を負っている機能も例外ではない」という手法を奨励していた（ただし、テストを行うことを、まず担当チームに知らせることが条件だった）。

そして私がA9で検索適合性チームを率いていた時のこと。アマゾン本社のパーソナライゼーション・チームが検索結果の順位付けを改良する方法について独自のアイデアをもっており、それを確かめるべく、我々には詳しい連絡も相談もなしに一連の実験を行った。結果的にはこれを機に革新的な新機能が生まれ、Amazon.comの売り上げが大きく伸びることになった。

当初、チームの面々も私も、他チームが「我々の機能」に手を加えたことに苛立ちを抑えられなかった（とくに当時は、新機能の公開に関わる調整やバグの修正にさらにひと手間を要した、という点もあった）。だが最終的に物を言ったのは「数字」だ。アマゾンの株主でもある我々は、明白な増収効果をもたらしたパーソナライゼーション・チームの業績に異論など唱えられるはずもない。そこで我がチームは協力態勢の強化を目指してチーム間のコミュニケーションの改善に注力し、結局、パーソナライゼーション・チームが開発した機能をアマゾンの中核である検索インフラに組み込んだ。こうした「ほぼ何でもあり」のイノベーションに焦点を絞る姿勢こそが、昔も今もアマゾンの技術部門の文化を支える柱のひとつなのだ。

□ 5.2.2.2　失策には懲罰よりも学びで対応

　失策は、どんなチームも避けて通ることのできない経験だ。しかもチームが拡大するにつれ、ひとつひとつの失策が招く代償も大きくなっていく。この場合の「代償」とは、影響を受ける顧客の数や、減収の額などだ。経営幹部はさらなる失策を避けるために何とかしなければ、いや、何でもしたい、という誘惑に駆られるが、こうした誘惑には慎重に対処しなければならない。極端に走れば、バグを生んだ者を幹部が皆の前で叱責して恥をかかせるような事態、いや、最悪の場合、クビにする事態にさえなりかねない。これを目の当たりにした他のチームメンバーは背筋の凍る思いをし、それがきわめて有害な影響を生む。失策で自分の評価が下がるどころか、下手をすれば首が飛ぶとなれば、仮に革新的とも思える大胆なアイデアが湧いたとしても、試す気になどなるまい。

無難な道を選ぶのがおそらく大方の反応だ。そして月日は流れ、会社の規模がさらに拡大し、イノベーションに対する抑圧もいよいよひどくなる、というわけだ。

　より地味な対処法としては「承認プロセスの厳格化」が考えられるが、承認を与える担当者ひとりにつきボトルネックがひとつ生じる形になりかねず、リリースの甚だしい遅延を招く恐れがある。たとえば2週間前に完了した変更内容が本番環境で動く日を今か今かと待ちこがれる開発者たちの苛立ちを想像してみてほしい。この対処法では、長期的には前述の懲罰による対処法よりもさらに生産性が落ちる危険がある。

　重大な失策の原因究明は明らかに有意義だが、そのプロセスに十分注意を払い、可能性のある改善案はその代償コストを把握しておくことが大切だ。『Beyond Blame（批判を超えて）』の著者デイブ・ツワイバックのFirst Round Reviewの記事「有能な指導者が懲罰に頼るアプローチを脱却する経緯」（https://bit.ly/3a2zbn1）を読んでほしい。責任を負わせ非難することで生じる代償をあげ、代替アプローチを概説する優れた記事だ。

> ## チームの拡大に伴って変わるリスク耐性
> ## ── キーラン・エリオット＝マクリーの体験談
>
> チームが拡大するにつれて、メンバーの「リスク耐性」も自然と変わっていくもので、その理由はいくつかあげられる。元来、草創期の社員は創業者との間に固い絆をもち、冒険を厭わぬ人種である。一方、会社が大きくなってから採用される社員は「失策にはそれなりの影響や結果が付き物」と教え込まれ、どの程度のリスクなら冒しても大丈夫かといった自己防衛の術を心得ている。創業者との絆など想定の範囲外であるこうしたリスク回避型社員が増えていくという自然な変遷こそが「大企業の減速症候群（スローダウン）」の主因である（もちろん症候群の兆候が現れた直後に積極的に対処すれば回避できるが）。また、リスク回避傾向が強まるのは、組織の複雑さが増したことへの合理的な反応だから、そうした傾向を管理するための対策も必要になる。

☐ 5.2.2.3　技術者の提案をはねつけるメカニズムは積極的に抑制

　これは前項に関連することだが、チームが（とくに重大な失策の後に）変更管理プロセスの追加を重ね、プロセスの厳格度が次第に増していく、というケースは枚挙にいとまがない。たとえば夜間の呼び出しが続いて疲れ果てたサイト運営チームが、ついにある日新たな変更管理プロセスを発表し、本番環境に加える変更は漏れなくこのプロセ

スを経て承認を受けるようにと言い渡すとか、製品担当VPが、顧客対応に関わる変更はデプロイする前に製品変更管理委員会の承認を得るようにと命じる、といったケースだ。いずれも一見「なかなかのアイデア」のように思えるので、チームも規模拡大の一環として受け入れるが、この手のプロセスは蓄積すると会社の成熟に伴う減速の誘引のひとつとなりかねない。「茹でガエルの法則*1」の「徐々に温度が上がる冷水に入れられたカエル」のように、チームがある日突然、本番環境でわずか1行の変更を加えるだけでも最低6週間は待たされることを悟ったりする。これではお手上げだ！

フォーチュン500にランクインした、とある大企業のシニアエンジニアは、チームの作業の進捗の遅れに対する苛立ちを次のように明かしている。

うちではスクラム開発をしているのですが、これまでにゲートやチェックポイントを何層も追加してきました。もちろん過去の大失敗を受けて再発防止のために追加したものですが、作業プロセスがみるみるお役所仕事の様相を呈してきたのです。

失策を完全に予防するなど、現実味のない話で、むしろ失策への対処のしかた、失策からの学び方を改善することに焦点を絞るべきなのだ。このシニアエンジニアの体験談のように、とくに重大な失策のあとでは厳しいゲートやチェックポイントを作りたくなるのが人情だが、まずはそうしたゲートやチェックポイントが生産性やイノベーションに与え得る影響を検討することを推奨する。承認が下りるまで一般技術者たちが何日ぐらい待たされるのか。待機中、他の作業に切り替えたのち、また元の作業へ戻らなければならないことで生じる代償は？　予防措置のせいで一般技術者は自分たちの自律性がどの程度弱められてしまうと感じるのか。こうやって代償をあげていった結果、リリースプロセスの厳格化よりも、より良いツールやトレーニングに注力したほうがよいとの判断に至る場合もある。

また、チームが拡大する過程で蓄積してきた「お役所仕事的な手続き」は意識的に排除するべきだ。組織改変を、チームを入れ替えたり移動したりするだけでなく、作業プロセスを効率化する機会としても活用してほしい。開発プロセスを監査して、エンジニ

---

*1　茹でガエルの法則：カエルを2匹用意し、片方は熱湯に、もう片方は徐々に温度が上がる冷水に入れる。すると前者はすぐ飛び出して生き残るが、後者は水温の上昇を知覚できず死ぬ、という警句で、「環境適応能力をもつ人間は、漸次的変化が致命的なものであっても受け入れてしまう傾向にある」ということを指摘するために用いられる。

アが提案した変更をはねつけるステップがいくつあるかを数え、そうしたステップを削減するよう、あるいは少なくとも一定数に抑えるよう努める、という手法も一考に値する。第7章でVSM(Value Stream Mapping)をワークフローの効率化に応用するコツを紹介しているので、これも参照してほしい。

☐ 5.2.2.4　功績は必ず顕彰

　チームの主体性や活力を低下させたくないなら、メンバーがあなたの望みどおりの言動をした時には必ずそれを模範例として全社に示すべきだ。たとえばチームがわざわざ時間を割いて、影響力の大きなツールをさらに改良したり、長年放置されたままだった製品の不具合を修正したりしたら、全社会議や全社員向けのメールで間を置かずにその功績を称える。その際、チームが上げた成果の内容だけでなく、あなたが奨励する言動や心構えも強調することが大切だ。このような形であなたが称え奨励する言動や心構えは、チームが大きくなるにつれて、その文化を醸成、強化する有効なツールとなる(詳細は第9章を参照)。なお、こうした顕彰は、必ずすべての部署をまんべんなく対象にして行わなければならない。現実には、とかく目に見える形で実現された製品改良や、増収に貢献した改良改善に焦点を当て過ぎる嫌いがあり、こうなるとインフラストラクチャーや運営に携わっている社員が「蚊帳の外に置かれた」という感覚をもちかねない。目立たない部署で地味にコツコツ仕事に励む社員に「会社にとっては私の仕事だって重要なのだ」という自覚をもってもらう必要がある。

　さらに、あなたが奨励したい言動を、勤務状態についてのフィードバックや昇進・昇格プロセスに組み込むことも忘れてはならない(詳細は後続の「5.2.6　キャリア形成」を参照)。

☐ 5.2.2.5　興味のもてる仕事の選択を許容

　専門職の場合、「参加したいプロジェクト」となると、各人各様の好みや意見があるものだ。専門職を管理した経験のある人なら先刻承知だろう。「どんなタスクだろうと、与えられるものを喜んで引き受ける」という者もいれば、「インパクトが一番大きな機能に関するプロジェクトでなければ」という者、あるいは「何か斬新で革新的なことがやりたい」という者や、「あったらいいなとずっと思っていた、あるツールを是非」という者もいたりする。

　たとえばソフトウェア開発プラットフォームGitHubの運営会社では、創業時、エンジニアが「自分自身の興味と、会社が抱えるさまざまな問題とが交差する領域で」とい

う条件を満たすプロジェクトであれば自分で自分に割り当ててよいという制度を敷いていた[*2]。これほどの自律性（オートノミー）は許さず、自分で自分に割り当てた「自任プロジェクト」は正規の職務と並行してこなすのであれば許容するというスタンスを採っている会社もある。こうしたプロジェクト自任制度に対しては批判の声も聞かれるが[*3]、制度の利用者で我々の取材に応じてくれたエンジニアの大半は、この種のプロジェクトには概してモチベーションや士気を高める効果があると述べていた。ちなみに、この制度は人材採用プロセスでは「セールスポイント」となるだろう。

イノベーション促進のためのモデル

社内イノベーションを促進しようとする際に「とっかかり」として利用できそうなモデルはいくつかある。中でも有名な「先駆け」がGoogleの「20%ルール」で、社員は勤務時間の20%を、自分の取り組みたいプロジェクトに費やして構わない、という制度だった。Googleは後にこの手法を「卒業」したが、他の企業の間では同様のプログラムの導入が続いている。事例をいくつか紹介しよう。

- SoundCloudのブログ記事「作業中止！ ハッカータイムだ」(https://bit.ly/2gSHsmf)
- AtlassianのShipIt (https://www.atlassian.com/company/shipit)
- SurveyMonkeyのHackathon
- TwitterのHack Week—「Hack Week @ Twitter」(https://bit.ly/2gSL73r)を参照

ただし注意するべきことがある。こうした活動を単なる「イノベーション劇場」で終わらせてはならない、という点だ。活動の成果を本番環境に移行するための受け皿がないと、参加した社員は張り切るどころか、やる気を削がれかねない。現にTwitter社ではHack Weekを数回連続して行った結果、面白いアイデアが出るには出たが、どれもその後棚上げ状態になってしまった。そのため技術部門の指導者たちが、Hack Weekで優勝したプロジェクトには製品管理を受けられる権利を付与し専任技術者も割り振る、という形で支援を行う決定を下した。すでにその後のHack Weekの優勝者数人が、新機能の公開にこぎつけている。

[*2]　スコット・チャコーン著「第一原理による管理」(https://bit.ly/2JXJ4aT)を参照

[*3]　たとえばオーレン・エレンボーゲン著「GitHubのタスク自任制度は神話？ (https://bit.ly/2gFzvNv)」を参照

　今の仕事はつまらない、退屈だ、などと感じている社員は、社内を回って他チームの品定めをすることもあり得る。こんな時、チームやプロジェクトの鞍替えについての規則や、移行の期間・頻度に関する大まかなルールがあるとありがたいものだ。モチベーションの上がる仕事を見つけるよう社員に奨励する必要はあるが、今の職務を投げ出してまで「自分に合う仕事探し」をしてもらっても困るからだ。ちなみに「他チームの品定め」がもたらすメリットは、社員個人のモチベーションを上げる以外にも、たとえば次のようなものが考えられる。

・チーム間でより広範にアイデア、知識、テクニックが共有される
・複数のエンジニアがグループ間を移動することで、各グループの健全性や管理者の手腕が明らかになる
・「チームに対するシニアエンジニアの貢献度」など、チーム間で同レベルの職位に不均衡がないかが、より明らかになる（職位の均衡性と昇進・昇格の決定についての詳細は、後続の「5.2.6 キャリア形成」を参照）。

チーム替えに関する「issuu」のルール

本書の著者のひとりであるアレックスがissuuに在籍していた当時、チームを混乱させることなくエンジニアのチーム替えを促進したいと管理チームが考えた。こうして最終的に同社が採用し大きな効果を得たルールは次のようなものだった。

　我が社では「エンジニアは時折チームを替える必要がある。そうすればテックスタック（チームが仕事で使っているプログラミング言語やフレームワーク、ライブラリなど）の全容を十分理解し、これまでよく知らずにきた同僚とも共に働き、社内の新たな課題を見つけることができる」という事実を重視している。ただしチームを替える際には以下のルールを守らなければならない。

　あるチームに所属して1年が経過したエンジニアには、希望すれば新たなチームを選ぶ権利を付与する。チームを選択する際に了解しておくべき事項は次の2点である。

　　• 受け入れ先のチームでも準備が必要だ。転入希望者がいる旨、まずチームリードが通知を受け、チームリードは受け入れの可否をチームメンバーと討議する

- 移転は必ずしも直ちに実現するとは限らない。旧チームの代替要員を探した
  り、引き継ぎの手配をしたりといった通常の業務活動のため、最長で2ヵ月間
  待たされる場合もある

同じチーム替えでも、業務上の必要に迫られて、というケースもあり得るが、上に
あげたルールは、エンジニア本人がチーム替えを希望した場合にのみ適用される。

5.2.3 ワークライフバランスの実現

夜更けまでがむしゃらに働き、あとは社内で泥のように眠り、週100時間労働もざら、
といったスタートアップ特有の流儀で成功を収めた企業は珍しくない。そんな草創期を
身をもって経験した我々は、私生活における人間関係の破綻、心身の健康問題、深刻
なバーンアウトなど、悲惨な裏話には事欠かない。たしかにスタートアップではチーム
が必死の追い込みモード（クランチ）に切り替えなければならない正念場もあるものだが、社員の
ワークライフバランスを実現できれば、長期的には（おもに離職率が下がることで）生産
性を高められる（これは我々の経験からも明らかだ）。
そこで健全なワークライフバランスを実現するコツをいくつか紹介しておこう。

- チームの面々が週末は必ず「充電」できるよう配慮する。（クランチモードでないに
  もかかわらず）週末にログインし、かなりの時間を割いて仕事をしたメンバーがい
  たら、仕事に手こずり「週末返上でやらないと間に合わない」とプレッシャーに感
  じているせいかもしれない。これは管理者であるあなたが時間を割いて理由や経緯
  を探るに足る問題だ。また、管理者としては（金曜の夜や土曜の午前中など）週末に
  入るなりメールやメッセージをチームのメンバーに送ったりすることのないよう心
  遣いが必要だ。上司からこんなタイミングでメールやメッセージを送り付けられた
  ら、部下はそこに書いてある質問や問題について調べ物をして返事を送らざるを得
  ず、貴重なプライベートの時間が台無しになってしまう。たとえ上司が即答を求め
  ていなくても、部下としては上司からの質問を月曜まで無視するなどできないはず
  だ
- 夕方のミーティングやチームでの夕食は避ける。とくに直前に提案されたら断りに
  くく、プライベートでの人間関係や付き合いを犠牲にせざるを得ないメンバーもい

るかもしれない。チームでの夕食でさえ、あまり頻繁だと重荷になりかねない。こうした難しい選択をチームの面々に迫ってはいけない

- 納期は常に、恣意的ではなく、メンバーの労働意欲を削がない現実的な視点で決める。 たとえば、「至急」と聞かされていた27の機能が、実は月末までに仕上げなくてもよかったことが判明した、など。これほどチームの士気を削ぐ場面はないだろう。仕事をはかどらせるため、急務でもないのにチームに「至急」と告げたりすれば、かえって逆効果で、管理者はメンバーから信用されなくなるのが落ちだ

- 管理者自身が手本を示す。たとえば「このチームにとっては、健全なワークライフバランスが大切だ」と考えているのであれば、それを率先して実現する行動を取るべきだ。そうでないとチームメンバーは、管理者より遅く出社するたび、先に退社するたび、あるいは夜中の1時に管理者からメールが送られて来るたびに、やましく思ってしまう

- 徹夜仕事もいとわない、といった「ヒロイズム」は、チームにとっては不健全でしかない。

すでに何人もの創業者が指摘しているように、スタートアップは短距離走よりはマラソンに近い。管理者が自分にもチームにも適した健全なペースを見出すコツを心得ていれば、チームを守れるし、絶対外せない期限をにらんでの「正念場」に必須の余力も蓄えられる

5.2.4 開放的な職場作り

IT企業では社会的少数集団（マイノリティグループ）出身の社員の定着が大きな課題となっている。優秀で生産性の高い社員に辞められたら、関係者にとっても会社にとっても大きな痛手だ。現にLevel Playing Field Instituteが2007年に実施した調査の結果報告で「米国企業が雇用における不平等で被っている損失は年間640億ドルにのぼり、これは2006年のGoogleとゴールドマンサックスとスターバックスとAmazonの年間収益の合計額にほぼ匹敵する」との概算を発表している[4]。チームの多様性を高めるコツやノウハウは第2章で紹介したが、「チームの多様性の改善」に劣らず重要なのが「社員の定着」だ。あなたが力を尽くして育て上げてきたチームを末永く維持していくために、「包括性（人（インクルージョン）

---

[4] Level Playing Field Instituteの「退職者アンケート」（https://bit.ly/3caNzuD）

種や国籍、性別、学歴などにとらわれず、多様な人材を受け入れる視点）」をチーム文化の柱のひとつとして定着させ、その実現をあなた自身が言葉でも行動でも裏付けてほしい。我々の推奨する具体的な実践法を以下で概説する。

☐ 5.2.4.1　職場環境の見直し

　求人市場でしのぎを削る企業の間では、社員の喜ぶオフィス作りで差別化を図ろうとする動きが今なお活発だ。1990年代は「ビーンバッグチェア（袋にビーズを詰めた自在に変形できる大型のクッション）やナーフガン（スポンジ弾を打ち出す、近未来的なデザインの色鮮やかな玩具銃）を備えたオフィス」が人気を呼んだものだが、現代版は「極上のコーヒーマシンと、自転車を修理してもらえるコーナーのあるオフィス」といったところか。いずれも良かれと思ってのデザインなのだろうが、度が過ぎれば「こういう最先端のオフィス環境って、私にはちょっと……」などと抵抗感をもたれそうだし、「オフィスは仕事に専念する場」という考えの社員も無意識のうちに反感を募らせかねない。そんな流れで、たとえば次にあげるような、かつては「シリコンバレーのオフィスの標準」であったものが、近年見直されつつある。

典型的な「白人男性のおたく^{ギーク}」好みのオフィス内装

　「男だけでくつろぐ部屋」とも受け取られかねないオフィス。科学誌『Journal of Personality and Social Psychology』に2009年に掲載された論文「室内の備品——IT業界でジェンダーの垣根を超えた参画にステレオタイプの手がかりが及ぼす影響」（https://bit.ly/2gSHpa2）によると、たとえば『スター・トレック』の関連グッズや派手なスポーツカーのポスターが飾られ、テーブルフットボールが置いてあるオフィスは女性社員にマイナスの影響を与える恐れがあるらしい（こういう飾りやゲームを好む女性にも悪影響があるという）。「特定のタイプの社員に心地よい環境作りを推進する会社」というシグナルが発せられ、その「ステレオタイプ」から外れた社員の反感を買い、人員の縮小や生産性の低下につながる危険がある

仲間意識を強める活動としての飲酒

　人材募集で「ビールを驚くほど豊富に取り揃えたオフィス」を売りにする企業は少なくない。パーティションで仕切られた個人用の仕事スペースにさえミニバーがついていたりする。だが考えてもみてほしい。そのスペースを使う社員自身やその親がアルコール依存症だったら？　敬虔なイスラム教徒やモルモン教徒だった

ら? こんなオフィスをどう思うだろうか

　なにも「まったく特徴のないオフィスにするべきだ」などと言っているのではない。今のオフィスを見回して、既存の社員、これから入社して来るであろう新人、顧客の目にどう映るか、じっくり検討してみては、と提案しているのだ。たとえば「社員の子供や甥や姪が描いた絵やイラスト、あるいは地元のアーティストが周辺の名所を写したり描いたりした写真や絵を飾るのでは面白みがないか?」という風に見直してみたらどうだろうか。

□ 5.2.4.2 「プロセス不在」に要注意

　小規模なチームにはプロセスを病的に恐れる傾向がある。正式なプロセスを導入したりしたら、イノベーションが阻害され、チームとしての機敏性が低下し、楽しく自由奔放に仕事をしているチームが官僚的な生き地獄と化してしまう、というのだ。だがケイト・ヘドルストンがブログ記事「プロセス不在」(https://bit.ly/2gSjkQF)で説明しているように、正式なプロセスが確立されていないと、社員は仕事の進め方を理解しようとする際に「不文律」を頼りにすることになる。不文律とは、互いにそれとなく了解し合っている「決まり」だから、社会的少数集団の出身者には理解しづらいかもしれない。

　新入社員研修が良い例だ。小企業の場合、略式も略式、たとえば何年も更新していない会社のWikiページを新人に見せて「ま、これでも読んで、あとは自分で考えて」と言うだけだったりする。多少なりとも運に恵まれればメンターを付けてもらえて短期間だが社内のあちこちを見せてもらえる。だがどちらの場合も結局は新人が自力でランチタイムに、あるいは廊下で、先輩や同僚に不明点を説明してもらうしかなくなる。こうなるとマイノリティグループ出身の新人は社内の誰かと親しくなって必要な情報を引き出すだけでも一苦労、同期よりも不利な立場に追い込まれかねない。だからしかるべき時間を割いて新入社員研修のための資料を作成し維持管理するべきなのだ。初出勤後、わずか2、3週間で早くも優秀なエンジニアのやる気をすっかり削いでしまうような悲惨な「新入社員研修」よりはましだろう。

　プロセスも資料もシンプルなもので十分だ。必須の要素をあげて簡単なチェックリストにまとめるだけでよく、分厚い資料も長時間のミーティングも不要。このチェックリストを新人に見せ、仕事を覚えていく過程で何かここに載っていないことを見つけたら更新しておいて、と命じればそれでよい。

□ 5.2.4.3　多様性向上の取り組みはマイノリティ出身メンバーに任せきりにしない

　多様性と包括性の改善に熱心な企業でも、その取り組みの過程で配慮を欠くことがある。たとえば「人材募集で女性候補の面接を行う際には、面接委員団に最低でもひとり女性社員を選出する」というのは広く実践されている慣行だし、歴史的黒人大学（アフリカ系米国人の高等教育のため、南北戦争以後に創設された大学群）で企業が人材募集のイベントを開催する際には黒人社員に出席を勧めることがよくある。よかれと思っての慣行だが、女性や黒人の社員だけに過度の負担がかかるようなら逆効果にもなり得る。非営利団体Level Playing Field Instituteが専門職1,700人を対象にして行った前掲のアンケート調査（https://www.smash.org/wp-content/uploads/2015/05/cl-executive-summary.pdf）では、辞職のきっかけとなる可能性がきわめて高い要因のひとつとして「人種や性別、宗教、性的指向を理由に、人材募集やコミュニティ活動の関連イベントへの参加を他の社員より多く要請されること」があげられたという。また、IT業界をフェミニズムの視点から批評するウェブメディアModel View Cultureも、IT業界で多様性向上に貢献する人々へのアンケート調査の結果をまとめた記事（https://bit.ly/2gSIWgr）で「多様性向上への取り組みに起因する燃え尽き症候群は、本人の幸福や心身の健康、ワークライフバランスばかりか、身の安全、人間関係、キャリア、情報セキュリティにまで深刻な悪影響を及ぼしている」と報告している。多様性や包括性を向上させるための取り組みは義務ではなくあくまでも任意とし、労力の負担は関係者全員が均等に負うべきなのだ。

□ 5.2.4.4　すべてのメンバーに均等な発言の機会を

　Googleは多額の資金を投じ約4年もの歳月を費やして実施した大規模な労働改革計画「プロジェクト・アリストテレス」の詳細と成果を2016年に発表した（https://rework.withgoogle.com/guides/understanding-team-effectiveness/steps/introduction/、日本語訳はhttps://rework.withgoogle.com/jp/guides/understanding-team-effectiveness/steps/introduction/）。この中で、生産性の高いチームに共通する重要な特性（つまり、優れたチームを生み出す重要な要因）を5つあげ、中でも圧倒的に重要なのは「心理的安全性（チームで気兼ねなく発言できる度合い）」で、これが高い組織の最大の特徴は「各メンバーに均等な発言の機会があること」だとしている。心理的安全性が高ければ、コミュニケーションが円滑になってメンバー相互の状況把握が進み、メンバー全員が積極的に業務に取り組み、士気も高まる、というわけだ。

□5.2.4.5　仕事を勤務時間内に職場で終わらせる文化を

　これは「ワークライフバランスの実現」の補足とも言えるが、深夜や週末に仕事をすることを高く評価する文化（いや、ほんの少しでも奨励するような文化）が根強く残っている職場では、仕事以外の義務や優先事項を抱える社員に疎外感をもたせかねない。たとえば幼い子供や高齢の親のいる社員、健康に問題のある社員、ボランティア活動をしている社員などがこれに当たる。同様の理由で、会社関連のイベントを勤務時間外に予定することも好ましくない（仕事上がりの飲み会や会社のピクニックといった懇親活動も例外ではない）。チームの連帯を損ないたくない一心で、プライベートでの義務や優先事項を犠牲にし、結果的に恨みや怒りをため込んだりやる気を失ったりするケースもあり、これはさらに悪い。

　「勤勉」を称える文化は多くの企業に根付いているが、だからといって必ずしもとんでもない時間帯にまで仕事をしろとか、行き過ぎた自己犠牲が望ましいとか言っているわけではないだろう。「9時5時」のスケジュールを守りたい社員も安心して働けて、勤務時間内に仕事を終えられる、そんな職場環境を実現したいものだ。毎晩、真夜中すぎまで残業する「ヒーロー」を褒めそやすのはやめて、そういう社員がなぜそんなに長時間働かなければならないのか理由を探り、必要なら是正措置を取るべきだ。そして忘れずにいてほしい—「リーダーであるあなたの行動は（言葉以上に、とは言わないが）言葉と同程度にモノを言う」ということを。

□5.2.4.6　メトリクスでバイアスのあぶり出しを

　職場での不公正な処遇が長期に渡ると、やがては（たとえば次のような）測定可能な形で表面化してくる。

- 「残念な離職」（第3章参照）が増える
- 職位別の平均給与
- 職位別の昇進・昇格の速度

　こうしたメトリクスを定期的に測定し、結果を性別や人種で分類すると、チーム慣行における意識的、無意識的バイアスの有無を明らかにできる。まだチームが小規模な段階ではデータが少なすぎて統計学的に有意な結果を得ることはできないだろうが、データの追跡を早期に始めることで、チームの規模が拡大し始めてからの動向の変化をいち早く察知できる。

5.2.5　継続的学習を重視する環境の整備

　人事管理にまつわるこんな古いジョークがある(そして、あちこちで引用される度に「CFO(最高財務責任者)さん、ごめんなさい」という謝罪の言葉が添えられる)。

> 　CFO(最高財務責任者)が尋ねた。「社員教育に力を入れてきたのに、大事に育てた優秀な人材が辞めてしまったら?」
> 　するとCEO(最高経営責任者)が反論した。「教育を怠って、能力が低いままの人材がずっと辞めずにいたら?」

　IT関連のスタートアップに首を突っ込みたがる人間は、概して野心家だ。仕事の腕を磨くだけでは飽き足らず、磨きに磨いて腕を上げに上げ、磨き上げたワザは漏れなく認めてもらいたがる。スケーラブルな会社を育て上げるなら、社員のこうした願望に表からも裏からも応えていかなければならない。

☐ 5.2.5.1　継続的な教育

　学習を奨励することで得られる効果は、社員が仕事の腕を磨ける、自分のキャリアアップに会社が投資してくれることに満足感を抱くなど、いろいろある。アプローチも「講師を引き受けた社員の話を昼休みに皆で聴く非公式な勉強会」から「高度に組織化された『人材開発チーム』が企画し、外部から講演者を招くなどして開催する研修会」まで多岐にわたる。この範囲の中から自分のチームに奨励するべきアプローチを選んでほしい。また、仲間の学びを支援した者については何らかの形で功績に報いる必要がある。継続的な教育を促す上で、一考に値する手法を以下で紹介しておく。

- オンライン学習や近隣の大学の講座など、正式な教育を継続的に受けるよう奨励し、仕事に関連するクラスの受講料を支給するための枠を年間予算に設ける。ただし受講者に適用する大まかなルールを事前に決めておくとよい。たとえば「本務よりオンライン学習を優先するようなことがあってはならない」「事前の許可なしで、オンライン学習を理由に自宅勤務をすることは許されない」など
- 週1回、昼休みに勉強会を開く。内容は、皆の間で今話題になっていることをテーマにして社員がプレゼンテーションを行う、皆でオンラインのカンファレンス動画やチュートリアルを見る、新興技術について話し合う、外部から招いた講師の話を

聴く、など。また、最高幹部に、これまでに得た貴重な教訓や会社の来歴、今夢中になっていることなどについて話してもらう、というのも気の利いた選択肢だろう。とくに管理層が複雑化して現場の技術者たちとの接点が見出しにくくなっている職場では格好のパイプ作りとなり得る。ただしこういった勉強会を企画、開催する責任を漠然と皆で負う形にするより、しかるべき責任者をひとり任命したほうがよい。責任者がいれば、勉強会のスケジュール管理や会場の予約、外部から招いた講師への応対、プレゼンテーションに必要な機材の手配などを抜かりなくできる

・カンファレンスやミートアップ（インターネットを介してコミュニティを作った同好の士が実際に顔を合わせる交流会）。学習と人脈作りと娯楽が一度にできる最高の機会ではあるが、おそらく時間も費用もかさむ。一番時間がかかるのは、こうしたイベントで講演をする場合だ（とくに準備に時間がいる）が、コミュニケーション能力を磨き、講演者同士で人脈を作り、会社のブランド力アップに貢献するには絶好のチャンスだろう（第1章の「1.3　雇用者としてのブランド」を参照）。社員のひとりが（講師としてではなく）聴講だけの目的で参加する場合は、終了後その社員にカンファレンスの要約を作成してもらったり、昼休みの勉強会で報告をしてもらったりすれば十分に元が取れる。また、あらかじめ「年間で5日間、2,000ドルまで」といった具合に妥当な期間と予算の枠を決めておけば、社員はその枠内での出席を検討するし、こうしたイベントに時間や金を使いすぎる者が出て事後の厳しいチェックを迫られるような事態も防げる。なお、最近では「バーチャルな参加（ストリーミング配信を利用しリアルタイムで参加する、後日アーカイブ動画やポッドキャスティングを視聴する、といった参加法）」をサポートするカンファレンスが増えている。子育てに追われていたり遠隔地であったりして参加できそうにない、など制約のある社員にとっては朗報かもしれない

・似たような成長段階にある企業の間で公式または非公式に行うエンジニアの交流活動。アイデアや新たな手法を教え合ったり、共用技術を巡るコミュニティ作りに貢献したりできる。こうした型破りな手法をすでに実践している企業がある。ハンドメイドのマーケットプレイス「Etsy」の運営会社だ。同社のエンジニアがTwitterに出向いて1週間働き、TwitterのエンジニアもEtsyで1週間働く「エンジニア交流プログラム」（https://bit.ly/2gSPVWF）である

このトピックの詳細は第9章の「9.6.1　継続的な学習と改善」を参照。

5.2.5.2 メンタリング

コーチングやメンタリングは、とくに経験の浅い新任管理者にとっては格別に効果が大きい。LinkedInのCEOジェフ・ウェイナーも、同社のスケーリングに関する講演（https://bit.ly/2gSQ0JU）でこう助言している ——「スケーリングに着手すると、自力で任務を完遂できる指導部隊が必要になります。ここで経営幹部が痛感するのが、メンタリングやコーチングなどによる管理者の育成、管理者の不安に対する理解、長所の把握、苦手な領域の克服の支援といった責務の重要性です。どれも長い時間を要する責務で、指導のコツを心得た指南役も欠かせません」

厳しい納期をにらみ、顧客の怒りの声に応えるべく必死に作業を続けるチームに「メンタリングのプロセスにも注力するべきだ」と説き、納得してもらうのは容易ではない。しかし幹部は、長期的に見ればそうした人材開発への投資こそが「配当」を生むのだということを、事例や証拠をあげて裏付け、自ら時間を割いてトレーニングやメンタリングを担当し模範を示すべきなのだ。

5.2.5.3 チームでの学習

チームが失敗から学ぶ機会は、成功から学ぶ機会と同様に、日々の作業の過程で山ほど生まれる。それを活かしてチームを後押しし、学びと成長につなげることが望ましい。明らかに生産性に直結する顧客対応関連の問題点に関してはとくにそう言える。たとえばこんなケースだ ——「なんでサイトが5時間もダウンしたのか」「あの最後のスプリントで何が起きたのか。いつもの倍の数の機能を出荷できたスプリントだったが」。こうした場面で役立つテクニックを紹介しよう。

振り返り（レトロスペクティブ）

チームの開発手法がアジャイルだろうとスクラムだろうとウォーターフォールだろうと、それ以外の手法だろうと構わない。しばし立ち止まり「この作業を我々はどうやり遂げたのか」と振り返れる場面は常にある。うまく行ったのは何か。逆にうまく行かなかったのは？　何が予想より長くかかってしまったか。一方、驚くほどあっさりできてしまったのは？　こうした振り返り（レトロスペクティブ）を慎重に、そして定期的に行うと、チームの計画立案と見積もりの能力を比較的容易に磨ける。特別に重要な中間目標（マイルストーン）に関しては、こうして得られた教訓を漏れなく広く（部署全体で、あるいは全社レベルでも）共有するべきだ。全社で共有するなら、全社会議で報告する枠を確保しておくとよいだろう

事後分析
ポストモーテム

　誤ちや失策に無縁のチームなどあり得ない。そしてそうした誤ちや失敗のひとつ
ひとつが学び（学習）の機会を与えてくれる。どんな作業プロセスを採用していて
も、「責任の追求」より「学び」に重点を置くべきなのだ。トヨタ生産方式の「なぜ
なぜ分析」など、責任者の特定に焦点を当てがちな手法は多いが、むしろその人
物が誤ちを犯すのを許した状況（たとえばトレーニング不足やツールの不備など）
を分析したほうがよい。こうした事後分析を有効に行うコツを詳細に解説してい
るのが、前述のデイブ・ツワイバックの著書『Beyond Blame（批判を超えて）』
（http://shop.oreilly.com/product/0636920033981.do）だ。また、すぐ前で
紹介した「振り返り」の場合と同様に、誤ちや失策の分析で得た教訓は広く共有す
る。そしてポストモーテムで自分の失敗例を包み隠さず徹底分析し、有用な教訓を
披露した者は、公的な場で称えてしかるべきだ

交差訓練
クロストレーニング

　とくに会社の規模が一定レベル以上に拡大してからはチーム相互の可視性が低下
して他チームが何を構築しているのかが見えにくくなり、画期的な手法や斬新な
デザインアイデアの共有が妨げられがちだ。そこでこうした新情報を週1回の勉強
会で紹介するよう奨励してみてはどうだろうか。輪番制にすれば、全チームに漏
れなく発表してもらえる

5.2.6　キャリア形成

　第4章で、正式な管理体制を敷く前にキャリアパスを2通り（エンジニア用と管理者
用を）用意することが大切だと述べたが、具体的にどういった形や内容がよいのだろう
か。

□5.2.6.1　キャリアパスの作成

　キャリアパス（キャリアラダー）とは、会社が各職位に期待、要求する必須の職責を明
示するものだ。会社の各発展段階における各職位の適任者はそれぞれどのような資質
を持ち合わせ、どういった形で必須の職責を遂行するのかを簡潔明瞭に伝える。このよ
うに明確なキャリアパスがあれば、「スキルを磨きたい」「インパクトを強めたい」と願っ
ている社員は、各レベルのエンジニアや管理者の理想像を把握し、それをキャリアアッ

プの指針にできる。わざわざ上司に昇進・昇格のための計画を作成してもらわなくて
も独自に研鑽を積めばよく、組織のスケーラビリティもアップする（図5.1）。

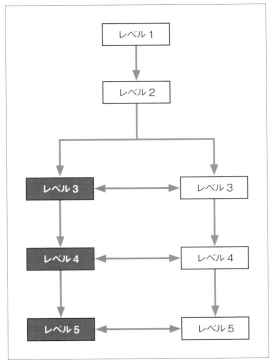

図5.1　2通りのキャリアパス —— 黒文字が一般技術者用、白文字が管
理者用（アレックスのブログ記事https://bit.ly/2i8QlEdより）

次にキャリアパスを作成する際の留意点をあげる。

☐ 5.2.6.2　職位の数

　職位が細分化されて数が多くなれば昇格の頻度が上がるため社員のモチベーション
を高める効果は得られるが、各職位に要求される資質の差異を説明したり、昇進・昇格
プロセスを管理したりといった点で手間は増える。

☐ 5.2.6.3　非公式な職位と正式な職位

　非公式な職位だけで十分だと主張する人々の根拠は「非公式な職位だけなら、議論

や意思決定の場で地位を振りかざそうとしても無意味だから」というものだ。技術者は正式には皆同じ職位なのだから、たとえば、ある提案の技術的メリットについて話し合う際、経験の浅い若手エンジニアでも有能なベテランエンジニアに遠慮することなく議論できる。一方、「正式な職位」派の主張は「いまだにエンジニアをひとくくりに『部下をもたない一般技術者』とし、給与にもしかるべき差異をつけていない企業は多いが、正式な職位を設ければ、社員の公平公正な監視の目がある程度働くようになる」というものだ。たとえば、経験豊富で優秀なエンジニア A さんの正式な職位が「シニア・ソフトウェアエンジニア」ではなく「ソフトウェアエンジニア ― レベル 2」であることを知って驚いた同僚たちが、これは放置できない問題だと上司に訴え、おかげでこの点が次の人事評価で考慮される、といったケース。ちなみに比較的よく採用されているのが「当面は非公式な職位だけにして、人事評価と昇進・昇格プロセス（後述）が整った時点で正式な職位に切り替える」という手法だ。この手法の唯一の欠点は「正式な職位を設けてはみたが、我々には不要だとチームが判断した場合、元の体制に戻すのが難しいこと」である。

☐ 5.2.6.4　スロッティング

　米国では、初めてチームメンバーの職位を見極めて通知する作業を「スロッティング」と呼ぶことが多い。そのすべてをチームの管理者が単独で担当するのか、それともチームのシニアエンジニアたちもある程度関与するのか？　元来スロッティングは繰り返しの多い厄介な作業である上に、大抵はまだ勤務成績に関わるデータが十分蓄積できておらず客観的な意思決定が不可能なので、結局は意思決定の責任者が勘を頼りに決めてしまうケースが多い。こうしたことから、職位の見極めを誤った場合にこれを正すための明確なプロセスを用意することを我々は推奨する（たとえばあるエンジニアは「シニアエンジニア」の職位を告げられたが、実はジュニアレベルの働きしかできていないことが判明、といったケースや、その逆など）。こんな是正プロセスがあれば、最初から各人にぴったりの職位を是非とも見極めなければ、という不当なプレッシャーを担当者にかけずに済む。

☐ 5.2.6.5　職位に見合った給与を

　よくあるアプローチは「同等の働きをしている社員がほぼ同じ給与を受け取れるよう、各職位の給与に一定の幅をもたせる」というものだ。これはバイアスを排除し、「きしむ車輪は油を差される」の諺にもあるように声高な者ほど高額の給与を手にする状

況を回避する上で重要である。給与幅の決定で迷ったら、(たとえばRadfordのように)給与調査を行って現職者の給与データを保有、提供している会社もあるので相談してみてもよいかもしれない。

　会社によっては各社員の事情や要望を汲んで給与を柔軟に調整できるよう、隣接する職位の間で給与幅に重なりをもたせている所もある。ストックオプション等の「エクイティ報酬」と給与に対する見方が大きく異なる２人のエンジニアの例をあげて説明しよう。シニアエンジニアのAさんは採用時の待遇に関する交渉で「エクイティ報酬は有利な条件で受け取れるようにしてほしい。その代わり給料レベルは下げてもらって構わない」と要望したが、新人エンジニアのBさんの希望はその逆だった、といった状況である。つまり新人のBさんの給料がベテラン技術者のAさんより多い可能性があるわけだ。このほか、同じ職位でも、細分化し、下位レベルごとに給与を規定している会社もある(たとえば「シニアエンジニア ― レベル2」のような下位レベルで、これは社内非公開、という具合だ)。

□ 5.2.6.6　給与体系の社内での公開・非公開

　給与体系の完全で詳細な議論となると本書の範囲を超えてしまうが、近年、社員ひとりひとりの給与とエクイティ報酬を漏れなく社内公開する「給与体系の全面開示」のアプローチを採る会社が増えている。当初は居心地の悪い思いをする向きもあるだろうが、メリットはたしかにある。中でも、経営幹部と社員の信頼関係が強まるという点と、一般社員の公平公正な監視の目が働く点(たとえば女性管理者に対し、男性管理者の賃金の中央値に相当する賃金が保証される、など)は注目に値する。

□ 5.2.6.7　キャリアパスの施行

　どのようなアプローチを採るにしても、実際に草創期のチームにキャリアパスを導入するのは(とくに自分の職位を告げられたメンバーが異論を唱える場面など)気を使う大変な作業となり得る。混乱を極力回避するためのコツをいくつか紹介しておこう。

- チームのシニアエンジニアたちにも導入のプロセスに関与してもらい、十分な根拠に基づいて決定を下せるよう、また、下した決定の内容を他のチームメイトにも理解してもらえるよう、支援を仰ぐ
- (キャリアパスを用意した場合)各メンバーに正式な職位を告げる前に、まず全員にキャリアパスを見てもらう。職位を告げる場面では不安や不満が吹き出す恐れもあ

るから、事前にキャリアパスを見せ、妥当なものであると皆に認めてもらえれば、それに越したことはない

- キャリアパスは会社の価値観を反映するものでなければならない。たとえば「完璧なソリューションよりも迅速なイノベーションを」がモットーなら、それを体現するようなエンジニアのキャリアパスを作成する、といった具合だ。コアバリューを掘り起こしてそれを表現し伝える方法については第9章を参照
- 各メンバーの職位は当面は本人だけにしか知らせない。こうすれば管理者は部下と話し合って、告げられた職位をどう思うか、意見を聞くことができる
- 職位を決定するに当たって確信がもてない場合は、のちのち降格させるよりは昇格させるほうがやりやすいことから、通常、下の職位を与える。とはいえ、部下の側では上の職位を期待しているだろうから、やる気を削いでしまう危険もある。このような時には昇進・昇格に必要な資質を明確かつ具体的に示し、そのお膳立てもする（つまり、上の職位に求められる資質を実証できるような仕事を任せる）

ほかに参考になりそうな資料も紹介しておこう。

- アレックス・グロース著「キャリアパスの作成」(https://bit.ly/2gSQTC5)
- Urban AirshipがGitHubで共有している技術者のためのキャリアラダー (https://bit.ly/2i8LiUz)
- Rent the Runwayのキャリアラダーに対する独自のアプローチ (https://bit.ly/2i8ND1O)

☐ 5.2.6.8　昇進・昇格プロセスの策定

「このエンジニアは、シニアエンジニアに昇進させても大丈夫だろう。それだけの態勢が整った」と言えるのは、どういう時なのだろうか。どれほど明確なキャリアパスが作成できたとしても、担当者(たち)が必要なデータや意見を集め、それに基づいて「よし、昇進させて大丈夫だ！」あるいは「いや、まだダメだ」と判断を下さなければならない場面は必ず来るものだ。

そしてその判断が、往々にして苛立ちや不満の素となる。大抵の会社で「昇進」とは評価も給料も上がったことを意味する。当然、それに関する判断は大きなリスクを伴う。前節ではキャリアパスの何たるかを紹介し、明確なキャリアパスを作って周知徹底させることが昇進・昇格プロセスの基盤となる、と説明した。ここでは、昇進・昇格プロセス

を極力円滑に完遂するためのコツをあげる。

多様な評価者の見解を参考に

部下の勤務状態を評価する際、ある一面にしか目を向けようとしない上司は多い。だが、同僚、直属の部下（がいればその部下）、ならびに日頃から当人が仕事上の有意なやり取りをかなり行っている相手からフィードバックを得て参考にするべきだ。直近の勤務評価で入手したフィードバックがあれば、これを参考にするのが普通だが、それがなければ「この人はシニアエンジニアの職位にふさわしい働きをしていると思いますか？」と尋ねてみるだけでも十分な場合が多い（ただし事前に「シニアエンジニア」の定義を明確にする必要はあるが）

多様な視点での評価を

単独の担当者（たとえば技術担当VP）が自分の判断だけで昇格の可否を決めると、バイアスの入り込む可能性が非常に高くなる。対象者の学歴、人種、性別に基づいたバイアスもあれば、担当業務に基づくものさえある。たとえば、昇格をめぐる会議で「フロントエンドとバックエンドじゃ、バックエンドの仕事のほうが大変だ。だからAさんを昇格させるならBさんも昇格させて当然だろう」などと言ってのける人が結構いるのだ。まずは昇進・昇格を希望する本人とその上司が、正式に願い出るか否かの決断を下すとよい。申請することに決めたら、次は、学歴、チームでの役割、視点がさまざまに異なる同僚たちが、最低でもその決断の適否を検討し、できれば最終決定権も与えられるべきだ

最終決定は潔く受け入れ、理由や背景を説明する

シニアエンジニアへの昇格が認められなかった場合、それを本人に知らせるのは、それだけでも気まずい場面だが、理由が明かされなかったり、理由の説明が曖昧だったりわかりにくかったりするのはもっと悪い。昇格が実現しなくても、せめてどこをどんな風に改善すればよいのかをはっきり教えてもらえれば、今後の対策も立てられる。したがって通知する側は、具体的な詳細も含めキャリアパスに関連付けるなどして不受理の理由や背景を極力わかりやすく書いて知らせるべきだ

また、正式な決定、とくに不受理の決定が下されたら、管理者は潔く受け入れなければならない。そうでないと、不満の種をまくことにもなりかねない。「ぼくとしては昇

格OKだったんだがねえ ……不受理なんて信じられない」という風に言ってやりたい
気持ちはわかるが、これでは昇進・昇格プロセスばかりか、管理者としての信頼性と権
威も傷つけることになる。もちろん部下の失望をしっかり受け止めてやることは大切
だが、「昇格申請では明確な根拠を十分あげられたと思うよ。でも不受理の理由ももっ
ともだ。これから一緒に検討して、今後の計画を立てようじゃないか」といった助言の
ほうがはるかにましだ。こんな助言は到底できないと感じたら、不受理の決定を部下に
知らせる前に、まず決定に関する情報を集めて自分なりに検討してみることだ

□ 5.2.6.9　新人の職位の認定

「X社のスタッフエンジニア[*5]の引き抜き、成功しました！」「そうか、やったね！
でもあの会社、肩書きなんてお飾りで実力ぜんぜん伴わないから。シニアエンジニア扱
いにしたほうがいいよ」「えーっ、でももうスタッフエンジニアの待遇ってことで交渉
しちゃいましたけど……」「うーん、そうかー。ま、大丈夫さ。その新人の給料を社内で
公表するわけじゃないから。でもスタッフエンジニア扱いで受け入れて万一実力不足
だったら、シニアエンジニアの連中が黙っていないぞー。こういうこと、前にもあった
な……」

　新人の職位を認定するというのは生やさしい仕事ではない。採用面接での審査は、
基準の厳密さで言えば社内の昇進・昇格プロセスのそれに到底及ばない。そのため、す
ぐ前の所属先での勤務成績や、採用面接での印象や成績、過去の同レベルの新人の、入
社後の成績に基づいて推測するぐらいで精一杯なのだ。

　一般によく用いられているアプローチは2通りある。ひとつは「採用後すぐの職位の
認定と告知」だ。採用面接での成績に基づいて推測し、最適と思われる職位を認定、告
知する。いざ仕事を始めてみて職位に見合う働きができないようなら、直属の上司がス
ロッティングをやり直さなければならず、これは気の重い作業となる。したがって、あ
らかじめ新人に再スロッティングの可能性もあることを知らせておけば、さほど気まず
い思いをせずに済むかもしれない。ついでにキャリアパスを見せ、当面新人として期待
される職務レベルも教えておくとよい。そうすれば新人は肩書きに恥じない職務レベル
をきちんと押さえた上で新たなスタートを切れる。

　さて、新人の職位認定のもうひとつの手法は「スロットペンディング」、すなわち職位
決定を当面保留するというものだ。通常3ヵ月から半年の間、少なくとも公には職位を

＊5　Staff Engineerは、Senior Engineerよりさらに上の、エンジニアとしては最上位の職位

与えず、その間にチームの面々が新人の仕事振りを観察する。この手法の主な欠点は、たとえ面接の結果を受けて採用側がオファーをしたとしても、職位が決まらなければ受けない候補者もいること、また、最終的にどの辺の職位に就くかが大まかにでもわからないのであれば給与額も決めにくいことだ。加えて、試用期間中に職位を正確に認定するというのも、これまた難しい。とくに別の職種や職域から移ってきた新人は、新しい職場で「ひとまず覚えなければならないこと」が山ほどある。

いずれの場合も、職位を軽々しく決めるのは厳禁だ。スロッティングの失敗は、同レベルや、より下位の社員の士気をはなはだしく削ぐ恐れがあり、これが多大な「管理上の負債」を生みかねない。その「つけ」はやがてあなた自身が払わされることになる。

5.3 まとめ

チームを効率よく拡充する上でとくに有効な方法のひとつが「人事管理への注力」だ。優れた管理者は、チームを率いて適切な問題の解決に取り組ませ、必要な指導とリソースの提供を行って最高の成果を上げさせるコツを心得ている。だが第4章でも説明したように、会社によって「報告体制（誰が誰の直属の上司であり部下であるか）」と「組織構造（個々の社員がどのような形で作業チームを構成しているか）」は必ずしも一致するものではない。続く3つの章では「組織」について論じ、組織のスケーリングに有効な手法やコツを紹介する。

5.4 参考資料

・エリック・G・フラムホルツ、イボンヌ・ランドル著『アントレプレナーマネジメント・ブック—MBAで教える成長の戦略的マネジメント』（加藤隆哉監訳、グロービスマネジメントインスティテュート訳、ダイヤモンド社、2001年）。広範なトピックを扱っている本だが、（本書の範囲を超える）大規模な人事管理とそのスキルの改善に関する助言を必要としている管理者にとってはとくに有益だ

・Project Includeのサイト（https://projectinclude.org）。IT業界の偏見をなくす活動を進めている非営利団体。職場の包括性（多様な人材を受容する度合い）を向上

させ、向上の度合いをメトリクスで測定するための（調査結果で裏付けした）コツやノウハウを公開している

第 6 章

組織のスケーリング —— 組織設計の原則

組織の目的は、必要になるコミュニケーションと調整作業の量を減らすこと…

—— フレデリック・ブルックス著 滝沢徹、牧野祐子、富澤昇訳
『人月の神話［新装版］』

　本章では、増員を図ったら、その分、チームの生産量（アウトプット）が期待どおりに増える、そんな組織構造を段階的に整備していくコツやノウハウを紹介する。顧客対応の製品を提供する組織を引き合いに出すが、ここで紹介する原則はすべて、B2B（企業間［電子］商取引）のソリューションの構築など、顧客対応以外の領域にも応用できる。

　さて、組織のスケーリングでカギとなるのは「規模の不経済」の回避である。社員を増やせば増やすほど生産量が上がり、増収につながるかと思いきや、規模が一定レベルを超えると大所帯ならではのデメリット、すなわち「規模の不経済」が生じ、極端な場合、ひとり雇い入れるたびに全社レベルの生産性が低下する事態に陥りかねない。また、もうひとつ組織のスケーリングでカギとなるのが「チームメンバーを極力会社の成功に直結させること」だ。優れた組織はこれを実現するために、目標を明示し、効果的なコミュニケーション手法を定着させ、ユーザーから直接得たフィードバックを活かすが、本章ではその過程やツボを紹介していく。

　まずは組織を育てるコツを見ていこう。いずれも、すでに体制が確立された大規模組織にも当てはまるものだが、草創期に下す決定は長期的影響を及ぼすため、小さなチームの進化の過程を検討するところから始めたい。

6.0.1　モチベーションと組織

　組織計画の主軸のひとつとして不可欠なのが動機づけ（モチベーション）だ。モチベーションの引き金（トリガー）を正しく設定しなければ組織の開花も結実もあり得ない。ダニエル・ピンクの著書『モチベーション 3.0 持続する「やる気！」をいかに引き出すか』（大前研一訳、講談社）はチームリーダー必読の書として我々が強く推奨しているものだが、その中でもピンクが提唱している「内発的動機づけ」と「外発的動機づけ」の概念は特筆に値する。

> **Note**
>
> 外発的な動機づけとは「金銭、名声、成績、称賛など、外的、人為的な報酬(刺激)が行動の誘引となっている状態[*1]」を、内発的動機づけとは「内的な報酬、つまり自分自身の内面に沸き起こった興味や意欲に駆られて行動している状態[*2]」を指す。なお、名声や称賛といった抽象的なものに加えて、ソフトウェア開発の納期など具体的な詳細も有力な外的動機づけ要因となり得る。

ダニエル・ピンクによれば、内発的動機づけの基軸となるのは次の3つの要素だという。

自律性 (オートノミー)

作業をどう進めるか、目標をどう達成するかを自分たちで決める自由。目標は会社が決めるとしても、細部まで規定して部下に裁量権を与えない微細管理 (マイクロマネジメント) は避け、個々の問題をどう解決するかの決定はあくまで担当の社員たちに委ねる

熟達 (マスタリー)

難しいが達成可能な仕事を定期的にこなせる能力。この能力をさらに磨きたいという意欲に駆られて研鑽を積むことで、熟達度が継続的に向上し、本人もそれを実感する

目的

自分の仕事が会社の目標の達成にどう寄与するかについての理解。また、会社のビジョンに対する共感。目標や信念を共有できている状況には、人を動かす大きな力がある

人が最高の仕事をするのは、自律性を保証され、明確な目的があり、内発的動機づけによって行動している時だ、とは我々の信じるところでもある。3つの要素のうち「熟達」は、組織との関連性こそ薄いが、チームメンバーのモチベーションを高める点では他の2つの要素に劣らず重要だ。その詳細は第9章の「9.6.1 継続的な学習と改善」を参照し

---

*1 https://bit.ly/2gSSDv7参照

*2 https://bit.ly/2gSQYW1参照

てほしい。

6.1 草創期の組織計画

　5人から10人ほどが同じひとつの部屋で作業を進める草創期なら、組織計画は簡単だ。各メンバーが密接に連携して作業を進め、製品に影響を与えていけばそれでよい。エンジニアはスタック（チームが仕事で使っているプログラミング言語やフレームワーク、ライブラリなど）のどの部分にも手を加えられるし、製品について意思決定を下す責任者も皆と机を並べて仕事をしている。だがやがて会社は当初の倍の規模に成長し、もはや1チーム体制では苦しくなってきて、あなたはチームを分割する必要性を考え始める。重大な決断を迫られるのはこの時だ —— どんな指針を頼りにして新たな組織を設計するべきか。というのも、こうして初めてチームを分割しようとする際の指針を、第3、第4・・・と後続のチームを作る際にも拠り所にする可能性が高いからだ。

チームの人数

Amazonの有名な「ピザ2枚ルール」は、多分聞いたことがあるだろう。チームの最適な規模はピザ2枚分をちょうど食べ切る人数、という原則だが、これには「人と人との接点は、チームの規模が拡大するにつれて幾何級数的に増えていく」という科学的な裏付けがある（詳細は第10章を参照）。チームが大きくなるとコミュニケーションのためのやり取りも増え、そのせいで生産性が低下する恐れが出てくるのだ。だから最適な人数は6、7人で、2桁になってはならない。一方、最小限度はチームが必要とするスキルセットの数で決まる。純粋に技術系のチームなら最低でエンジニア2、3人というところだが、デザインやプロダクト等、他の職域のスタッフが必要になれば当然もっと多くなる。

　よくあるシナリオを使って説明しよう。あなたは会社の草創期にウェブエンジニア第2号を雇い入れ、第1号の隣のデスクを与える。その体制が気に入った2人は毎日こうして作業を続けたいと考え、これがウェブエンジニアリングチームの基盤となる。ごく自然な成り行きだし、作業の調整もしやすいが、これが「スキルセットによるチーム構成の土台作り」である点は押さえておくべきだ。

　同様に、誰がどのチームのメンバーになるかという所属関係も、組織のその後の発展のしかたを左右する。たとえばあなたの会社では複数のエンジニアが顧客登録のエクスペリエンスを改善する作業を担当しているとしよう。さて、この領域の責任を負っているプロダクトオーナーは、週1回の進捗会議（プランニングミーティング）の時にエンジニアリングチームに合流するだけでよいか、それともチームの一員として常に連携して作業を進めるほうがよいか。デザインなど他の職域のスタッフの位置づけはどうするか。これはあなたの組織が今後どう発展していくかを大きく左右し得る、きわめて重大な決定だ。（理由はあとで説明するが）製品開発の関連領域を縦割りにしてしまうと、かなりの効率低下を招く恐れがあるのだ。

　まずは典型的な製品開発のワークフローを見ていこう。経営幹部のひとりが、ある機能を思いついた時点でひとつのプロセスが始まる。実際に開発しようということになると、プロダクトマネージャーが仕様書の作成を命じられる。仕様書が完成すると、デザイナーがレイアウトを決めるよう命じられる。完成した仕様書とレイアウトは経営陣が検討して懸念点を修正させ、エンジニアリングチームに渡す。チームは他の作業の優先度も勘案しつつ極力早急に着手し、完了したところで審査を受け、修正とテストを経て本番環境に移行する。以上の各ステップの間には「待ち時間」があり、これが積み重なると、かなりの期間に及ぶことがある。通常規模の機能でも、組織によっては「着想を得た時点」から「本番環境での展開」まで数ヵ月かかる場合がある（大企業の場合、1年を超えることさえある）。

　ひとつの機能を本番環境に移行するだけでも、いかに多くのステップとコミュニケーションが必要かは誰の目にも明らかだろう。前述のとおり、数ヵ月かかるケースもまれではない（コラム「SoundCloudの事例 —— アレックスの体験談」も参照）。図6.1は手間のかかるプロセスの事例である。同様のプロセスを実際に使っている会社を我々はこれまでに何社も見てきた（経営幹部は「そんなことはない」と否定するだろうが）。

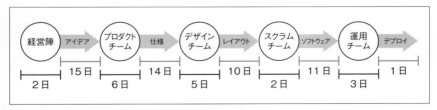

図6.1　「着想を得た時点」から「本番環境での展開」までのバリューストリーム

　さて、コンウェイの法則(「組織が設計するシステムには、その組織のコミュニケーション構造を反映した設計になるという制約がある」)をソフトウェアエンジニアリングに当てはめると、「ソフトウェアのアーキテクチャは、そのシステムを作る組織の構造を反映したものになる」という形になる。いや、技術面だけではない。すべての関連部署の生み出す構造が、組織全体の効率を大きく左右する、とも解釈できる。

　ここで特筆に値するのが、図6.1に示したような縦割り組織でさえ、良好なコミュニケーション慣行と有効なツールの使用を周知徹底すれば、組織構造ゆえに生じる待ち時間を短縮できる点だ。ただし、我々の経験に照らし合わせて最良の解決策と言えるのは、縦割り方式の全廃だ。ここで言う「縦割り方式」とは、プロセスのバリューストリームの構成要素をすべてひとつのチームに統合的に扱わせることなく「ぶつ切れ」状態で複数のチームに担当させる方式を指す。チーム間での受け渡しは行われるものの、日常レベルでの直接のやり取りではなく、大半がツールを介しての連絡にすぎない。

6.1.1　成長過程で生じる問題

　組織が拡大する過程で具体的には何がどう変わるのだろうか。まずブルックスの法則(https://bit.ly/2g6syos、日本語版https://ja.wikipedia.org/wiki/ブルックスの法則)を見てほしい。

　人員の投下は、チーム内のコミュニケーションコストを増大させる。プロジェクトを進めるうえで、プロジェクトチームは、協力して同じ課題に取り組む必要がある。しかし、これを実現するには、調整のためのコストがかかる。一般に、n人が協調して仕事を進めるためには、n(n-1)のコミュニケーションチャンネルを調整する必要がある。したがって、プロジェクトの人員に対してコミュニケーションコストは、n2のオーダーで増加することになる。単純にいえば、開発メンバーを2倍に増やしたチームは、それに伴って4倍のコミュニケーションコストを負担するのである。

　要するに、コミュニケーションチャネルの数はチームの人数が増えるに従って膨れ上がっていく、ということだ。これに加えて、組織を縦割り方式にしたりすれば(本来チーム内でのコミュニケーションは「対面、口頭で」が望ましいが)メールなどのツールを介しての連絡に頼らざるを得なくなる。

　図6.2は、図6.1と同じ事例を、縦割り方式であるがゆえに必要となる調整とその手

間に焦点を当てて表現したものだ。流れに逆行する黒い矢印が、チーム間でのやり取りが不可避であること、つまり、バリューストリームで1ステップ進むたびに、直前のステップからフィードバックを得なければならないことを示している。

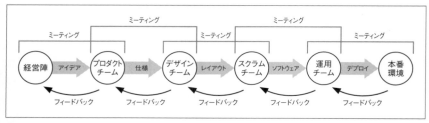

図6.2　コミュニケーションコストがかさむバリューストリーム

　また、縦割り方式の組織では、すべての部署をバランス良く拡充するのは至難の業だ。全体論的な視点に立って全チームのニーズを把握するのは難しく、結局人員を確保できるのは交渉術に長けた管理者、というケースが多い。その結果、チームの規模に差が生じ、これが効率の低下を招きかねず、修正には時間も労力も取られることになる。

SoundCloudの事例── アレックスの体験談

SoundCloudに雇われてほどなく、私はエンジニアの採用による増員をCTOから命じられた。重要なリリースを控えてフロントエンド側での作業がたまっているのだという。人材募集をかけてはみたものの、既存のチームではなぜ目標を達成できないのか、という疑問が湧いてきた。そこでフロントエンドのチーム（当時はウェブ、iPhone、Androidの3チーム）を回って、ごくシンプルな質問を投げかけてみた──「日常の作業で最大のブレーキになっているのは何でしょうか」。すると驚いたことに誰もが口を揃えてこう答えた──「デザイナーがひとりしかいないんです」。腕の立つデザイナーなのだが、たった独りですべてを背負い込んでいるため、新規のデザインだろうが修正だろうが単なる説明だろうが、遅々として進まずなのだそうだ。こうして作業遅延の真の原因がデザイン部門のボトルネックであること、したがって解決策は「エンジニアではなくデザイナーの増員」であり、エンジニアを増員などしたらその「たった独りのデザイナー」の負荷がさらに増し、問題を悪化させかねないことが判明した。

　会社が大きくなってくると、ユーザーに製品を提供するために協力を仰がなければならない部署（たとえば法務部など）も必然的に増えてくるから、部署間の依存関係が

ある程度増すのはしかたのないことだ。それに、無名のスタートアップが限られた数の
ユーザーに製品を届けるのと、一流ブランド企業が膨大な数のユーザーに製品を届ける
のとでは話がまったく違う。ちっぽけな会社なら見逃してもらえるようなミスが、大企
業の評判を大きく傷つけることもある。とはいえ、高生産性を維持できる組織作りこそ
が幹部であるあなたの務めだ。以下に、組織設計の不備を示唆する兆候をあげておく
ので、自分たちの組織を振り返ってみてほしい。

- エンジニアなど、部下をもたない一般の専門スタッフに「あなたは会社の成功にど
  ういった形で貢献していますか」と尋ねたら、「わかりません」という答えが返っ
  てきた。これはチームの目標や目的をきちんと定義できていないことを示唆する兆
  候だ
- 提案された機能面のコンセプトが山ほど棚上げ状態になっており、プロダクトマネー
  ジャーが「チームの生産性が低くて計画をなかなか実装できない」とぼやいている。
  この兆候の背後にありがちなのが「プロダクトマネージャーが必須要員としてチー
  ムに参画していないため、その分チームの生産性が低くなってしまっている」とい
  う状況だ。デザイン面のコンセプトについても同じ状況が起こり得る
- 部署間で要員の奪い合いが頻発している。一番可能性の高い要因は、「UXチーム、
  エンジニアリングチーム……」といった具合に職能別の縦割りになっている組織構
  造だ
- ミーティングが多すぎて残業をしないと本務が片付かない（いや、残業をして片付
  くなら言うことなしだ）。部署間の調整に必要なコミュニケーションが多すぎるこ
  と、あるいはコミュニケーションの効率が悪いことを示唆する兆候だ
- 機能を本番環境に移行するまでの所要時間がどんどん長くなってきているよう
  に思える。会社の規模の拡大と、専門性の深化による複雑性の増大とが原因で、
  工程の所要時間^{サイクルタイム}が長くなってきたのかもしれない。ただ通常はこれ以外にも、た
  とえばチーム間の依存関係などの遅延要因が働いている可能性がある

以上のような問題を回避する方法は、後続の「組織設計の原則」で紹介する。

6.1.2 成長過程で掲げるべき目標

どの会社にも、また、ある会社のどのチームにも誂え向きの唯一完璧な組織モデルな

ど存在しない。ある意味、多数のまずい選択肢の中から、ましなものを選ばなければならないのだ。20世紀を代表する英国の統計学者ジョージ・ボックスも「基本的にモデルはすべて間違っているが、中には役立つものもある[*3]」と言っている。現時点であなたとあなたの会社に最適なモデルを見つけるしかないのだ。

前節では、組織が拡大する過程で何がどう変わるのかを説明した。ここからは、発生し得る問題を抑制、緩和するためのアプローチを紹介していく。まずは組織構造を設計する際に忘れてはならない2つの重要な目標をあげる。

- 小規模組織の敏捷性をいつまでも失わず、作業を素早く進められる組織構造を実現する。採用による増員の目的は、チームの仕事量を増やすことであり、「規模の不経済」は回避しなければならない
- 社員ひとりひとりを製品とその成功に直結させる。社員のモチベーションは、成功だろうが失敗だろうがとにかく自分の仕事が製品に与えた影響がはっきり見える時に高まる

6.2　組織設計の原則

「どのケースにも応用可能な唯一無二の組織構造」など存在しない。そこで代わりに我々の推奨する原則を紹介する。自社や自チームの現状に最適な組織を構築しようとする際に役立つはずだ。いずれも、組織の拡大過程で起こる事象（とくにコミュニケーションや調整のための手間やコストの増大）を観察したり、他企業の対応策を参考にしたりすることで特定した原則である。中には「アジャイルソフトウェア開発宣言」の12の原則と同じ（または類似する）ものもある。

アジャイルソフトウェア開発宣言について

2001年2月17日、軽量ソフトウェア開発手法の先駆者17人が一堂に会し、各自が別個に提唱してきた開発手法の骨子を統合して「重量級」のウォーターフォール型開発プロ

---

*3　バイロン・ジェニングズ著「基本的にモデルはすべて間違っているが、中には役立つものもある」（https://bit.ly/2g6xNo9）

> セスに取って代わる軽量な開発手法としてまとめるべく議論を交わした。そしてその結
> 果発表したのがアジャイルソフトウェア開発宣言（http://agilemanifesto.org*4)）である。
> 「プロセスやツールよりも個人と対話を、包括的なドキュメントよりも動くソフトウェア
> を、契約交渉よりも顧客との協調を、計画に従うことよりも変化への対応を」重視する、
> との宣言文を掲げ、12の原則を提唱するものだ。読者の中に、アジャイル型のプロジェ
> クト管理は経験済みだが、この「開発宣言」を読んだことはない、という人がいたら是
> 非読むべきだ。あまりにも短くて、多分びっくりするだろうが、読んでおく価値は大い
> にある。
> この「開発宣言」が発表されて以来、その12の原則を数多くのチームが実践してきた。
> 我々を含む数多くの人々が触発され、活用してきたのである。

　というわけで、次にあげるのが我々の推奨する組織設計の原則だ。いずれも、スクラ
ムやかんばん方式など、アジャイル型開発の既存の枠組みと難なく併用できる。また、
すでに複数のチームを有する組織を改変しようとする場合にも、あるいは初めてチー
ムを2分割しようかと検討している成長中の組織にも応用できる。とりあえず5つの原
則を概説した上で、本章の目的に合致する最初の3つの原則を掘り下げて解説する。

デリバリーチームの構築

　　本書では、「着想」から「公開」までのソフトウェア開発過程に必要な職能を漏れ
　　なく備えた自立型のチームのことを「デリバリーチーム」と呼んでいる。詳細は第7
　　章を参照

オートノミー
自律性の確保

　　割り振られた目標を最良の形で達成するためにはどのような行動を取るべきかを
　　自決する権限をチームに与え、選択したアクションの影響を必ず測定させる

目的の明確化と成功度の測定

　　自律性を一定レベル有する自立型のチームでも、どのような目標を掲げれば全社
　　レベルの成功にもっとも寄与できるかを把握しておく必要がある

＊4　https://agilemanifesto.org/iso/ja/manifesto.htmlに日本語版

ビジネスバリューの継続的創出（継続的デリバリー）

これは「アジャイルソフトウェア開発宣言」の「顧客満足を最優先し、価値のある
ソフトウェアを早く継続的に提供します」という原則をそっくりそのまま引用し
たものだ。継続的デリバリーを実践すれば、フィードバックを頻繁に得られるため、
製品の質が上がり、顧客志向の視点もより定着する。また、作業の成果をより短期
間で本番環境に反映できるため、チームメンバーの満足度も高まる。さらに、機能
はMVP（minimum viable product、顧客に価値を提供できる最小限の製品）
の状態になり次第ユーザーに届けるので市場投入までの時間を短縮できる。加え
て、継続的デリバリーを実践していれば「デリバリーチーム」への移行も加速する。
というのも、機能を継続的に提供するのに最低限必要な自給能力を各チームが備
えなければならず、また、継続的デリバリーの実現にはバリューストリームを構成
するすべての職能の密接な協力が必要だからである。詳細はジェズ・ハンブル、デ
イビッド・ファーリー共著『継続的デリバリー —— 信頼できるソフトウェアリリー
スのためのビルド・テスト・デプロイメントの自動化』（和智右桂、高木正弘共訳、
KADOKAWA/アスキー・メディアワークス）を参照

継続的学習を重視する文化の醸成

「アジャイルソフトウェア開発宣言」の原則のひとつに「チームがもっと効率を高め
ることができるかを定期的に振り返り、それに基づいて自分たちのやり方を最適
に調整します」というものがある。とくに急成長中の企業では、改善可能な領域が
常にあるものだ。これは悪いことでも珍しいことでもない。振り返りとそれに基づ
く改変は常に必要だ。（空きポストなど）現況での制約のため、組織の構築過程で
は時として妥協もやむを得ないが、組織構造は常に一歩一歩改善していく必要が
ある。効率向上のための方策は、チームレベルのみならず組織全体でも考えていか
なければならない。チームレベルで有効な方策は、全社レベルではなおのこと有効
だ。最初は全チームのメンバーを一堂に集めて振り返り（レトロスペクティブ）などを行えば十分だ。しか
し会社が一定規模に達すると、こうした形での振り返りでは効率が悪くなってく
る。何人になったらいけないのか、具体的な人数を示すのは難しいが、振り返りに
要する時間が1時間を超えるようになったら、何回かに分けて行うことを検討す
る潮時かもしれない。あるいは各チームから代表者をひとりか2人出席させて、全
チームでの振り返りを続ける、という方法もある。詳細は第9章の「9.6.1 継続的
な学習と改善」を参照

　以上5つの原則の関係を図にまとめたのが図6.3だ。中央がデリバリーチームで、自律性を有するが、会社の戦略の影響下にもある。チームは全社レベルでの成功に自分たちがどう寄与するべきかを知ることで、自チームの目標を理解する（以上3つの原則は、このあとで詳しく解説する）。目標を達成するため、チームは手法に改善を加えつつ、ビジネスバリューを継続的に生み出す努力を重ねる。

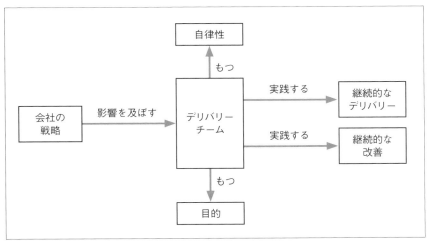

図6.3　組織設計の原則

　この5つの原則は、いずれも他業種ではかねてから一定の形で存在していたものだ。たとえば統計的手法による品質管理で知られる米国の著名な統計学者、著述家、経営コンサルタントであったウィリアム・エドワーズ・デミングは、次のように説いた。

　　部門間の障壁を取り除く。研究、設計、製造、販売の各部門の人々は様々な問題に一丸となって対応しなければならない[5]。

　これは「デミングの14のポイント」のひとつだが、これ自体が「自立型のチームとは何か」の答えになっている。このほか『Value Stream Mapping』（McGraw-Hill、2013年）でも、共著者のカレン・マーティンとマイク・オスターリングがこう指摘して

---

[5]　W・エドワーズ・デミング, *Out of the Crisis: Quality, Productivity, and Competitive Position*（MIT Press）、日本語版 Wikipediaの「W・エドワーズ・デミング」の項より。

いる──「顧客満足のプロセスとほとんど関連性をもたない職能別の縦割り方式を
採っている組織は多い」。

　ただし5原則の中には、ソフトウェア開発の特異性ゆえに他業種には当てはまらない
ものもある。その最たるものが顧客への継続的デリバリーで、たとえば自動車製造業の
ハードウェアの部門では顧客への継続的なデリバリーなどあり得ない。

6.2.1　5原則の実践

　もう一度図6.2を見てほしい。職能別の縦割り組織がこなさなければならないプロ
セスの概略図だ。この種のプロセスでは、我々の提唱する5原則の大半を、次のような
形で守れない。

- 製品をユーザーに届けるのに必要なステップを、それぞれ別個のチームが担当する
  ため、「自立型のチームによる製品のデリバリー」を実践できない。しかもステップ
  をひとつひとつ一定の順序でこなしていかなければならないので、「企画」から「市
  場投入」までの所要時間も、コミュニケーションに要する手間も増大する
- （管理チームを除く）どのチームも直前のステップから引き継ぐ仕様書に縛られるた
  め、真の意味での自律性はあり得ない
- バリューストリームの「下流」へ行けば行くほど、チームの目標と顧客価値とのつ
  ながりが薄れるため、目的意識をもつことが難しくなっていく
- 継続的デリバリーは一定の制約のもとでなら実践可能である。たとえば不具合の修
  正や技術的強化なら継続的に行えないこともない。だが製品に関わるイテレーショ
  ン（ビジネスバリューの提供）となると、バリューストリームの個々のステップ間で
  の合意を要するので所要時間が増大する
- 継続的学習は可能ではあるが、さまざまな部署を一堂に集めて振り返りをさせるプ
  ロセスは、より複雑になる。レトロスペクティブで出される意見や感想について全部
  署の合意を取り付けるプロセスが複雑になるからだ

ここからは、最初の3つの原則について詳しく解説していく。

6.2.2　デリバリーチームの構築

　すでに述べたように、本書では「着想」から「公開」までのソフトウェア開発過程に必要な職能を漏れなく備えた自立型のチームを「デリバリーチーム」と呼んでいる。このチーム構成なら、相互の依存度を軽減しコミュニケーションに要する手間を最小限にすることで、エンジニアをより密接に製品に結びつけ、全体の開発時間を短縮できる。この原則は「アジャイルソフトウェア開発宣言」の「ビジネス側の人と開発者は、プロジェクトを通して日々 一緒に働かなければなりません」の原則と足並みを揃えるものではあるが、さらにもう一歩踏み込んで「対象製品の定義、デリバリー、および（必要なら）保守管理を担当するすべての要員が同一チームに属していなければならない」と規定している。

　経験則で言えば、真の意味で「自立型」と呼べるのは、未処理案件の大部分（最高で95%）を他チームに依存せずに本番環境に移せるチームである。この場合の「依存」とは、他チームとの間で何らかの調整を要し、そのために作業が遅れる、そういう関係を指す。ただし、依存関係は必ずしも不都合なものばかりではないこと、また、95%という数字は厳格な規準というよりはむしろ理想的な努力目標であることは押さえておいてほしい。

　さらに、デリバリーチームのメンバー全員が同じひとつのオフィスで机を並べている状況が望ましい。「アジャイルソフトウェア開発宣言」にも「情報を伝えるもっとも効率的で効果的な方法は面と向かって話をすることです」という原則がある。

　デリバリーチームは、分業型のチーム（たとえば、バックエンドの変更に関しては常にバックエンドのエンジニアリングチームに頼っているフロントエンドのエンジニアリングチーム）とは異なり、必要なスキルを漏れなく備えている。一例をあげると、顧客対応ウェブサイトの担当チームに、エンジニア、デザイナー、プロダクトマネージャー、サポート担当者が所属する、といった構成だ。図6.4は職能別のチームからデリバリーチームへと移行する過程を大まかに示したものである。

　移行の詳細は第7章を参照してほしい。

☐ 6.2.2.1　部門横断型プロジェクト

　どのような組織構成を選ぶにしても、複数チームが関与するプロジェクトというものは常に存在する（たとえば重要インフラの移行など）。これはよくある状況で、必ずしも組織再編の要因とはならない。

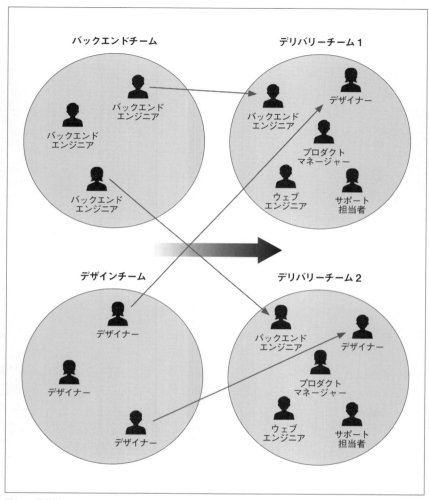

図6.4 職能別チームからデリバリーチームへの移行

　こうした大規模なプロジェクトは、複数チームに頼らなければ結果を出せないというプロジェクト自体の性格ゆえに、前述の「95%ルール」を守れない。そこでこうしたプロジェクトの担当チームをどう編成するべきかだが、それを決める主な要因は「関与する要員の数」で、ほかに「必要な労力」と「望ましいスケジュール」も考慮に入れる必要がある。たとえばそれぞれ別のチームに所属する2人の要員が、このプロジェクトの

少なくとも1回のイテレーションにフルに参画することで勤務時間の大部分を費やしたとしたら、そのプロジェクト専用の臨時チーム（後述）を立ち上げるべきと言えるかもしれない。もっと規模の小さなプロジェクトなら、関与する複数のチームの間で調整しつつ進めていけばよく、わざわざそのプロジェクトのためにチームを再編成する必要はない。

　具体例をあげて説明しよう。Androidチームがバックエンドの検索システムに修正を加えなければならなくなったが、これは自分たちだけではできない作業である。作業完了に必要な日数は、Androidチームでも検索チームでも「3日から4日」と見積もった。あとはそれぞれのチームの作業の優先順位と進め方（つまり、相手チームに頼らなければ完遂できない作業を見極め、それをどのような順序で調整しつつ進めていくか）を決めるだけだ。これとはまた別の手法もある。検索チームに属するエンジニアのひとりが、Androidチームのエンジニアたちと手を組んで必要な修正作業を一気に仕上げてしまう、というものだ。

　大規模プロジェクト専用のチームを臨時に立ち上げて作業を進める場合には、この臨時チームの編成を95%ルールを守れるものにするべきだ。つまり、このプロジェクトの95%を仕上げるのに必要な要員をひとつの部屋にまとめ、もっぱらこのプロジェクトの完遂に注力させる。自分の担当する仕事が終わって他の要員よりも先にチームを抜けていく者もいれば、途中から加わってくる者、自分のスキルが必要になった時だけ加わっては去るということを繰り返す者もあり得る。長期プロジェクトに多数のチームが関与し続けるという形態はなるべく避け、1ヵ月を超す見込みのプロジェクトには例外なく専用のチームを立ち上げる、という手法を検討してみてほしい。それでなくても大規模プロジェクトでは相当量の調整が必要である上に、チームが抱える他の仕事との間で優先権を奪い合う形になるため、プロジェクト管理が非常に難しくなるからだ。

6.2.3　自律性の確保

　目的を明確化したチームに、優先順位を自主的に決めて作業を進め完遂する権限を与える。「デリバリーチーム」の要件を漏れなく満たすチームなら、作業を開始から完了まで担当する能力を備えており、これに自律性を与えれば、自主的に決めた優先度に従ってもっとも重要な作業から着手できる。これは「アジャイルソフトウェア開発宣言」の「意欲に満ちた人々を集めてプロジェクトを構成します。環境と支援を与え仕事が無事終わるまで彼らを信頼します」の原則に基づくアプローチである。

　自律性は内発的動機づけの基軸となる前述の3要素のひとつではあるが、とくに急成長中の企業の管理者にとっては時としてわかりにくい概念だ。そこで、この文脈での自律性とは何なのか、噛み砕いて言うと「一定の制約（後述）の範囲内で、どの作業を進めるかを決める自由をチームが有すること」となる。これがなぜ好ましいアプローチなのか、その理由を次にあげる。

・「管理者である自分が、ボトルネックや単一障害点（SPOF: single point of failure。その1箇所がうまく機能しないとシステム全体が障害に陥ってしまうような箇所）になるようなことがあってはならない」との信念をもっている管理者なら、自分が休暇で不在でも作業を続けていかれるチームを構築できる

・自律性を保証されたデリバリーチームなら、プロジェクトの進行中に他チームとの間で見解の相違が生じる可能性がはるかに小さく、不都合が生じた場合に責任の追求や他チームへの責任転嫁をする可能性も小さい。チームのメンバー全員が同じひとつの部屋で作業を進め、常にコミュニケーションを欠かさないため、プロジェクトが順調な時も難航している時も全員が十分な情報を得て合意した上で作業を進められる。プロジェクトに対し責任感と当事者意識をしっかりもったチームなのである

・チームメンバーのモチベーションは、自分たちの作業が顧客に与える直接的な影響を明確に理解することで高まる（詳細は後続の「6.2.4　目的の明確化と成功度の測定」を参照）

・やるべきことが本当にわかっているのは現場のチーム、というケースはよくある。大きな影響を与える可能性のある小さな物事に関してはとくにそうだ。だからそのようなチームに自律性を与えると製品が劇的に良くなることが多い

チームの自律性 ―― アレックスの体験談

プロジェクトから遠く隔たった地位にいて、もっぱら「次なる新機軸」を模索している人々から命令され、動いているチーム。私の以前の勤め先に、そんなチームがあった。そしてそのチームのロードマップはまさにそうした上下関係を反映するものだった。つまり、複数の新機能に関わる作業がずらりと並び、既存の機能を改善する時間のまったくないロードマップである。どんな微調整をすれば製品の顧客エンゲージメント（製品提供企業と顧客の間の信頼関係）をすぐに高められるかがチームにはよくわかっていた

が、それに必要な変更を加える権限を与えられていなかった。
そこで我々はこのチームにもっと自律性を与えることにし、勤務時間の半分を自分たちで選んだ作業に充てることを許した。するとチームは以前から望んでいた既存機能の細かな改良に着手し、結果的には顧客エンゲージメントを200%も改善してしまった。この結果を報告した時のチームは大層誇らしげであった。

6.2.3.1 自律性の限度は？

自律性について少々行き過ぎた解釈をしているチームが一部にあるが、「やりたいことなら何でもやれる自由が我々にはある」とメンバーが信じ込んでいる時には、とかく問題が起きやすい。先程、自律性を「一定の制約の範囲内でどの作業を進めるかを決める自由をチームが有すること」と限定したのは、このような理由があるからだ。具体的に「制約」とは、ビジネス上の優先度、組織全体の目標、チームの権限などを指す。自律性を文字どおりに解釈しすぎると、チーム間の足並みの乱れや軋轢を招く恐れがある。チームは共通の目的のために存在するのであって、その目的を達成すべく作業を進めていかなければならない。この点に関連する大変有益な資料があるので参照してほしい。Netflixが公開しているカルチャーガイド（https://bit.ly/2fLrNQJ。日本語訳 https://bit.ly/3bDu3ad）で、同社の企業文化や社員の行動規範を定めたものだ。

もうひとつ、是非とも考慮に入れるべきなのが、チームの成熟度や経験の度合いだ。チームは、自律性を保証されるためには一定レベルの知識と経験を有していなければならない。具体例を使って説明すると、あるチームは購買漏斗（パーチェスファネル）の測定値の改善を命じられたものの、この種の作業の経験者がチーム内にひとりもいなかった。しかしたまたまパーチェスファネルに関しては製品担当VPが大変詳しいことがわかった。この場合、このVPが指南役としてチームを支援する「移行期」を設けるべきだ。その狙いは、やがてはチームが独自に作業を進められるようになること、である。

チームに100%自律性を与えることがなぜ好ましくないのか。まずは次の4点について考えてみてほしい。

・そもそも自律性を100%有するチームだけから成る会社に、どんな存在意義があるのか。こんな状況では「規模の経済（生産量が増えるにつれて単位当たりの平均費用が減り、利益率が上がること）」など見込めない
・たとえば自律性を100%有するチームだけから成る会社が、顧客と直に接する大規

模な製品を開発し、後年、ブランドの再構築を決定した場合、それに参加するか否かを各チームが独自に決めるというのか
・参加の可否を各チームが自由に決められる会社で、全社レベルの戦略的目標はどう達成するのか
・ホスティングプロバイダーを替えるなど、大規模なプロジェクトの担当チーム間の調整はどう行えばよいのか

以上を踏まえて言えるのは、チームに100%自律性を与えてしまうのではなく、「チームの自律性」と「上層部による管理」の間で程良いバランスが取れる箇所を探るべし、ということだ。我々の提案するアプローチは「担当する製品に関わるイテレーションについてはチームに自律性を与える」というもので、まずはこれを「とっかかり」としてほしい。もちろん他の利害関係者（ステークホルダー）のインプットも歓迎するが、どの作業を進めるかの選択はチームに一任するわけだ。
すでに述べたように、時としてチームの自律性が、より広範な戦略的目標のために無視されてしまうことがあるが、次の2点は守りたい。

・チームは常に少なくとも勤務時間の半分を自由に使えるようでなければならない。これなら、不具合の修正や機能の強化、技術的負債の軽減など、小規模ではあっても重要な作業が、ようやくこなせるようになる。つまり「より広範な戦略的取り組みにチームが費やさなければならない時間は、最高でもチームの作業時間全体の半分までにするべき」ということだ
・ただし、より広範な戦略的取り組みにおいて、あるチームがボトルネックになっているようなら、そのチームは作業時間のすべてを使ってでもボトルネックの解消に努めなければならない。これは「ルール」ではなく「例外」と捉えるべきだ

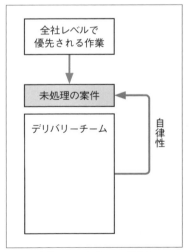

図6.5 全社レベルで優先される作業と、デリバリーチームが自主的に選ぶ作業とのバランス調整

　以上、我々の提案するアプローチを図示したのが図6.5である。デリバリーチームの作業は、全社レベルで優先扱いの作業と、チーム自身が選ぶ作業とで構成される。

□ 6.2.3.2　信頼関係

　チームへの権限委譲で主な障害となりがちなのが信頼の問題だ。ベルリンに拠点を置くヨーロッパの電子商取引会社Zalando（ザランド）で技術担当VPを務めるエリック・ボウマンも「信頼のないところに自律性はない」と述べている。「チームには自律性を与えています」との管理者の主張とは裏腹に、チームが始終社内のすべての部署から製品の審査と修正要請を受ける微細管理（またの名を「集団的生産管理」）を続けている会社を、我々もこれまでに幾度となく目撃してきた。チームに一任するということがどうしてもできない管理者がいるのだ。しかしたとえば「ページの閲覧回数をx％増やす」といった明確かつ測定可能な結果を出したいのであれば、そのためのソリューションを設計する自由をチームに与えるべきだ。自律性の保証は、チームメンバーの内発的動機づけとして有効なだけではない。チームが負っている責務の理解度ではチーム外の人間がメンバーにかなうはずもなく、そうしたチーム外の人間がチームに仕様書を突きつけるというのは、相当の推測や思い込みに基づいた行為と言えるだろう。

　これは大事なことだから、もう一度書く —— **ある製品なり機能なりを誰よりもよくわかっているのは、毎日その製品（機能）に関わる作業を進めている現場のチームだ。**上層部がそうしたチームに大局的な視点をもたせられれば、チームはそれを拠り所として適切な判断を下せるはずなのだ。

　そしてチームに自律性を与えたら、管理者はそれを損なわないようなやり取りを心がけなければならない。たとえばチームのところへ行って「どうしてこのやり方で機能を構築しているのか」「YではなくXをやった理由は？」などと尋ねる時、質問のしかたに気をつけないと、単なる質問のつもりが「詰問（命令）」と受け取られかねない。この点に関しては、パトリック・レンシオーニ著『あなたのチームは、機能してますか？』（伊豆原弓訳、翔泳社）が大変参考になる。

　次に、チームと管理者の信頼関係を強める上で有効な手法を紹介する。

・チームの作業の進捗状況と未処理案件の可視性を高める。これは、皆がアクセスできる作業トラッキングツールを使って、作業の進捗状況を漏れなく共有することで実現できる

- 全社的デモ会議に定期的に出席する。こうすれば管理者はチームの作業の進捗状況を常に把握していられる（詳細は第11章を参照）
- スタンドアップミーティング（毎朝、立ったまま短時間でチーム管理者に進捗状況を報告する簡単なミーティング）など、現況確認会議に出席する

　チームに自律性を与えたいと考えている管理者は、自分が介入する度合いと、チームに与える裁量の度合いとを天秤にかけ、2つの間でうまくバランスの取れる箇所を見出す必要がある。管理者の介入が許されるのは、チームが危険な道へ足を踏み入れつつあると強く感じた時だけだ。その場合でも管理者はチームと十分に話し合い、自分の提案する進路が正しいことを納得してもらわなければならない。

　もちろんチームの作業の成果に対しても注意を怠れない。たとえばチームが重要な機能を首尾よく仕上げられない状況が常態化しているのであれば、その理由を探るべくチームと話し合いたいと管理者が思って当然だ。ただし、どのような状況なら介入の根拠となり得るかも管理者は心得ていなければならない。そうでないと、チームとの信頼関係を損なう恐れがある。この文脈での経験則を紹介しておくと、「ロールバックや後日の修正が容易にできるものに関する作業はチームに任せ、注目度の高い機能の公開や、データの損失につながりかねないマイグレーションなど、絶対に失敗できない作業だけは管理者が主導権を握る」といった感じである。

　さじ加減が難しく容易ではないが、やる価値はある。

6.2.4　目的の明確化と成功度の測定

　人が企業の一員となる主な動機のひとつに「その企業の事業に参画することで目的意識をもてるから」というものがある。草創期には社員ひとりひとりが会社の使命達成に向けて重要な役割を担うため、目的意識は確固たるものとなる。だが、会社が成長拡大し職務が専門化するにつれて「自分の仕事が会社に影響を与えている」という実感が薄れ始める。この「目的意識」を薄れさせないことこそが、スケーリングの過程で生じる大きな課題のひとつなのである。

　デリバリーチームなら、全社レベルの目的にどう寄与するかを各メンバーにしっかりと把握させるため、目的意識の維持は「お手の物」だ。たとえば検索チームが順位付けのアルゴリズムに改良を加えて本番環境に移せば、直ちに「ユーザーの検索結果の向上」という明白な成果を生む。このようにデリバリーチームでは自分の作業が目に見える形

で即座に影響を及ぼすため、目的意識の維持が容易なのである。管理者は、チームの作業が全社レベルの成功にどう直結するかを明示することで、メンバーの目的意識を一層強化できる。

　ただし「成功が具体的にどういうことを意味するのか」は、一定レベルの自律性を保証されている自立型のチームでも把握しておく必要がある。これはチームの目標やKPI（Key Performance Indicator: 重要業績評価指標）で示せばよい。KPIは、会社の成功にどう寄与すればよいか、どのような指標に注目して作業を進めればよいかを、高い視点からチームメンバーに提示するものである。こうしたチームの目標やKPIを、全社レベルの目標と直結する形で提示できれば理想的だ。

☐ 6.2.4.1　成功度の測定

　成功の度合いは数値で示すのが一番簡単だ。具体的にはKPIを定期的に測定し分析する。たとえば目標として顧客エンゲージメントの向上と収益拡大を掲げた会社なら、各チームで全社レベルのKPIを優先度順にあげては「この目標には、うちのチームはどう貢献できるだろうか」と検討していく。ひとつのKPIの達成責任を1チームが単独で担うようなケースはまずないだろうが、とりあえず、あるチームが会社の製品の顧客エンゲージメントの向上に寄与する推薦機能を実現しようと考えて作業を進めていると想定しよう。この場合、「推薦機能による顧客エンゲージメントの向上」をこのチームのKPIにすれば、全社レベルの成功に自分たちがどう貢献するべきかを明確に定義できたことになる（ただしどの会社にも、サイトの可用性向上など、全社レベルの目標に直結させにくい職務はあるものだ）。次に、KPIの目標値を達成するべく進めた作業の結果をデプロイする際の指針を紹介しておこう。

　まずは全社レベルの目標とKPIを明確に定義し、周知徹底させる。次に、各チームにもそれぞれのKPIと目標を決めさせ、それが会社の目標に沿っていることを確認する。これで責任関係と当事者意識を明確にできる。こうしたKPIは（たとえば四半期に1回など）定期的にチェックし、優先順位が変わったらKPIにも調整を加える。さらにもうひとつ、覚えておきたいのは「プロジェクトに関連するKPIも時にはあり、プロジェクトは当然終了するものだから、その時にはKPIを更新する必要がある」という点だ。

　さらに、KPIを決める時には顧客のフィードバックも必ず考慮する。「顧客」には内部顧客も外部顧客も含まれる。たとえばあなたが代理店に勤めていて、顧客のためにウェブサイトを作っている場合、あなたのKPIを向上させるのはあなた自身ではなく顧客企業である可能性もあるし、B2Bでは、製品を購入する人は製品を使う人ではな

い。このため、まずは自分の顧客が誰なのかをきちんと把握しなければならない。把握できたとしても、顧客からのフィードバックはある程度割り引いて受け止める必要がある。通常、声高な顧客は典型的な顧客ではない。

また、KPIの拮抗についても注意が必要だ。たとえばあるチームは「製品の顧客エンゲージメントの向上」を、また別のチームは「広告の表示による収益化（マネタイズ）」をKPIにする、といったケース。広告を表示しすぎて顧客エンゲージメントが低下してしまうなど、2つのチームの目標が拮抗する恐れがあるのだ。そのため（管理層から適切な支援を受け）チーム間で密接に連絡を取り合いながら作業を円滑に進めたり、拮抗を避けるためKPIを変更したりといった対処が必須となる。

加えて、KPIの達成を給与と連動させることのないよう留意しなければならない。これをすると、KPIの拮抗に関連して発生した問題の解決が一層困難になる。そしてチームには必ず「KPIがすべてではない」と念押ししておこう。チームの作業にはKPIで定義できないものもある。

6.3　他社の参考事例

組織をスケールアップする際に有用な枠組みや手法は多数ある。小企業なら「本章で概説した5原則を守り、適切な組織文化を醸成する」という戦略が妥当だと我々は考えている（組織文化については第9章を参照）。とはいえ、企業規模に即した既存の枠組みを参照し、良いアイデアを借用するというのも、有効な手立てではあるだろう。ただ、エンジニアが150人までの規模の組織なら、大規模組織向けの大掛かりなアプローチはおそらく不要で、他社の事例のうち自社に適したものを採り入れればそれで十分だ。我々も他社の事例から多くを学んできた。その代表例を3つあげておこう。

- 組織内情報共有SNS Yammer（ヤマー）（https://www.yammer.com）の運営会社の事例。会社の規模が拡大するにつれて「エンジニアをひとり雇い入れることで得られていた生産性のわずかな伸びが、オーバーヘッド（新入社員教育や指示に要する手間）の増大により頭打ちの状態になってきた」ため、チームを細分化してフットワークを軽くしようとした。だが「チームを細分化したところで、コードを仕上げて本番環境に移すのを何らかの形で制限されるようなら、そんなチームは使い物にならない。組織のしがらみに縛られることなく仕事を進められるようなチームでなければな

らないのだ[*6]」。これは本書で我々が提言する「自立型のチーム」のコンセプトと合致する考え方だ

- 音楽ストリーミングサービスSpotify（https://www.spotify.com）を運営するスウェーデンのスポティファイ・テクノロジーの事例。会社が小規模だった頃はスクラムによるアジャイル開発を進めていたが、急成長期に入るとスクラム手法の一部が不適と感じられるようになった。そこで独自の手法（https://bit.ly/2VzG4qL）を編み出したが、これが今日に至るまでかなりの注目を集めてきた。同社ではチームに極力自律性を与え、チーム相互の依存性を排除する努力を重ねている。そしてチームのことを「分隊（スクウォッド）」と呼び、各スクウォッドは何をどう構築するかに対する責任を負っている。ただし同社では「チームに自律性を100%保証してしまうと、スケールのメリット（事業規模が拡大すればするほど単位当たりのコストが小さくなって競争上有利になるという効果）が失われる恐れがある」という点もきちんと押さえている。各スクウォッドが自律性を100%保証されて、相互にコミュニケーションを取り合わない状況では会社組織を維持する意味がない

- 民泊仲介サイトAirbnb（エアビーアンドビー）（https://www.airbnb.com）の事例。同社の経営理念の柱は「エンジニアは自分が行使する影響力に対して責任感と当事者意識をもつべし」というものだ。これを実践するため、同社のエンジニアは「すべてのプロジェクトで、目標設定、計画立案、ブレインストーミング」に参画する。また、チームは自立型で「主としてエンジニア、プロダクトマネージャー、デザイナー、データサイエンティストから成り、社内の他部署と連携する場合もある[*7]」。

6.4 まとめ

本章では組織設計の原則を5つ提案した。「デリバリーチームの構築」「自律性の確保」「目的の明確化」「継続的デリバリー」「継続的学習」である。これを実践すれば、組織が急成長しても遅れをとらず、自律性と目的意識により社員の内発的動機づけが促進される組織を構築できる。内発的動機づけの基軸となる3要素のひとつである熟達（マスタリー）につ

[*6] クリス・ゲイル著「従来型の技術系の組織構造はもはや死に体、とYammerが考えているワケ」（https://bit.ly/3egviOo）

[*7] マイク・カーティス著「Airbnbの技術部門の文化」（https://bit.ly/34vmcce）

いては第9章の「継続的な学習と改善」で詳しく説明する。

　次章では、組織設計の5原則の中でもとくに重要な「デリバリーチームの構築」の実践方法をさらに掘り下げる。

6.5　参考資料

- トニー・ウィルソン著「自立型チームの構築 —— 自律性 vs. 自動化)」(https://bit.ly/2gVXtYL)。チームに自律性を与えることと、チームの作業を自動化で反復可能にすることの大きな違いを解説している

- マーラ・ガッチョーク著「責任のなすり合いなど、縦割り組織の顕著な兆候」(https://bit.ly/2gVVVxM)。縦割り組織化の兆候について、本章にあげた以外のものも指摘している

- 振り返り（レトロスペクティブ）の詳細な実践法は、SoundCloudのサイトに掲載されているアレックスのブログ記事(https://bit.ly/2gVZXq2)を参照してほしい

- リーンソフトウェア開発の原則を知りたい人が手始めに読むべき優れた資料としては、メアリー・ポッペンディークとトム・ポッペンディークのウェブサイト(http://www.poppendieck.com)がある

第 7 章

組織のスケーリング —— デリバリーチーム

　前章では組織設計の基本原則を概説し、「デリバリーチーム（相互依存を極力減らして生産性を高めた自立型のチーム）」を柱とするチーム編成法を提案した。本章では、そうしたデリバリーチームを構築しようとする際に自社に最適な要員を特定するコツと、組織の拡大に応じて編成を適宜修正していくコツを紹介する。言い換えると、次の2つの疑問に答える形で議論を進めていく。

- 「デリバリーチーム」の実現に向けてチームをどう編成していけばよいのか
- デリバリーチームの規模が大きくなりすぎたり、焦点の当て所を変える必要が生じたりした場合、どう再編すればよいのか

7.1　デリバリーチーム編成の4通りのアプローチ

　組織に関する原則はどちらかというと抽象的なので、ここからは具体例をあげて説明していく。まず、こう仮定しよう。あなたは写真や身辺のニュースを友人と共有する顧客向けアプリを作ろうとしている。顧客が必要としているのはAndroidとiOSのアプリ、デスクトップとモバイルのウェブクライアントで、チームは現時点では比較的小規模だが、今後急成長が見込まれる。さて、どのような枠組みでデリバリーチームを編成すれば、このアプリを首尾よく顧客に届け、新機能の反復処理も効率よく進められるだろうか。

　まずは自分たちのチームに最適なトップレベルのアプローチを選定する必要がある。自社の現況をにらみつつ、次の4通りの焦点の当て方を比較検討してみてほしい。

プラットフォームに焦点を当てるアプローチ

　技術に対する理解を共有するデリバリーチームを構築する。たとえばiOSならiOSを専門とするエンジニアを全員同一チームにまとめ、技術面での理解を深め協働を促進する

機能に焦点を当てるアプローチ

主要な機能に対する深い（そしておそらくはクロスプラットフォームな）理解を共有するデリバリーチームを構築する

事業に焦点を当てるアプローチ

特定の事業目標に注力するデリバリーチームを構築する

顧客グループに焦点を当てるアプローチ

特定の顧客グループへの価値提供に注力するデリバリーチームを構築する

「4つとも必要だ！」と思った人もいるかもしれない。どのアプローチでもそれぞれに重要なコンセプトに照準を定めているから、もっともな反応ではある。だがチームの編成を検討する時には、どれかひとつを選ぶことで、そのアプローチを浮き彫りにする必要がある。どのみち資源面での制約で複数のアプローチを併用せざるを得ないだろうし、他のアプローチの利点を組み込むための別の手段もある。たとえば、上記の「技術に対する理解の共有」を柱とする「プラットフォーム」のアプローチを選び、「チャプター」や「ギルド」を活用する手法を併用して他のアプローチの利点も組み込む、といった具合だ。こうした手法の詳細は、後続の「7.4 デリバリーチームに付き物のリスク」を参照してほしい。

7.1.1　プラットフォームに即した最適化

プラットフォームに焦点を当てるアプローチでは、iOS、Android、ウェブといったユーザー向けプラットフォームごとにデリバリーチームを作る。その狙いは、他のプラットフォームへの依存を極力減らしてイテレーションの速度を極力上げることである（図7.1 を参照）。

まずはプラットフォームごとに1チームずつ作るところから始めるが、この時忘れてはならないのは、各チームが「デリバリーチーム」となる編成を心がけることと、必要に応じてバックエンドの職能も含めることだ。続いてバックエンドのチーム構成を決めるが、この時検討するべきなのは、バックエンドのどの部分を専門のデリバリーチームに任せ、どの部分を総合バックエンドチーム（図7.1 では「API」としたチーム）に任せるかである。好例は「検索」で、バックエンドチームの規模と全社レベルの優先順位次第で、

総合バックエンドチームに任せたほうがよい場合もあれば、図7.1のように専門のバックエンドチームに任せたほうがよい場合もある。

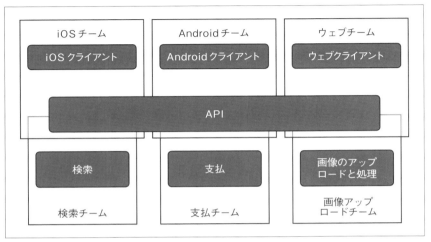

図7.1　「プラットフォーム」のアプローチにおけるデリバリーチームの（簡略化した）編成

　プラットフォームに基づいてチームを編成するというのは、4つのアプローチの中でもっとも直感的な方法であるため、もっとも実現しやすいかもしれない。最大の効果が見込めるのは（エンジニアが40人までの）比較的小規模な組織で、関連するスキルセットをもつ要員をひとつにまとめることから、ペアを組むのが容易な上に、各プラットフォームに特有の知識を共有できる。また、特定のクライアントの担当者全員が同一のチームに属するので、機能間の一貫性も、プラットフォームそのものとの一貫性も確保できる（後者の例をあげると、たとえばiOSアプリのような見た目や振る舞いのAndroidアプリを作ってしまうといった事態を回避できる）。

　一方、このアプローチの弱点はスケールアップの難しさだ。プラットフォームごとに1チームずつしか作れないため、チームを増員していって定員（大抵の会社の上限は7人から9人）を超えてしまうと、チームの分割を迫られる。分割すると同一のプラットフォームを2チームで担当する形になるので、それぞれのチームの担当作業を明確に分けなければならない。また、ある機能をすべてのプラットフォームでほぼ同時に公開したい時には、複数チームの優先順位とスケジュールを同期させる作業もこなさなければならない。

7.1.2 機能に即した最適化

　機能に焦点を当てるアプローチでは、対象製品の主要機能ひとつにつき1チームずつ、対象のプラットフォームすべてにわたって責任を負うデリバリーチームを作る。各機能の担当チームに必要な数のエンジニアがすべて揃って、各プラットフォームに必要なスキルセットが完備したら、この編成が整ったと言える。それまでは各プラットフォームの専門チームを存続させざるを得ないだろう（図7.2を参照）。

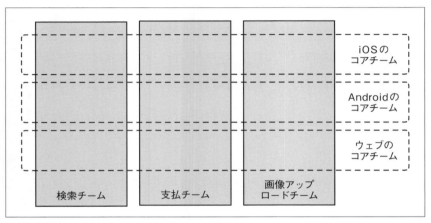

図7.2　「機能」のアプローチにおけるデリバリーチームの編成

　先程から具体例としてあげている写真共有アプリで、たとえばクロスプラットフォームの主要機能が「画像アップロード」「支払」「検索」だとすると、それぞれの領域に焦点を当てる機能デリバリーチームを1チームずつ、合計で3チーム作る。ただし各プラットフォームの「中核チーム」は存続させ、これに機能専門チームが扱わない他のすべての作業を任せ、さらに全チームの足並みを揃える職務も担当させる。

　この「機能」のアプローチを使えば、対象となるすべてのプラットフォームでほぼ同時に機能を公開することが容易になり、チームの作業成果を真のユーザーバリューときめ細かく強固に結びつけられ、しかも、チームが一定規模に達してから（プラットフォームの担当チームが大きくなりすぎて分割を迫られてから）のチーム編成も難なくできる。加えて、対象となるすべてのプラットフォームで同一機能の一貫性を保てるため、ユーザーはどのプラットフォームからアクセスしても最良のユーザーエクスペリエンスを得られる。

　一方、このアプローチの弱点は、時として維持管理が非常に難しくなることだ。とくにエンジニア不足で各機能チームに十分な要員を配置できていない場合がそれに当たる。たとえば、人員が不足しているチームのエンジニアが他チームへ移って、元のチームの不具合を誰が修正するのかという問題が生じる、などだ。全チームの要員を十分満たす上で必要な人数を軽く見てはならない。現にこのアプローチに切り替えたことでエンジニアが総勢100人にもなった企業を我々は知っている。よくあるのが「初回のイテレーションを担当したのは各機能チームのウェブエンジニアだけだったが、のちに作業規模が拡大したためモバイルエンジニアを追加投入した」というケースだ。また、このアプローチでは機能チーム間のコミュニケーションや調整が取りづらいので、他のアプローチと比べるとクライアントプラットフォーム間での一貫性を確保しにくい（たとえば写真編集のUIとソーシャルコネクションのUIの見た目が大きく違ってしまう、など）。

　大抵の機能チームで、エンジニアは主要なプラットフォームひとつにつき最低でもひとりは必要だ。ただ、エンジニアがひとりきりだと、そのエンジニアがいなくなった場合、代役が見つかるまではチームの生産性が大幅に低下してしまう。そのためチームの定員は、必要最低限の頭数の倍を超えず、「単独の管理者で行き届いた管理が可能な人数」と考えればよいだろう。ただし会社の規模が小さいと、すべての主要機能について1チームずつ作ることは無理かもしれない。

7.1.3　事業目標に即した最適化

　事業目標に焦点を当てるアプローチでは、会社が重視する目標に沿ってデリバリーチームを編成し、そうした目標の遂行に注力させる（図7.3）。達成目標はどの会社にもあるもので、通常はそれをトップレベルのKPI（Key Performance Indicator: 重要業績評価指標）の形で定義している。たとえば目標のひとつが顧客エンゲージメント（製品提供企業と顧客の間の信頼関係）であれば、その向上に注力する自立型のチームを作る。ここでも具体例の写真共有アプリを使って説明しよう。たとえばこのアプリの運営会社が「収益」「1日のアクティブ・アップローダー数（DAU: daily active uploader）」「1日のシェア数」を主要目標として掲げ、各目標の達成責任を担うデリバリーチームをひとつずつ作ったとする。ここでも、すぐ前の節で紹介した機能チームの場合と同様に、全社レベルの主要なKPIに直結しない他のすべての作業を担当する「コアチーム」が必要になる。社員の数が足りず、このコアチームに要員を回せない場合は、主要なKPIと無関係な作業もなんとか既存のデリバリーチームでこなさなければならないが、そうな

るとデリバリーチームが本務に集中できなくなる恐れが出てくる。

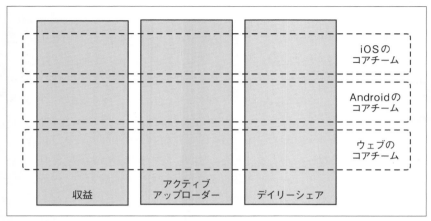

図7.3 「事業目標」のアプローチにおけるデリバリーチームの編成

　このアプローチの利点は、全社レベルの目標に各チームがどう貢献するべきかを明確にできることだ。また、チームがプラットフォーム固有の優先順位に縛られないという利点もある。

　一方、弱点は、コアチームのメンバーが全社レベルの目標達成に貢献できていないと感じる恐れがあることだ。この問題は「機能」のアプローチでも生じ得るが、その程度は「事業目標」のアプローチのほうが深刻だ（「機能」アプローチのチームには達成するべき「チームの目標」がある）。また、「事業目標」のアプローチでは、すべてのチームが同じコードに手を加える可能性があるため、コンフリクトが生じる確率が高まる。さらに、そもそもチームに要求される知識や技術のすべてに精通したエキスパートチームを育て上げるのは容易なことではないが、「事業目標」のアプローチでは各デリバリーチームが全社レベルのスタックのすべての部分を扱う可能性があるため、必要なスキルセットを揃えることが一層難しくなる、という弱点もある。

　加えて、このアプローチは単独ではスケールアップも難しい。前述のとおり「プラットフォーム」のアプローチでもスケールアップは難しいが、「事業目標」のアプローチの場合、全社レベルのKPIひとつにつき1チームという編成であることから、チームの拡充を重ねていくと、やがてはチーム分割の必要性に迫られ、新設したチームにはまた別のアプローチを使わなければならない。

7.1.4 顧客グループに即した最適化

　顧客に焦点を当てるアプローチの狙いは「特定の顧客グループ向けの複数の機能を、他チームに依存せずに開発すること」だ。したがって、自社製品の主要な顧客グループを特定し、そのグループを柱にしてデリバリーチームを編成する。具体例の写真共有アプリで言えば、その運営会社が特定した主要な顧客グループがたとえば「ビューアー（アップロードされた写真を見て楽しむユーザー）」「アップローダー」「キュレーター（インターネット上で写真を収集、整理、共有するユーザー）」の3つだとすると、それぞれの顧客グループのための価値創出に注力するチームをひとつずつ作る。このアプローチでも、コアチームを全体でひとつ作るか、もしくは本来ならコアチームに担わせる責任を「顧客グループ」チームの間で分担させる（図7.4を参照）。

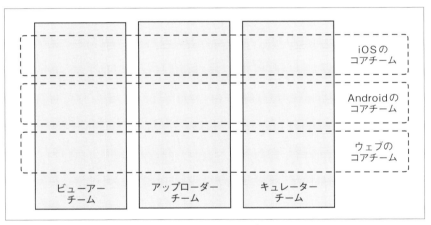

図7.4　「顧客グループ」のアプローチにおけるデリバリーチームの編成

　このアプローチの利点は、各チームが対象の顧客グループにいかに価値を届けるかを明確にできることと、時の経過とともに担当する顧客グループのニーズに対するチームの理解が深まっていくことである。

　とはいえ、このアプローチにも弱点はある。顧客グループごとに1チームしか作れないため、ここでもスケールアップが難しい。たとえば具体例で、それぞれ「ビューアー」「アップローダー」「キュレーター」を担当する3つの「顧客グループ」チームとひとつのコアチームのほかに、もうひとつ、「リーダー」を担当するチームもあるとしよう。そしてこの「リーダー」チームのメンバーが9人を超えたため2分割する必要が生じたら、

新たに誕生する6番目のチームには「顧客グループ」以外のアプローチのいずれかを応用せざるを得ない（結果的に2種類のアプローチを併用する形になる）。そしてこの場合は6つのチームについて、それぞれ必要最低限のエンジニアの数を見極めなければならない。こうした場面でよく採られる手法は「顧客グループ担当チームに十分な要員を配置できるよう、当面はコアチームを作らない」というものだ。

　以上4通りのアプローチのどれが最適かを企業の規模だけに基づいてアドバイスすることは不可能だ。企業は千差万別なのだから、ある企業にぴったりなアプローチでも、また別の企業には適さないかもしれない。従ってまずは自社に最適だろうと思えるアプローチに目を向け、上で紹介した利点も弱点もひっくるめて慎重に検討してみてほしい。我々がこれまでに見聞きした限りでも、全チームを単独のアプローチで編成している会社はめったにない。通常は複数のアプローチを併用する必要がある。たとえば「機能」のアプローチを使ってチームを編成したものの、必要な数のエンジニアが揃わないプラットフォームが複数あるため、そのプラットフォームのケイパビリティが提供できていない機能チームがある、といった状況がこれに当たる。十分な数のエンジニアを養成もしくは採用してすべての機能チームに配属できるまでは、各プラットフォームの専門チームを存続させざるを得ないだろう。こうした移行措置の詳細は第8章を参照してほしい。

　もうひとつ、よくあるのが「チーム編成の主要なアプローチは『機能』または『プラットフォーム』だが、『事業目標』チームもひとつか2つ作って、それを全チームの最上層に配置する」というパターンだ。たとえば「事業拡大」チームを複数創設して、既存チームの焦点の当て所を変えることなくユーザーベースの拡大を強調する、という手法は多くの企業が採用している。

7.2　バリューストリームマッピング

　前節ではチーム編成の4通りのアプローチを紹介した。この中から自社に最適と思えるものをひとつ選んだ上で、デリバリーチームを実際にどう構築するべきかを見極める際に有用なのが「VSM（Value Stream Mapping）」という手法である。本書の文脈で言うと、バリューストリームを形作るのは、ひとつのアイデアに肉付けをして顧客に提供するプロセスの全要素 —— 具体的にはアイデアの創出、要件の記述、デザインの作成、実装、テスト、デプロイ（本番環境へ移行）などのステップ —— であり、こうしたス

テップを特定、分析し、ステップ間でどのようなコミュニケーションが必要なのかを詳述するための手法がVSM、ということになる。

　具体例を使って説明しよう。あなたの会社で、検索機能を改善する必要があると上層部が判断し、プロダクトマネージャーにその実行を命じる。プロダクトマネージャーは企画書を書き上げ、それを持って再度上層部のところへ行き「お望みの作業はこれでよろしいですか」とお伺いを立てる。上層部の了承が得られると、プロダクトマネージャーは企画書をデザイナーのところへ持って行き、デザインを依頼。デザイナーはプロトタイプを作り、それを技術部門に渡す。技術部門では作業スケジュールを組み、仕様書に基づいて実装に着手し、やがて検索機能の改善が完了する。こんなプロセスでは相当な時間とコミュニケーションが必要だろう。

　こうしたプロセスを可視化するためのツールがVSMで、特定のプロセスの始めから終わりまで全体を構成するステップをひとつひとつ特定していく。通常、かなり大変な作業になるが、これをやり遂げれば、たとえば「これらの機能を顧客に届けるためには、この8つのステップをこなさなければならない」といった結果が得られる。その一例が前章（第6章）の図6.2で、これは、あるプロセスに必要なコミュニケーションと効率を浮き彫りにしたバリューストリームである。

　ちなみに、同じモデルの車を何台も繰り返し製造する場合などと違って、ソフトウェアの機能はひとつひとつ異なるのだから、本当に例外なくVSMが有効と言い切れるのか、という疑問の声もないわけではない（たとえば「VSMはソフトウェア開発でも有効か？」https://bit.ly/2gW4icRを参照）。だが、とにかくソフトウェア製品の開発プロセスに関してもVSMを応用すれば全体の構成（マクロレベル）を明らかにすることはできる。その過程を本書のためにフィル・カルサードがSoundCloud（サウンドクラウド）に所属していた時の実例を使って明確に解説してくれたので以下に紹介する。

SoundCloudにおけるVSMの活用例 —— フィル・カルサードの体験談

私がSoundCloudに入社した当時の最重要プロジェクトは、同社のウェブサイトの大がかりな改良だった。このサイトは社員の間では「V2」と呼ばれていた。
作業を担当していたのはバックエンドチームとウェブチームだったが、どちらも他部署からは隔絶し孤立していた（オフィスでさえ、ベルリン市内の端と端にある別々のビルに入っていた）。チーム間の主なコミュニケーションツールは課題トラッカーとチャットアプリで、どちらのチームのどのメンバーに「開発プロセスはどんな具合に進められて

いるんですか？」と訊いてみても、だいたい次のような答えが返ってきた。

1. 誰かがある機能を思いつく。何人かで簡略な仕様を書き、モックアップを作る。完成したらチームで話し合う
2. デザイナーがユーザー体験を重視したデザインを練り上げる
3. コードを書く
4. 簡単なテストをしてデプロイ（本番環境へ移行）

だがチームの面々はなぜかひどくフラストレーションを溜め込んでいる様子で、エンジニアやデザイナーが「過労だ」とこぼす一方、プロダクトマネージャーや連携先のチームは「期限が守られた試しがない」とぼやいていた。ほぼその頃だったが、日々の作業の中で自然に形作られてきたプロセスが今どんな具合になっているのか、正確に把握しようということになった。

その際非常に役立ち、それ以降も同様の状況で大層重宝してきたツールのひとつが「バリューストリームマップ」である（図7.5）。

結局それを駆使する手法を採用し、さまざまなエンジニアに略式なインタビューをすると同時に複数の自動化システムからデータを集めてバリューストリームマップを作成し、チームのプロセスの実態を明らかにすることができたわけだが、それはみんなが思い描いていたのとは似ても似つかぬものだった。

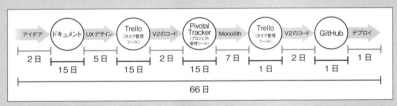

図7.5　最初に明らかになったチームのバリューストリーム

この実際の作業フローを言葉で表現すると次のようになる。

1. 誰かがある機能を思いつく。何人かでごく簡略な仕様を書き、画面のモックアップも作って、ドキュメントとして保存する
2. 仕様書とモックアップはドキュメントの形で保存されたまま、それに取り掛かる時間が誰かにできるまで待機させられる
3. （時間のできた）ごく小規模なデザインチームが仕様書に基づいてユーザー体験を重視したデザインを練り上げ、それを課題トラッカーに新たなカードとして追加する（この課題トラッカーの責任はウェブチームが負っている）

4. そのカードはしばらくの間（最短でも1イテレーションに当たる2週間）待機させられ、その後、どのエンジニアがそれを選択し担当してもかまわない決まりになっていた

5. そのカードを選択したエンジニアが作業を開始し、疑似データや静的なデータを使ってデザインをブラウザベースのしかるべきエクスペリエンスに変換したのち、このエクスペリエンスを実装するのに必要なバックエンドでの変更を書き出す。そしてそれを、バックエンドチームが使っているまた別の課題トラッカーに新たなカードとして追加する

6. そのカードもしばらくそのまま待機させられ、その後バックエンドチームの誰がそれを見てもかまわない決まりになっていた（ここでもまた1イテレーションに当たる2週間待機させられるケースが多かった）

7. そのカードを選んだバックエンドチームのメンバーがコードを書き、統合テストを行い、ほかにその機能を本番環境へ移すのに必要な作業をすべて完了する。次いでウェブツールにあるその課題についての情報を更新し、自分たちの作業が完了したことをウェブチームに知らせる

8. 更新された課題はまたしばらくの間バックログにとどまり、ウェブチームのエンジニアが、バックエンドの作業が終わるのを待っている間に始めた作業を完了するのを待つ

9. 続いてウェブチームの開発者が、クライアント側のコードを完成させ、テストし、バックエンドチームの実装内容に不具合があれば修正し、「デプロイOK」の許可を出す

10. デプロイはリスクを伴う上に時間もかかり、作業負荷も大きいため、バックエンドチームはmasterブランチにいくつかの機能の作業成果が貯まるまでは移行作業に着手しない。これはつまり、ひとつの機能がソースコントロールシステムに2、3日間とどまるということで、コードのまったく無関係な部分の問題が原因でロールバックされることもかなり頻繁にあった

11. やがてその機能が本番環境で公開される日がようやく来る

こんなプロセスでは、ステップ間での指示や確認、代案についての擦り合せが山ほど必要だ。所要時間を合算すると、ひとつの機能を本番環境に移行するのに2ヵ月はかかる。もっと悪いのは、その2ヵ月間の半分以上がただの待機時間（たとえば、進行中の作業の一部が、あるエンジニアの手が空くのをただ待っている時間）にすぎない点だ。容易に実行できる自明な解決策として、アジャイルのリリーストレインのアプローチを使って毎日デプロイするという手法もあったが、我々の抱えていた大問題は明らかに「フロントエンドとバックエンドでキャッチボール式に作業を進めていく開発方法」であって、皆がそれを承知していながら見て見ぬ振りをしていた。技術部門がひとつの機能に費

やす47日間のうち、実際に作業をするのはわずか11日で、残りは待ち行列に入って無駄に過ごす待機時間にすぎなかったのである。

そこで、ある対策を講じることにした。「バックエンドの開発者とフロントエンドの開発者にペアを組ませ、そのペアにひとつの機能を完成まで専門で担当させる」というものだったが、これがチームで議論を巻き起こした。フロントエンドのエンジニアが11名いるのに対し、バックエンドのエンジニアは8名しかいなかったので、フロントエンドの開発者に事前に極力多くの作業をやらせて、バックエンドの開発者がひとつの機能に費やす時間を極力減らさなければならないことが見込まれたからだ。直感的とも言える対策ではあったが、このプロセスをVSMで検討してみたところ、非生産的でかえって逆効果との結果が出た。フロントエンドとバックエンドの「キャッチボール」を減らす努力をしても、作業の成果を本番環境へ移すまでにまだまだ大量の待ち時間があったのだ！
だがまあとにかくバックエンドの開発者とフロントエンドの開発者にペアを組ませるアプローチを一部分のステップに試し、その結果を見て、そのうち他のステップにも応用してみようということになった。その結果が図7.6のフローである。

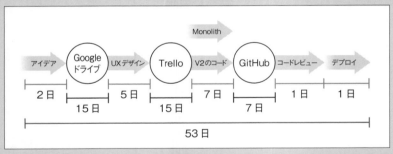

図7.6　初回の改善後のバリューストリーム

この初回の改善で、ひとりがひとつの機能に費やす労力はかえって増えてしまったが、そんなことよりも、皆が同時並行でそれぞれに作業を進めたおかげで以前よりプロセス全体の所要時間をかなり短縮できたことのほうが重要だった。
このように大きな成果が上がったので、このアプローチを他のステップにも試してみることにした。そして一番最初の「アイデア（創出）」の段階でデザイナー、プロダクトマネージャー、フロントエンドの開発者を連携させたところ、所要時間をさらに短縮できた（図7.7）。

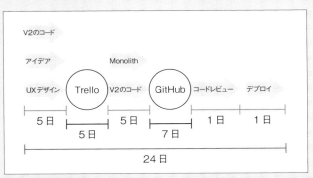

図7.7 最終的なバリューストリーム

補足（アレックスより）

これだけの改善を成し遂げた後も、SoundCloudのUXデザインチームは相変わらず他部署から隔絶され、作業フローに完全には組み込まれていなかった。そのため、製品、デザイン、技術の各部門の足並みが乱れる危険性も、工程の所要時間にまつわる問題も、資源浪費の問題も、依然払拭できずにいた。このケースの次なる合理的な対策は「ひとつの製品に対して全責任を負うデリバリーチームをひとつ作って組織の改善を図る」というものであった。

上のストーリーは、既存のプロセスをVSMでいかに改善できるかを示している。次の節では、このように問題をはらんだプロセスをそもそも最初から予防するためのコツやノウハウを提案する。

7.3 初めてのチームの分割

まだ会社の規模が小さいうちは、チームはひとつしか存在せず、その編成も大抵は「デリバリーチーム」の条件を満たす形になっている。メンバー全員が同じひとつの部屋で机を並べて作業を進め、幹部が下す決定の影響はすぐさま全社に及ぶ。だがやがてこなすべき仕事の量が増えて増員を図り、これがコミュニケーションや調整のオーバーヘッドを招いて、1チーム体制では身動きがとれなくなってくる。そこでチームを分割せざるを得なくなるわけだが、この節ではこうしてチームを初めて分割する際のコツを解説する。

7.3.1 創業チーム

　図7.8は創業チームを想定して図示したもので、対象製品のバリューストリームに関与する人物を漏れなくあげている（ただし複数の役割を兼務する可能性もあるので、職位だけでなく職務も使った）。

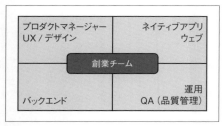

図7.8　創業時のデリバリーチーム

7.3.2 最初の分割

　次の図7.9は、理想的なチーム1とチーム2を表したものだ。本来、創業チームの分割は完璧なチーム2を作るのに必要なスキルセットがすべて揃った時点で行う。

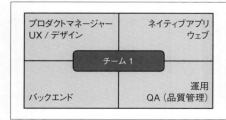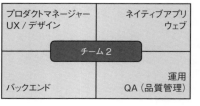

図7.9　初めての分割で生まれた2つの理想的なデリバリーチーム

　こうした理想的なチーム構成は、どの程度の確率で実現できるのか。残念ながらその答えは「ごくまれ」でしかない。通常、理想的なチーム2を作るのに必要なスキルセットが揃わないうちにチーム分割の必要性が生じてしまうのだ。たとえば「UXの担当者がひとりしかいないのに、1チームとしては多すぎる数のエンジニアとプロダクトマネージャーがいるため、チーム2を作らざるを得なくなった」というケース。こうして2チー

ム体制になった場合、UX担当者は2チームを掛け持ちするほかない。不完全なチーム構成ではあるが、往々にしてやむを得ない移行措置なのだ。既存メンバーだけでは完璧なチーム分割は無理だが、とりあえずチームを分け、その後徐々に「デリバリーチーム」と呼べる態勢に整えていく。このように、適任者が採用できるまでは、ある職務の担当者が両チームの責任を負うなどして乗り切らなければならないのが常、と言っても過言ではない。

　こうした移行段階を図示したのが図7.10である。

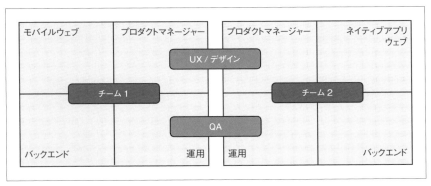

図7.10　移行期の不完全な2チーム体制

　これは恒久的なものではなく、あくまで臨時の態勢とみなす必要がある。2チーム掛け持ちとなった担当者の負担もさることながら、会社のリスクも増大するからだ。掛け持ちの担当者が他社への移籍を決めたり、健康上の理由などで休んだりすれば、どちらのチームも打撃を受ける。2チーム掛け持ちの担当者がいるというのは、どちらのチームも同じ単一障害点(SPOF: single point of failure。その1箇所がうまく機能しないとシステム全体が障害に陥ってしまうような箇所)を抱えた状況にほかならない。また、待ち時間が増し、新たな作業の成果をデプロイする際の所要時間も増大する。

　この「2チーム掛け持ちの担当者」を失った場合のリスクはとくに大きい。特定の職務の担当者がひとりしかいなければ知識の共有ができず、したがってその職務を新たに担った者は基本的にゼロから仕事を覚えなければならないからだ。

7.4 デリバリーチームに付き物のリスク

　自立型チームを柱にした編成に付き物のリスクは2つある。チーム間のコラボレーションが不足する可能性と、「スケールメリット(規模拡大で得られる効果)」が見込めなくなる可能性だ。　チームの足並みが乱れると誤解や行き違いが起こりやすくなる。たとえばユーザー対応のウェブサイトを担当している2つのチームが、デザインやUXで互いにコンフリクトを起こす手法を実装してしまう、といった状況だ。一方、スケールメリットが見込めなくなる要因は、知識共有の不備である。同じ会社に属するチームはとかく似たような問題に直面しがちだが、知識の共有が徹底していないと問題解決の好機を逃しかねない。この節では以上2通りのリスクを回避するヒントを紹介するが、「デリバリーチームによる編成で作業速度は最適化できる反面、ある程度の作業の重複は避けられないなど問題も皆無ではない」という点は認識しておいてほしい。

　こうしたリスクを軽減する取り組みの好例として、Spotifyの事例を紹介しよう。同社では「チャプター」と「ギルド」というグループを作って対処している(図7.11)。

- 「チャプター」とは「同じようなスキルをもち、そのスキルを同じ総合的適性領域(general competency area)で駆使している人々が作っている小さな家族のような集まり」である。たとえば「ウェブ開発チャプター」では、ウェブエンジニアが定期的に顔を合わせ共通の課題やアプローチについて話し合っている
- 「ギルド」とは「より本質的で広範囲にわたる『関心共同体(共通の関心をもつ人々が作っているコミュニティ)』、つまり知識やツール、コード、プラクティスを共有したい人々の集まり」である。たとえば「テスターギルド」は、テストに関心のある社員が組織を横断する形で作っている

　ただ、知識共有の不備によりスケールメリットが減じられるリスクは、Spotifyのようにわざわざ専門のグループを作らなくても、より簡便な形でも回避できる。たとえばデザイナーが(可能であれば)同じひとつの部屋に集まって、1日なり1週間なり時間をかけてデザイン上のアプローチを統一する、といったやり方だ。

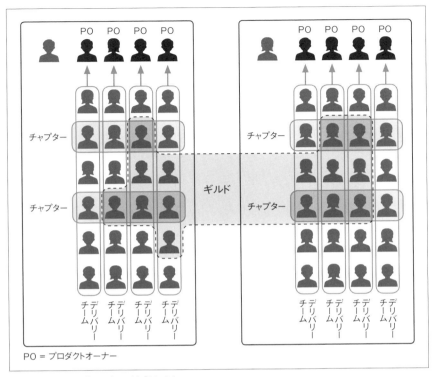

図7.11　Spotifyの「チャプター」と「ギルド」

7.5　依存度の低減

デリバリーチームの実現を目指す際に外せないのが、チーム間の依存度を低減して各チームの作業効率を高めることである。そのコツを3つ紹介しておこう。

7.5.1　平均サイクルタイムを算出

デリバリーチームの平均サイクルタイムとは、「製品ストーリーへの着手」から「本番環境への移行」までの平均所要時間のことである。簡便な手法としては、製品ストーリーに着手した日時と、本番環境へ移行した日時をメモしておき、それをスプレッドシートに記録して、イテレーションを2、3回こなしたところでサイクルタイムの平均を

算出する、というものがあげられる。重要なのは個々の数字よりもむしろ平均サイクルタイムの変動だ。増えてきたら、それは製品ストーリーを肉付けして本番環境へ移行するための所要時間が長くなりつつあるということで、相互依存性など、背景にある理由を探る必要がある。

7.5.2　VSMを活用した振り返り

　すでに「7.2　バリューストリームマッピング」で解説したように、「VSM（Value Stream Mapping）」では、製品を顧客に届けるプロセスのステップをひとつひとつ検討し特定していく。ルイス・ゴンサウベスは『アジャイルの振り返りでしかるべき効果を得るコツ』（https://bit.ly/34sbQtw）で、VSMを活用した振り返りの手法として「すべてのイテレーションで常にVSMを実践し、チームメンバーひとりひとりが休止時間と遊休時間を漏れなく記録し、それを振り返りで検討して、作業停止や遅れの背後にある理由を掘り下げるとことを推奨している。

7.5.3　より簡便な振り返り

　前節で紹介した「すべてのイテレーションで常にVSMを実践し、そのデータに基づいて組織的な振り返りを行う」という手法の代わりに、幹部がチームの振り返りに時折参加し、適宜判断を下すだけで十分、というケースもあり得る。たとえば、作業の中でも重要な項目ひとつひとつについて、デリバリーチーム外のスタッフと連携した場合、それがどんな種類のものであったかを記録させ、後日幹部がチームの振り返りに参加した際にそのすべてに目を通し、外部と連携したことの適否と、チーム編成を修正する必要性とを検討する。具体例をあげると、法務部のスタッフとごく短期間、連携した場合、これは妥当だと判断し（法務部の人間がデリバリーチームに常駐する必要のある会社はめったにない）、3回の振り返りで連続して「マーケティング部門との大幅な連携」が明らかになった場合、マーケティング部門のスタッフをデリバリーチームに常駐させる選択肢を検討するべきと判断する、といった具合である。

7.6 まとめ

本章ではデリバリーチームを柱とする編成を実現するコツを紹介した。とくに重点を置いたのが、デリバリーチームを自社に最適な形で編成するための4つのアプローチと、チーム間の相互依存を増大させることなくチームを分割する方法である。これらを実践すれば、組織の拡大に遅れを取らずにチームを拡充、再編できるはずだ（ただしチーム拡大に伴う変化を定期的に把握し、必要な措置を講ずることは必須である）。次章では、人事管理と組織に関する章（第4章から第7章まで）で紹介したアプローチを併用して社内の報告体制を構築するノウハウを提案する。

7.7 参考資料

- ルイス・ゴンサウベス著「振り返りのためにVSMでデータを収集するコツ」(https://bit.ly/2gVZ8xd)。アジャイルの振り返りにVSMを活用し、チームの作業プロセスを最適化するノウハウを紹介している

- チャラン・アトレーヤ著「ソフトウェア工学におけるVSMの利点」(https://bit.ly/2gVZwvF)。チームのバリューストリームを正確に把握するコツを、対話形式で紹介している

第 8 章

組織のスケーリング —— 報告体制

　人事管理のスケーリングに焦点を当てた第4章と第5章では管理候補の適任者を特定、養成するコツを、また、組織のスケーリングに焦点を当てた第6章と第7章ではチーム編成の基本的なアプローチを、それぞれ紹介した。本章では、そうしたコツやアプローチを組み合わせて、誰が誰の上司となり部下となるのか（つまり「社内の報告体制」）を決める際のノウハウを提案する。

　スケーリングがらみの問題を我々著者が目撃（経験）した機会がもっとも多かったのは当然ながら技術部門においてである。そのため、ここでは主として技術部門の事例や解決法を紹介しているが、デザインや製品管理など他の製品開発部門にも同じように応用できるはずである。

8.1　最初の報告体制

　次のような状況を思い浮かべてみてほしい。あなたはエンジニアリング担当バイスプレジデント（VP）として小規模なスタートアップに採用され、直属の部下として約20人の技術者を管理することになった。この報告体制の概略を図示すると、図8.1のようになる。

　だがすぐにあなたはこの体制では長続きしないことを悟る。こんな体制では「技術部門を効率よく統率すると同時に、部下の成長を促すための支援や指導も欠かさず行う」という職責は到底果たせない。有効な人事管理が可能な報告体制に改変するべき潮時がすでに来ているのだ（有効な人事管理はチームのスケーラビリティには重要で、その詳細な理由は第4章と第5章を参照してほしい）。

　とはいえ、報告体制を構築しようとする際の選択肢は決して少なくない。ここでは仮に、技術部門の管理者候補として有望なエンジニアを2人見つけたとしよう。この2人に、それぞれどのエンジニアを部下として付ければよいのか。それを決める際に判断基準とするべきなのは専門領域の知識か、製品の機能か、全社レベルの目標か、それともほかの何かか。こうした種々の選択肢については、のちほど詳しく説明する。

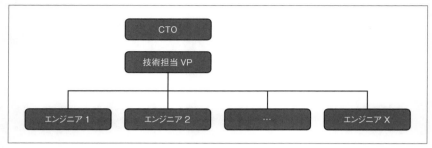

図8.1　最初の報告体制

　報告体制の構築法の選択肢があまりにも多いので草創期にピラミッド型の階層構造を導入せず「フラットな組織」の体制を維持してきた、というチームのリーダーを、我々は大勢見てきた。だがそうしたフラットな組織ではどうしてもさまざまな問題が生じてくる（その事例と原因は第4章を参照）。

　中には、報告体制をどう決めたらよいのか見当もつかず、CTOがひとりで70人ものエンジニアを束ねていた、という会社もあった。同社のエンジニアが年に1度の勤務評価で受けるフィードバックは、なんと「君に関してはマイナスのことを何ひとつ耳にしないから、2％の昇給だ」というものだった。これでは悲惨としか言いようがない。急にメキメキ腕を上げ、他社へ移ったほうがよっぽど稼げるからと辞めていく者も出てくる。あとのみんなはと言うと、実力が横這いであるにもかかわらず昇給の扱いを受け、本人の身になるようなフィードバックは一切得られない。通常、この手の組織で管理者の耳に届くニュースは、華々しい手柄か、そうでなければ悲惨な失敗ぐらいなのだ。

　こうして勤務状態についてのフィードバックが得られない状態が長く続けば続くほど、その社員が辞めていく確率も高まっていく。70人もの直属の部下をたったひとりで管理しなければならない上司が、部下ひとりひとりとキャリアについて語る余裕などあるはずがない。やがて、ひとり、またひとりと辞めていき、退職者面接で「ここではキャリアアップの可能性が見えない」と理由を明かす。キャリアパスを規定している会社も少なくはないが、それについて部下と話し合う上司などひとりもいないのだ。

　直属の部下が20人から30人のレベルでも、たとえばそのひとりひとりと隔週で1対1をするのであれば、管理者は週の約半分はそれに費やさなければならない。これではさらなる指導（フォローアップなど）に費やせる時間がほとんど残らない。

8.1.1 部下の妥当な人数は?

上の事例のような、あまりにも「幅広」な報告体制は避けるべきだが、同様に、狭すぎる報告体制も避ける必要がある。たとえば「AさんとBさん、2人のエンジニアだけから成るチームで、AさんはBさんの直属の上司」のような報告体制では、不要な階級の付け足しとしか思えない。では、以上2つの両極端の間に、最良の結果が得られる「スイートスポット」があるのか。

管理者ひとり当たりの直属の部下の目標数は、さまざまな会社がさまざまに規定している。我々もここで「推奨人数」をあげるつもりはない。あらゆる状況に応用できる最適な人数などあり得ないと考えているからだ。ただし「自チームにとって最適な人数」を見極める際に判断材料とするべき要素は次にあげるものなど、多数ある。

- 管理者の経験と資質のレベル
- チームの個々のメンバーの総合的な成熟度
- (管理者以外に)チームメンバーの先頭に立って作業を推進できる強力なリーダーの存在
- チームの管理者が日常レベルでプロジェクト管理の責任を負っているか否か
- 管理者がこなさなければならない顧客とのやり取りの量
- 技術面での貢献や新入社員研修プログラム（オンボーディング）の実施など、管理者が担っている他の職責

なお、第4章の「4.1.2.1 フォーマルな管理体制の必要性を示唆する兆候」も参照してほしい。そこでは、同様の考え方を提案しているものとして、ピーター・ドラッカーが著書『現代の経営』で引用した「マネジメントの責任範囲」の概念に言及している。

8.1.2 報告体制を構築するための4つのアプローチ

たとえば20人のエンジニアを擁する組織が4チーム編成を選択したとする(図8.2)。

のちほど4つの異なる目標に焦点を当てた4通りの報告体制の編成法を提案するが、まずは次の4つのうち、あなたが自社組織に望む形態はどれなのか、考えてみてほしい。

- 管理者は特定のデリバリーチームの技術的作業の概要報告を受ける（「デリバリーチーム」の詳細は第6章の「6.2.2 デリバリーチームの構築」を参照）
- 管理者は特定のデリバリーチームの全職能部門（技術、デザイン、プロダクト管理など）の作業の概要報告を受ける
- 管理者は直属の部下の専門領域に精通している
- 管理者は人事管理の専門家で、フィードバックの提供、キャリア指導、対立の解消などの職務をこなす（詳細な定義は第4章の「4.1 フォーマルな人事管理の必要性」を参照）

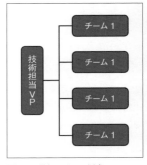

図8.2　最初のチーム編成

続いて、4通りの報告体制の編成法を提案する。すぐ上で掘り起こした、自社組織に対するあなたの希望と、チームのニーズとに基づいて、ひとつを選んでほしい。

☐ 8.1.2.1　ひとりのエンジニアリングマネージャーがひとつのデリバリーチームを管理するアプローチ

このアプローチでは、ひとつのチームのエンジニア全員がそのチームのエンジニアリングマネージャー（EM）の直属の部下となり、同じチームの他のメンバー（プロダクトオーナーやデザイナーなど）は各自の職能部門の管理者の部下となる（図8.3を参照）。

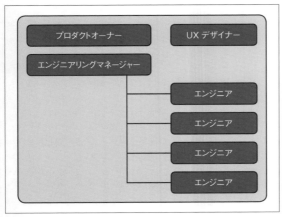

図8.3　ひとりのエンジニアリングマネージャーがひとつのデリバリーチームを管理するアプローチ

　このアプローチの利点は、EMが日々チームと共に作業を進めるので直属の部下の仕事の内容や進捗状況を熟知していることである。まだチームの規模が小さく、EMが人事管理の職務に忙殺されずに済んでいるうちは、EM自身が技術的作業に関与できる度合いも大きい。

　弱点は、1チームにひとりずつ管理者を設けるため、他のアプローチより多く管理者候補を養成もしくは採用しなければならないこと、管理者全員が会社の使用技術のすべてに精通しているとは限らないので、必ずしもすべての直属の部下に直接技術的なフィードバックを与えられるわけではないこと、チーム間のメンバーの異動は、報告体制を変えなければならないため、やりにくいこと（詳細は第5章を参照）。管理者自身にまつわる難点は、「管理者としての存在感が薄れるから」「部下との間で築いてきた関係やコンテクストが失われてしまうから」といった理由で部下を手放したがらない管理者がいる一方で、「人事管理の仕事が増え、他の仕事に割ける時間が減ってしまうから」との理由でチームの増員を渋る管理者もいること、また、チームの技術的作業に密接に関わり、人事管理の職務をなかなか優先できない管理者もいる、などがあげられる。

☐ 8.1.2.2　ひとりの管理者がひとつのデリバリーチーム全体を管理するアプローチ

　このアプローチでは、それぞれのチームが「必須要員の完備した小企業」のような体制となる。管理者はプロダクト管理の責任も、（現場社員の育成や組織構築を主な職務とする）現場管理（ラインマネジメント）の責任も共に負う。管理者がいわばCEOで、チームのメンバー全員がその直属の部下、という図式である（図8.4を参照）。

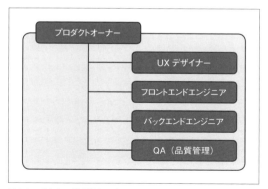

図8.4　ひとりの管理者がひとつのデリバリーチーム全体を管理する
アプローチ

このアプローチの利点は「各チームが独自の小企業的な存在」という図式を打ち出せるため、目標や優先順位をめぐる管理者間のコンフリクトを回避できるところである。

一方、弱点は「管理者の権限が大きくなるため、機能に対するエンジニアやUXデザイナーの影響力が大幅に削がれてしまう恐れや、管理者が自説を押し通す危険性がある。この危険性は、管理者がプロダクトオーナーを兼務している場合とくに大きい」というものだ。また、前のアプローチと同様の理由で、チーム間のメンバーの異動がやりにくい。メンバーを入れ替えると現場管理（ラインマネジメント）の修正を迫られ、事が複雑になるからである。

□ 8.1.2.3　ひとりの管理者がひとつの専門領域に対する責任を負うアプローチ

このアプローチで編成した組織は、「マトリクス組織」などと呼ばれる。マトリクス組織の構成員は自身の職能部門に所属する（たとえばデータサイエンティストなら、「データサイエンス」グループを統括する管理者の直属の部下となる）が、同時に複数の専門スタッフから成り特定の目標の達成に注力する事業／プロジェクト担当チーム（たとえば、データサイエンティストのほかにプロダクトマネージャーや複数の専門分野のエンジニアも擁する「セットアップのエクスペリエンス」の担当チーム）にも所属し、日々の作業はこのチームで進めていく。図8.5はこのアプローチを使って2チームを作ったケースを図示したものだが、実際の現場で所定の効果を得るにはこの2つのデリバリーチームの外（そと）に管理者が複数いることが前提であるため、チームの総数は当然もっと多くなる。

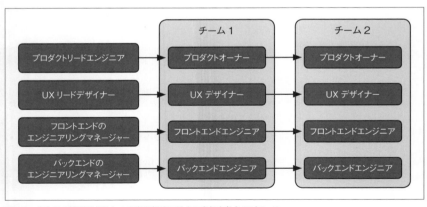

図8.5　ひとりの管理者がひとつの専門領域に対する責任を負うアプローチ

このアプローチの利点は、ラインマネジメントに修正を加える必要がないためチーム間でのメンバーの異動が比較的容易なこと、管理者はデリバリーチームに属さないのでチームの制約に縛られないこと、管理者と直属の部下の専門分野が同じであるため技術面で細部まで徹底したフィードバックを与えられることである。

弱点は、一定レベルを超す規模の企業でなければ現実味がないことだ。「デリバリーチームに属さないが自身の専門分野に精通している管理者」を複数抱えられるだけの規模が必要なのである。加えて、管理者はチームに属さないためメンバーの作業状況を詳細には把握しにくく、指導やフィードバックが難しくなる点もある。さらに、フルタイムの専任管理者が複数いるので「ピラミッド型組織」的な色彩が濃くなる恐れもある。

8.1.2.4　人事専門の管理者がひとりですべてのエンジニアを束ねるアプローチ

人事専門の管理者が、複数のデリバリーチームのエンジニア全員をひとりで束ねる、というアプローチである。この管理者の主たる職務は、技術面で貢献することではなく、直属の部下が実力をつけ成果を上げるのに必要な情報、指導、リソースを確保できるようバックアップすることだ（図8.6）。なお、プロダクト管理やUXのスタッフはまだエンジニアほど多くはいないので、これを人事専門の管理者が束ねるという構図は実効性に欠ける。むしろ前節の「ひとりの管理者がひとつの専門領域に対する責任を負うアプローチ」を応用するのがもっとも理にかなった方法と言えるだろう。

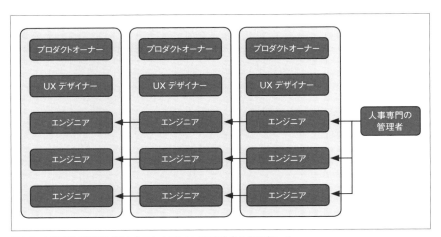

図8.6　人事専門の管理者がひとりですべてのエンジニアを束ねるアプローチ

このアプローチの利点は、管理者が現場のチームに属さないため、チーム間のエンジニアの異動が容易にできること、また、人事専門の管理者なので技術的なフィードバックは与えられないかもしれないが、焦点の当て所がラインマネジメント（部下の育成や組織構築）であるため、他のアプローチと比べて、よりキャリア開発に力点を置ける上に、有効に管理できる部下の人数も多いことだ。

弱点は、チームの開発作業に細部まで密接に関わり続けたいと望む者の目に、こうした人事専門の役割が魅力の薄いものとして映りかねないこと、また、人事管理は重要な職務であるにもかかわらず、製品開発に直接寄与しないため単なるオーバーヘッドと見なす者がいることである。

8.1.3　複数のアプローチの併用

以上、紹介してきた4通りのアプローチを自社組織に当てはめて検討してみると、多分こんな風に感じるはずだ —— 「うちの組織に完璧に有効なものはひとつもない」。その理由はいろいろ考えられる（たとえば、第7章で紹介した「プラットフォームに焦点を当てるアプローチ」に、上で紹介した「ひとりのエンジニアリングマネージャーがひとつのデリバリーチームを管理するアプローチ」を組み合わせたいのだが、Androidチームの管理者として適任な者がいない、など）。現に我々がこれまでに見聞きしてきた中でも、報告体制の4つのアプローチのひとつを初めて導入した時点で必要なポジションの適任者が完璧にそろっていた企業は1社もなかった。したがってまずは自社組織に照らし合わせてもっとも納得の行く、またもっとも喫緊（きっきん）の問題に対処できるアプローチを選んでほしい。たとえば技術担当VPが部下を20人も抱えている会社なら、とりあえずその人数をいかに減らすかに照準を定める、といった具合だ（その一例を図8.7に示した）。

ちなみに、上であげた「Androidチームの管理者として適任な者がいない」という状況には「Androidチームのエンジニアを、iOSチームの管理者の下に置く」という対処法もあるだろう。もちろんiOSチームの管理者が「YES」と言うことが前提条件ではあるが、実現すれば2つのモバイルプラットフォームが同一人物の管理下に入ることになり、またそれなりの利点も得られる。

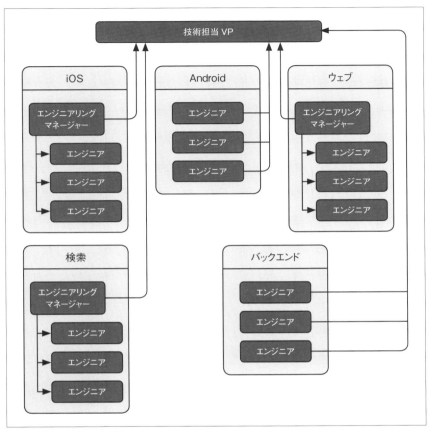

図8.7 複数のアプローチの併用

8.1.4 自社に適したアプローチは?

　我々がここでどれかひとつのアプローチを推奨するのは無理な話だ。どのアプローチが最適かは、主として社員の顔ぶれで決まる。「メンバーのほぼ全員が、管理の仕事に興味がなく、部下をもたない一般専門職」というチームもあれば「部下の育成や組織構築に焦点を当てるラインマネジメントの経験者や、将来その方面を専門にしたいと望む者が複数いるチーム」もあるだろう。それぞれのチーム状況に即したアプローチを選ぶべきなのだ。いずれにしても組織が成長拡大を遂げるにつれてアプローチを変えていく必要も生じてくるはずだから、ひとまず現時点で最適と思えるアプローチを採用し、そ

の後は臨機応変に修正していくとよい（第4章の「4.1.3 専属の管理ポストを設けずに人事管理をこなすコツ」も参照）。そうした修正のコツを以下で紹介する。

8.2　第2の管理層

　上記4通りのアプローチの中からひとつを選んで報告体制を構築したとしても、その後チームが成長を続けていけば部下の多すぎる管理者が複数出てくるはずだ（技術担当VPがそのひとりである可能性は高い）。たとえば「ひとりのエンジニアリングマネージャーがひとつのデリバリーチームを管理するアプローチ」を応用した組織でチーム数が増えていき、10に達したとする。技術担当VPは各チームを統率するエンジニアリングマネージャーを10人も管理しなければならないから、かなりの負担だ。この段階になると各チームに所属する他の職能部門のスタッフの報告体制も修正する必要があるかもしれない。たとえば各チームにひとりずつプロダクトマネージャーがいるとすれば、ラインマネージャーにも部下が10人もいるわけで、これまた多すぎる。

　こうした状況で導入するべきなのが第2の管理層だ。第2の管理層といえばオーバーヘッドと見なされがちなので組織としては導入しづらい場合が多々あるが、決して「オーバーヘッド」などではない。第2層の管理者は（腕さえ確かなら）部下の共通目標に対する理解を促し、その達成に必要なリソースの提供やコンテクストの提示もできる。

　そして第2の管理層を導入する際に考え合わせなければならないのが「7.1　デリバリーチーム編成の4通りのアプローチ」（第7章）だ。報告体制とチーム編成はしっくりと噛み合っていなければならない。

8.2.1　実践例

　そもそも「7.1　デリバリーチーム編成の4通りのアプローチ」（第7章）と「8.1.2 報告体制を構築するための4つのアプローチ」（本章）からそれぞれひとつを選んで自社向けに調整を加えながら応用する際の組み合わせや手法が多種多様であるため、この章でそのすべてをあげて説明することは到底不可能だ。そこで的を絞り、最初に「プラットフォームに焦点を当てるアプローチ」（第7章の「7.1.1 プラットフォームに即した最適化」を参照）と「8.1.2.1 ひとりのエンジニアリングマネージャーがひとつのデリバリーチームを管理するアプローチ」を組み合わせて、図8.8のような組織を編成したと仮定する。

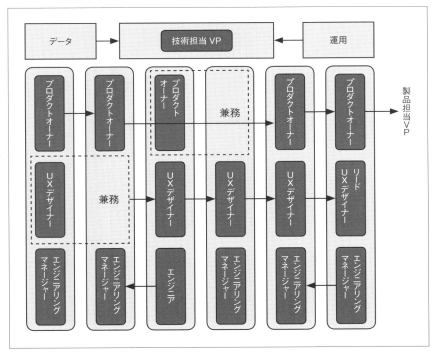

図8.8　最初の編成

　この組織では技術担当VPがさまざまな職能部門に属する部下を大勢抱えて完全に過負荷の状態に陥っていたので、会社としては負荷軽減のための組織再編を迫られていた。あれこれ議論を重ねた末に出した最初の結論は、顧客グループに即した最適化を目指して組織を徐々に改変していく、というものだった。「プラットフォーム」のアプローチでは、組織の拡大に対応しつつ顧客グループの要望に即した製品を提供することが不可能だからだ。各プラットフォームの担当チームはどれも規模が大きくなりすぎて、分割する必要があった。顧客グループごとに必要なチームは複数あるので、分割先のチームは「機能」に焦点を当てたチームにすることにした。

　さらに「ひとりのエンジニアリングマネージャーがひとつのデリバリーチームを管理するアプローチ」は従来のまま維持するが、技術部門の現場管理^{ラインマネジメント}は「顧客グループに焦点を当てるアプローチ」に沿ったものにすることにした。こうして出来上がった理想的な編成（案）を図示すると図8.9のようになる。

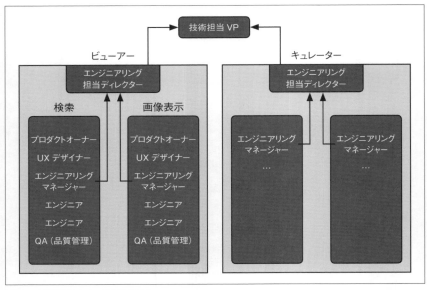

図8.9　組織改編のための理想的な編成

　この編成は、プロダクト管理やデザイン／UXなど、他の職能部門の報告体制にも応用できる。たとえばデザイン／UX部門で顧客グループごとに管理者をひとりずつ置き、各管理者はデザイン／UXのアプローチが自身の担当する顧客グループにとって問題や違和感のないものであることを確認する、といった具合だ。

　前述のとおり、この会社では組織の改変を徐々に進め、途中、必要に応じて修正を加えていく、という決定を下したので、まずは急務であるスケーリングの問題の解消に着手した。技術担当VPが抱える大量の部下の問題である。具体的には、該当箇所すべてで「プラットフォームに焦点を当てるアプローチ」から「顧客グループ／機能に焦点を当てるアプローチ」に切り替えた。

インフラチーム

全社の規模が一定レベルに達してからは、外部顧客に直接関与しないチームもいくつか必要になってくる。こうしたチームはインフラストラクチャーの自動化やデータの収集などに注力することから、通常「インフラチーム」と呼ばれる。対象は内部顧客であるが、ここまでで紹介してきたのと同様の組織編成法を応用できる。つまり、同じ「デリ

> バリーチーム編成の4通りのアプローチ」や組織設計の原則を使ってチームを構築する
> わけだ。

　ただし「プラットフォーム」チームの中に、「機能」チームに割り振るべき必須の要員
が揃っていないチームがあったので、十分な数のエンジニアを内部で養成(または外部
から採用)できるまでは「プラットフォーム」チームの体制も一部で維持することにし
た。これも含めた仮の編成を図示したのが図8.10である。Androidチームとデバイス
チームは人員が揃わず、すべての機能チームに必要なスキルセットを提供することがま
だできなかったので、当面は「プラットフォーム」チームのままで行くことになった。

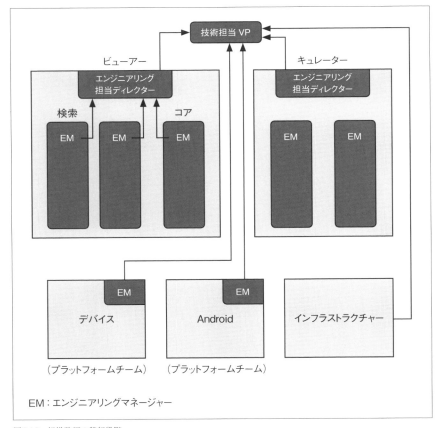

図8.10　組織改編の移行段階

その後、十分な数のエンジニアが養成（または採用）できた時点で、残る2つの「プラットフォーム」チームも機能チームの枠組みに入れる、というのが次なる段階となった。

以上のような、時間をかけて少しずつ改変していく手法を使えば、組織を徐々に進化させ、やがてはデリバリーチームを柱とするモデルを実現できる。

8.3 まとめ

本章では組織編成で見過ごしがちな課題のひとつを採り上げた。つまり、チームの編成法としっくり噛み合う報告体制を構築するにはどうするべきか、という課題である。解説は2段階で進めた。まずは報告体制を初めて決める段階に焦点を当て、報告体制構築の4つのアプローチを提案した。続いて、組織が成長拡大して第2の管理層が必要になった段階に焦点を当て、この段階では組織全体の編成法としっくり噛み合う報告体制を見極めて再編するべき、と指摘した。いずれにせよ「完璧な組織編成」など不可能と言っても過言ではない。妥協を迫られる部分もあるだろうし、状況の変化に即した修正も欠かせない。

文化のスケーリング

素晴らしいチームを作り上げ、維持していく上で文化（カルチャー）が重要だと考えているリーダーは多い。しかし文化とは具体的に何を指すのだろうか。オフィスのレイアウトをオープンなものにすれば、それでよいのか。「クソ野郎撲滅ルール（"no assholes" rule）」に従えばよいのか。はたまた「手順の順守」や「将来の見通し」よりも「独立性」や「リスクを取ること」を重視すればよいのか。

9.1 文化とは

企業の「文化」とは、こうしたもののいずれかかもしれないし、ことによってはすべてかもしれない。それはチームを形成する個々人にとって何が重要かに依存する。本章で我々は文化（カルチャー）を次のように定義する。

我々が何を、どのように行うかに反映される、我々の信ずるところを表現したもの

この定義には、カギとなる概念が2つ埋め込まれている。ひとつは「コアバリュー（中核となる価値観）」、もうひとつは「文化的プラクティス」である。この2つについて詳しく説明しよう。

9.1.1 コアバリュー

まず最初は「コアバリュー」の定義だ。コアバリューとは固く信じられている事柄で、チーム文化の基盤を成すものだ。我々人間は、自らが信じるもの、つまり「信念」に基づいて何かをする傾向があり、その信念は変わるとしても、きわめてゆっくりとしか変わらない。したがってチームのコアバリューも時間が経過してもほとんど変化しない。企業がコアバリューをどのように表現しているか、例を見てみよう。

- Zappos ——「変化を受け止め、それを促進しよう」「コミュニケーションによりオープンで誠実な関係を構築しよう」(https://www.zappos.com/about/what-we-live-by)
- Salesforce ——「信頼」「カスタマー・サクセス」「イノベーション」「平等」(https://www.salesforce.com/company/)
- スターバックス ——「誰もが歓迎される、暖かい文化を構築しよう」「透明性と尊厳と敬意をもって繋がろう」(http://sbux.co/2iPQQog)
- インスタグラム ——「まずはシンプルなことから」(https://bit.ly/2gJCgli)

こうした例からも、コアバリューは具体的な行動やプラクティスではなく、抽象的な信念や原理を表現するものであることがわかる。

9.1.2 文化的プラクティス

第2の用語は「文化的プラクティス」だ。抽象的な原理や信念であるコアバリューは、表層に現れるときには具体的な形態をとるが、「チーム文化」を語る時、こうした表層に現れる物事に焦点を当てる傾向がある。具体例をいくつかあげてみよう。

明示的な手順や慣行

厳格なコーディング規約や「クロストレーニング」を強く信奉している開発者チームが設けている「我々のコードはすべて、ペアプログラミングの手法を用いて開発される」というルール

行動

完璧を目指すことに価値をおいているチームがアプリケーションの重要機能公開時に行う「作戦本部」の設置や徹夜もいとわない作業体制の構築

儀式、会合

「会社の主要なリーダーも参加して毎月開く夕食会」「昇進やプロジェクト完了を祝う会」「地元のチャリティ活動に時間をさくためのボランティア・デイ」

褒 賞

創造性やイノベーションを重視するチームが、その年もっとも活躍した者の功績を称えるために行う表彰（Amazonの「Just Do It」賞[*1]など）

こうした具体的な言動を本書では「文化的プラクティス」と呼ぶことにする。コアバリューは（変わるとしても）徐々にしか変わらないが、文化的プラクティスは、有効であり続けるためにチームの成長とともに変化する。本章では文化的プラクティスを採用する際のコツやノウハウを紹介する。チームのコアバリューから逸脱することなしに、混乱を招かないよう留意しつつ、チームの成長に応じて文化的プラクティスを変えていく必要があるのだ。

9.1.3　カルチャーステートメント

もうひとつ用語を定義しておこう。「カルチャーステートメント」だ。これはチームがその文化や価値観を表す時に使うステートメント（文章やその他のメディアを使った表現）を指す。「経営理念」として表明されたり、壁に貼られる「ポスター」になったり、あるいは「トレーニングビデオ」として配られたりといった形態をとる。

9.1.4　価値観と文化の違い

価値観と文化の違いを説明するためにSharepoint社のサーニャ・グリーンとロバート・スリフコのアイデアを拝借する。図9.1に示すように、「価値観」を樹木の根（隠されていて変化が遅い）、「文化」を枝や

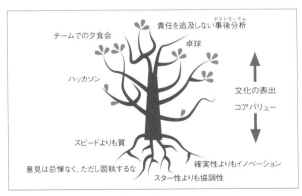

図9.1　文化と価値観の違いを表現する木

*1　ジョン・J・ソシク著『The Dream Weavers』（Information Age Publishing）参照。

葉(表に現れていて、変化が小さな部分と大きな部分がある)に喩える手法だ。

9.2 定義するべき時期

　コアバリューやチーム文化を、企業の主力製品が決まる前に定義するのは無理がある。創業後まもない時期には文化も急激に変化する。新しい従業員が入るたびに新たな要素が加わるので、この段階で細かく決めるのは難しいのだ。

　しかし文化の果たす役割の大きさと、文化に起因する問題を後々解決するためのコストを考えると、「軽量で反復型のアプローチ」が検討に値する。たとえば、創業者や最初期の従業員と夕食会を開き、この時の議論をベースにして会社のWikiページにドラフトを公開するといった単純なものでよい。会社が成長するにつれて戦わされる議論のベースとなり、意見の不一致(あるいは一致)部分を表面化させるのに役立つはずだ。文化を徹底的に議論する必要が生じた場合の基点となるし、どこに注力すればよいかを検討する取っ掛かりにもなる(この必要が生じるのは、急成長期に入り、第4章で説明した独自のマネジメントチームを作り始める頃となる可能性が高い)。

9.3 コアバリューやチーム文化の役割

　コアバリューや文化の明確化が、なぜ重要なのか、なぜ長期的な成功につながるのか、それを示す例をいくつかあげておこう。

採用の効率化

　　ビデオやブログを使った求人活動において、人材を引きつけるために、自分たちの企業の特徴的な文化や価値観をアピールできる。さらには、相容れない価値観をもつ候補者を排除する「フィルター」の役目も果たす(第1章参照)

独立した、一貫性のある選択

　　価値観を共有することで、不確実あるいは困難な決断の際に、上司の判断を仰がなくても個々人が判断できる。たとえば、Etsyの前CTOキーラン・エリオット＝マクリーは「文化は『ゆるいゴムバンド』の役割をしてくれる。これにより戦略の多

様化が可能になる。不確実性があると心理面での負担が大きくなるが、ソフトウェア工学的に解が見つからないような場面に直面しても、文化が選択の判断材料となる」と記している（https://bit.ly/2gJI5vz）

コンフリクト発生時の基盤

価値観や文化が共有されていると、他のグループによる決定やアクションに対する理解も深まる。（変化が激しく成長著しい企業ではよくあることだが）何らかのコンフリクト（利害の衝突や論争）が起こったとき、この共通の基盤が解決への道をならし、エネルギーをポジティブな方向へ誘導してくれる

仲間意識

強力な文化的「アイデンティティ」があると、他企業との違いが明確になる。これにより社内の絆が強まり、社員のモラルや定着率を押し上げる。たとえばヒューレットパッカード（HP）には「HPウェイ」と呼ばれる強いアイデンティティがあり、ガレージで創業した「たった2人の体制」から「30万人超の大企業」に発展するまで、70年以上にわたって同社のバックボーンとなってきた。最近の同社の低迷を、上層部によるHPウェイ強化施策の欠如に結びつける見方さえある（https://bit.ly/2KjYpm8）

ここで、チーム文化の強化は「好ましい」だけでなく、これを怠ることが組織の「衰退につながる」点も強調しておこう。心理学者のエドガー・シャインが『組織文化とリーダーシップ』で警告しているように「文化は抽象的で形のないものだが、エネルギーや権力を生み出し、その影響力は絶大」なのである。こうした「文化のパワー」の使い方を知らずにいる者は、その犠牲となる。

9.4 価値観の「発見」と文化の定義

チームが一体感を増すにつれて、文化はより有機的になる。創業者や最初期の社員たちによるコミュニケーションや協力の流儀が「デファクト・スタンダード」となり、後続のメンバーはそれを尊重し、多くの場合、手本とすることになる。チームが大きくなるにつれて、「サブカルチャー」が現れてくることもある。「自分たちの物事の進め方」を定義しはじめるのだ。

リーダーはいずれかの段階で、この「暗黙の文化」を明示的なものに格上げし、「文化のパワー」を活用する必要が生じる。しかしこうした「仲間内のサブカルチャー」を永続的かつ一貫した方式で組織全体に広げるには、その特徴を何らかの形で表現し、展開させていかなければならない。表現方法も、その展開方法も人や組織によって大きく異なるが、ここでは4段階に分けてこの過程の理解を試みることにしよう。

I. チームの中核的価値観（コアバリュー）と、チームが好ましいと考える文化的側面の発見（掘り起こし）の段階

II. 価値観とその意味するところを正確に描写し、相手に伝える方法を編み出す段階

III. 価値観や文化に沿った言動がどのようなものかを、チームメンバーがしっかりと理解する段階

IV. 価値観や文化をチームの日々のプラクティス（具体的な行動）に落とし込む段階

これらすべてを完璧に行うには大変な労力を要するが、反復的な手法を採用してもよい。初期段階ではある程度の労力を費やすだけにして、成長段階ではそれをスケールアップしていくのだ。

以降で各段階について検討していこう。

9.4.1 カルチャーステートメントの定義

自分たちのカルチャーステートメントを定義をする前に、まずは既存の企業がどのような表現を用いて価値観や文化を描写しているのかを見てみよう。

☐ 9.4.1.1 「Googleが掲げる10の事実」

Googleのカルチャーステートメントは、全社レベルの理念のリストである[2]。

1. ユーザーに焦点を絞れば、他のものはみな後からついてくる
2. 1つのことをとことん極めてうまくやるのが一番

---

[2] https://www.google.com/intl/ja/about/philosophy.html。翻訳時点ではカルチャーステートメントが変更されている（https://about.google）。

3. 遅いより速いほうがいい
4. ウェブ上の民主主義は機能する
5. 情報を探したくなるのはパソコンの前にいるときだけではない
6. 悪事を働かなくてもお金は稼げる
7. 世の中にはまだまだ情報があふれている
8. 情報のニーズはすべての国境を越える
9. スーツがなくても真剣に仕事はできる
10.「すばらしい」では足りない

9.4.1.2　Carbon Fiveの「マインドセット」

Carbon Fiveの「マインドセット」は図9.2のような4つの軸で表現されている。各軸上の位置が、この会社の文化を表現しているのだ。

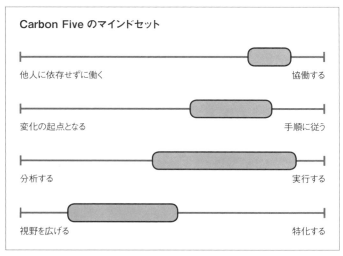

図9.2　Carbon Fiveの「マインドセット」

9.4.1.3　Mediumの「会社を組織し管理するための原則」

Mediumの「マネージメントおよび組織に対するアプローチ」(https://bit.ly/2gYkomf)は2016年に公開されている。Holacracy (https://www.holacracy.org)との分離を模索しはじめていた時期のことだ。

1. 個人は常に変化の起点となり得る
2. 権威は分散されているが、均等にではなく、また永続的でもない
3. オーナーシップは説明責任を果たすためのものであってコントロールの手段ではない
4. よい意思決定とは協力関係を意味するものであり、コンセンサスを意味するものではない
5. システムは臨機応変な改変ができるようデザインする
6. 技術的な裏付けをもった組織的透明性を重視する

カルチャーステートメントの形式は多種多様であり、自分たちにとってしっくりくる
ものを選択するべきだろう。

9.4.2　コアバリューの発見と文化の定義

　文化を明確に定義しておくことのメリットは、企業の成長に伴って加速的に大きく
なる。常に締め切りに追われているような動きの非常に速いチームであっても、何らか
の「定義」が求められる。そのためには次に紹介するような軽量かつ反復的な手法を用
いるとよい。

　本書のすべての推薦事項と同様、このプロセスも読者の必要に応じて適宜カスタマイ
ズして欲しい。

□ 9.4.2.1　ステップ I —— コアバリューの「発見」

　「発見」という言葉に違和感をもつ読者もいるかもしれないが、筆者らはあえてこの
言葉を用いた。その理由は、コアバリューは既にチームメンバーの中に存在しているは
ずだからである（新たに創る必要はないのだ）。まず、メンバーに「共通している価値観
は何か」、逆に「意見の違う点は何か」を浮かび上がらせる必要がある。他人の価値観や
信念を変えることは、この作業には含まれない。

　創業メンバーによるミーティングから始めよう。コアバリューが何か、すでに確固た
る意見をもっている者もいるかもしれない。たとえば次のような質問を投げかけると
よいだろう。

・このメンバーで会社を始めたのはなぜだろう？　何が決定的な要因だったんだろう？

・私達（俺達）が一番重要だと思うことは何だろう？　どんな製品がいいと思う？　どんなふうに行動するのがいいと思う？
・私達（俺達）が「ベストの状態」って、どんなとき？
・新入社員を雇うときに、「これは外せない」って思うことは何？
・「5年後になっても、これだけは変えたくないね」って思うもの、何かある？

　一致しない部分が見つかったとしたら、一旦それを認めて書き留めておき、時をおいてメンバーを集めて再度議論する。カギとなるメンバーが「何が重要か」で合意できないと、この先大きな衝突が起こってしまう危険性がある。今はそれを表面化させて対処方法を検討するべき時だ。放置して、緊急事態宣言のさなかに激論を戦わせるべきではない。誤解があるだけかもしれない。もしそうなら、それが解ければ丸く収まる。いずれにしろ、この段階で意見の不一致を隠してしまう方向には動かないことだ。間違いなく、あとになって表面化する。その時点で対処しようとすれば、はるかに高くつく。

　上の問いに対する回答に何らかの一貫性が見出せれば理想的だ。その場合は、自分たちが「発見」したことを記録に残し、参加者と共有して、フィードバックを求めよう。この段階で大きな不一致が浮かび上がってこなければ、次のステップに進む。

□ 9.4.2.2　ステップ II —— カルチャーステートメントのドラフト作成

　次に、ステップ I で学んだことを他のメンバーに伝える方法を見つけ出す。上で見たように、カルチャーステートメントはさまざまな形態を取り得る。コアバリューのリスト、経営理念、覚えやすいスローガン、などなど。どれがしっくり来るかは、成長の段階や組織の構造、経営陣のメンバーの性格などによって決まる。

　重要なのは、廊下にポスターを掲げて「これが我々の文化だ」と宣言する前に、社員の意見を訊くことだ。アンケートを取るのが一番手軽だが、6人から10人のグループで議論したほうが、否定的な意見についても掘り下げられてよいだろう。

　次のような質問が効果的だ。

・このカルチャーステートメント（コアバリュー、企業理念）に賛成できますか？
・「これだ！」と思えますか？　ヤル気やインスピレーションが湧いてきますか？
・上司や同僚の言動は、これを反映したものになっていると思いますか？
・自分の仕事で、何かの問題を解決しようとした時や、重要な決断をしなければならなかった時に、判断基準として役に立ったことはありますか？

　意見は必ず訊くべきだ。相手が納得していないことを無理矢理信じ込ませるのは不可能で、前進を阻む大きな障害を生みかねない。カルチャーステートメントがチームの現実とマッチしなければ、受け入れを拒まれるだろう。

　この段階で何らかの抵抗を感じるようなら、さらに議論を重ねるか、文化的なコンフリクトを解消するためのステップ（「9.7.3　文化的コンフリクトの解消」参照）を踏む必要がある。

□ 9.4.2.3　ステップ III —— 有言実行

　カルチャーステートメントを心に響くものにするためには、全員に理解され、全員の言動に反映できるものでなければならない。「どうでもいいお題目」にしかならないのであれば、カルチャーステートメント作成の努力は水泡に帰す。何より重要なのは、リーダー自身がチームの文化や価値観に合った言動をすることだ。カルチャーステートメントを形骸化させるのに、リーダーの言動との食い違いほど効果的なものはない。

　たとえば、自主性を重んじつつも説明責任をしっかり果たすために「信頼せよ。ただし検証を忘れずに」をモットーに掲げる会社を想像してみよう。すべての新入社員の待遇の提示にCFOによる承認を求めるのは、このモットーと矛盾する。このような振る舞いは、チームから出された提案の「CFOによる却下」を恐れるし、より職位の低いマネージャーたちも真似するだろう。そして遅かれ早かれ、すべてのレベルのマネージャーが「信頼せよ」というカルチャーステートメントを無視することになる。

　ただ、リーダーが「文化」を変えたくなる（あるいは変える必要がある）時もある（「9.7　チーム文化の進化」参照）。こうした変化は意図的に、しかも可能な限り多くのメンバーとの意見交換を伴ってなされるべきものだ。同様のことはカルチャーステートメントについても言える。

□ 9.4.2.4　ステップ IV —— 文化と価値観の浸透

　急成長中の企業の日常は、顧客からの要求、深夜のバグ修正、緊急採用した新入社員のトレーニングなどなど、予定外、想定外の仕事の連続である。

　カルチャーステートメントを浸透させ、環境になじませるための時間を確保し、施策を行うのはリーダーの仕事だ。これを怠ると、想定外の方向に文化が「迷走」をはじめかねない。

Twitterにおけるコアバリューの裏付け ── デイビッドの体験談

私が勤務していたTwitterでは、コアバリューとその根拠を説明するための研修があった。終了時に新入社員はリストされたコアバリューの中から、自分の心にもっとも響いたものをひとつ選ぶよう求められた。しばらくして、自分が選んだコアバリューが印刷されたノートパソコンの「スキン」が配布された。色が違うので、どれを選択したのかが一目でわかり、メンバー間でコアバリューについてのラフな会話が始まることも多かった。

こんな単純なものでも、かなりのパワーを秘めている。廊下にでかでかとポスターを貼らなくても、上司がくどくど言わなくても、誰もが日常的にコアバリューを意識することになる。同じコアバリューを選んだ従業員の間にちょっとした連帯感も生まれたし、研修担当者にとっては、新入社員に一番響いたコアバリューがどれだったかが一目瞭然という効果もあった。

価値観と文化は、次のような側面にも反映されるべきである。

- **給与査定や昇進**の際にはコアバリューと文化を主要な判断基準とする。このためには「この従業員は日常業務においてどの程度『具現化』できているだろうか」「よく具現化できているのはどのような面だろうか」「もう一歩なのはどのような面だろうか」といった問いを発してみるとよいだろう。また「360度フィードバック」の精神で、上層部および組織全体がコアバリューを自らの言動にどの程度反映できていると思うか、従業員から意見を訊く機会も作るとよい
- **文化的に強い悪影響を与える言動**が見られたとき。軽視や看過(見逃し)は禁物だ。態度を改めてもらうか、チームから外れてもらう必要がある。「クソ野郎撲滅ルール」もこの一形態だ。実力の持ち主に対してこれを適用するのは困難が伴うが、ジョー・スタンプの記事(https://bit.ly/2gYw20o)に書かれているように、「すばらしいエンジニアをクビにするべきではないと言う人は多いが、それは間違いだ。チーム全体を破壊するには、クソ野郎が一人いれば足りる」のだ。
- **コアバリューに沿った行動**。たとえば、「早期のリリース」よりも「質」を重視する組織なら、質の高い機能をリリースしたプロジェクトチームを公に賞賛するべきだ(ちなみにAmazonでは「節約」の文化が根付いており、従業員の福利厚生よりも顧客体験への投資のほうが好まれる。初期の従業員は、不要になったドアと地元

のホームセンターで購入した角材を使って机を作ったという「伝説」があるほど
だ。この慣行を忘れないようAmazonでは「ドアデスク賞」を設け、毎年、業務に
おいて予算削減に顕著な貢献をした従業員を表彰している。ドアデスクおよびこれ
に関するエピソードについてはグレン・フライシュマンのブログ記事https://bit.
ly/2gYjdDcが詳しい）。

とくに急成長期に価値観と文化を全社的に浸透させるための方策については、「9.5
急成長時の文化面のチャレンジ」で紹介する。

□ 9.4.2.5　効果的なカルチャーステートメントを生み出すベストプラクティス

　数々の成功例や失敗例に我々の経験も添えて、効果的なカルチャーステートメント
を作り上げるコツをまとめてみよう。

9.4.2.5.1　犠牲を払っても守りたいものを見つけよ

　価値に関して表面的な検討をすると、「顧客に焦点をあてよ」とか「革新せよ。停滞
するな」といったフレーズが候補にあがることが多い。こういった文言に反対する人
はいないだろうが、具体的に何をすればよいのかわからない。もっと掘り下げて「重
要なものを犠牲にしてもこれを守りたい」とチームが思うような何かを発見する必
要がある。たとえば、現行バージョンの安定性を犠牲にしても革新を求めるべきなの
か、といった具合だ。Facebookのモットー、「素早く行動して破壊せよ」は、当時の
Facebookが「安定性」よりも「素早いイテレーション」を重視していたことを示して
いる（重要であるはずの「安定性」を犠牲にしていたのだ）。このような「トレードオフ」
は、すべてのチームが許容されるべき性質のものではない。

9.4.2.5.2　ユニークであれ

　Googleの「You can be serious without a suit（スーツがなくても真剣に仕事は
できる）」は耳に残る新鮮な表現だが、このフレーズがいきなり浮かんできたわけでは
ないだろう。斬新でありながらチームにピッタリな表現を手に入れるには、イテレー
ションが欠かせない。

9.4.2.5.3　「受け売り」ではなく「掘り起こし」を

　既存の価値観の受け売りではなく、既にチームの面々が共有している価値観を掘り

起こす。幅広い層に呼びかけて意見をもらい、バリューステートメントを、単なる「モックアップ」ではなく、実践で使える「ツール」にまで昇華させるのだ。

9.4.2.5.4 現実主義的であると同時に野心的であれ

　Twitterのエンジニアでマネージャーも勤めるライアン・キングがTwitterでコアバリューの定義を担当したときに、「これだ、これこそみんなが強く望んでいることだ、そう思えるものを見つけ出して言葉にするのが俺たちの仕事だ」と感じたという。そして「みんながノリに乗ってるって時を言葉で表すと、どんな感じ？」と自問してみるのがコツだと教えてくれた。

9.5　急成長時の文化面のチャレンジ

文化的団結の最大の敵は社員の急増だ。1年で倍になるような企業の多くは、文化的な「漂流」を経験する。新入社員研修やトレーニングのプログラムが完備されていたとしてもである。

　　　　　—— ベン・ホロウィッツ著「たったひとつの失敗で会社を壊滅状態にする方法」

（https://bit.ly/2gYk2Me）

　急成長はチーム文化の敵だ。たとえコアバリューと文化を「発見」し、それを明文化しておいたとしても、急成長がその定着を妨げる。その要因を表9.1にまとめた。続く節で詳しく見ていこう。

問題		解決策	
価値観の多様化	コアバリューを共有しないチームメンバーの雇用がコンフリクトを招く	採用時	価値観が合うかどうかを面接時に確認する
文化の軽視	新しく加わったメンバーがコアバリューや文化を理解していない	新入社員研修	価値観や文化に関するトレーニングを行う
		上層部	重視する文化を自らの言動で示す
文化の不一致	各チームが独自のやり方をもっており、互いに噛み合わない	上層部	文化の不一致を把握し対応する

問題			解決策	
文化的沈滞	チームの成長に応じた文化的なプラクティスの改変に失敗	上層部	予兆に気を配り、必要に応じてプラクティスを改変する
文化な衝突	価値観や文化的なコンフリクトが放置	上層部	文化的な衝突には迅速かつ断固たる対処をする

表9.1　急成長時に起こる文化的問題

9.5.1　採用における価値観と文化

業務上の問題を解決する際に、ビールを飲む能力が貢献したことは私のキャリアにおいて一度もない

—— ケイシー・ウェスト著「文化的適合性の再定義」

https://bit.ly/2gLUKxS

　面接の際に価値観の適不適を探るのは容易なことではないが、特に急成長期にある企業ではきわめて重要だ。価値観が違うメンバーが増えてくると文化的なプラクティスの基盤となる共通項が減っていき、生産性低下の要因となる文化的な衝突_{クラッシュ}を招きかねない。面接の際、具体的にどう探ればよいのだろうか。

　我々の経験では、いわゆる「ビールテスト」（候補者とビールを飲みたいかどうかを考えてみる）は価値観を表面化させるのにあまり役立たない。こうした手法には次のような問題がある。

- ・ビールを一緒に飲んでも候補者の価値観は明らかにならないし、体質、健康、宗教などの理由で、ビールを飲みたくない候補者もいる
- ・仕事の後で候補者と一緒に過ごしたいか否かは、価値観の適不適の判断材料としてふさわしくない
- ・この手の漫然とした「フィーリング」に基づく評価は、多様性の確保につながらないことが多い。面接担当者が言動やバックグラウンドが自分に似ている候補者を無意識のうちに優先してしまう恐れがある

　もちろん、最優先するべき要件は候補者の適性だが、チーム全体の価値観を共有できる人物であることも同じくらい重要だ。

　価値観の適不適を面接で確認するのに有効な手法を表9.2にあげる。

望まれるコアバリュー	面接時の質問	注目点
率直なコミュニケーション、クリティカルシンキング	「面接のプロセス、製品、ビジネス手法などで弊社が改善すべき点は何だと思いますか」	有能な候補者なら、遠慮せずに、しかしキツイ表現をうまく避けながら、改善点やアイデアをあげてくれるはず
共感力、EQ（心の知能指数）	「前の職場で経験した仕事上の衝突について説明してください。それをどのように解決しましたか」	高いEQの持ち主なら、自分の立場からだけでなく「敵」の立場からも説明できるはず。自分の言動だけにしか触れない場合は黄色信号だ。また、上司に助けを求めただけの場合も要注意だ
好奇心、常に学ぶ姿勢	「今一番学びたいと思っているスキルは何ですか」「今まで対処した中で一番興味深かった問題はどのようなものでしたか」	答えに窮するようだと、好奇心や学ぶ姿勢の欠如が疑われる
協調性	「（具体的な問題をあげ）これを解決するのを助けてくれませんか」	他者と協力して仕事をするのが苦手でなければ、喜んで手伝ってくれるはずだ。いくつかのサブ課題に分けられるような、ある程度大きな課題を用意しておき、課題を分割して解決しようとするか、また面接官と共同してどう問題に取り組むか、どのように解決策をまとめるかを確認する

表9.2　面接時の価値観（コアバリュー）の確認に役立つ質問

9.5.2　新入社員研修と文化

　急成長期には、新入社員にコアバリューや文化を浸透させるための時間や労力を捻出するのが難しいかもしれない。しかし放置すれば、新入社員の個人的な好みや過去の体験に影響されて文化の逸脱を招きかねない。そうした者が、のちのち採用面接を担当するようになると、面接時の「価値観に基づいたフィルタリング機能」が失われてしまう。

　このような事態を回避するには、メンバーの中にこうした事柄に強い関心をもつ者を見つけ出し、その者に新入社員が必ず出席する「文化・価値観に関するミーティング」を企画・開催させるとよい。終了後に新入社員にアンケートを配布し、組織の価値観にどの程度共感できるかを確認する。その結果を見てミーティングの内容を改善できるし、採用過程で価値観に基づくフィルタリングが機能しているかの判断材料ともなる。新入社員たちがチームの文化や価値観に意義を見出せなければ、遅かれ早かれ文化的なコンフリクトを目にすることになろう。

9.5.3　リーダーシップと文化

組織文化の創造とその管理がリーダーシップの根幹をなす。このダイナミックなプロセスが、リーダーシップと文化が表裏一体の関係にあることを教えてくれる。

　　　── エドガー・シャイン著 梅津裕良、横山哲夫訳『組織文化とリーダーシップ』

　リーダーがチーム文化に与える影響はとてつもなく大きい。壁のポスターに何が書かれていようと、あるいは全体会議で何が繰り返し唱えられていようと、この事実は変わらない。ロン・ウエストラムは「組織文化の類型」と題する著名な論文（https://bit.ly/3brYnVy）で次のように書いている。

> リーダーの関心事や考え方がチーム文化を形成するというのが基本的な考え方だ。自らの言動により、また、何を褒め何を罰するかにより、リーダーは自らの「志向」や「嗜好」を部下に伝える。やがてはこれが組織の関心事や考え方となる。リーダーの志向や嗜好に沿う言動をした者は賞賛の対象となり、逆の者は主流から外れる。古参社員のほとんどはリーダーから発せられるサインを無意識のうちに読み取り、それを読み取れない者は高い授業料を払わされる。

☐ 9.5.3.1　価値観を言動に反映させよ

　メンバーに望む言動は、リーダー自身が率先して行わなければならない。これを意図的に利用することも可能だ。チームの弱点を補ったり、チームを別の方向に導いたりするために、自らが先頭を切って行動を起こすのだ。

　逆に、チームの価値観と相反するリーダーの言動は今すぐにでも正す必要がある。態度を改めないでいると、「カルチャーステートメントなんて無意味で役立たずだ」と皆が感じ始める。

☐ 9.5.3.2　リーダーの採用でも価値観によるフィルタリングを

　リーダーの影響力は大きい。そのため、新しいリーダーが加わるときが特に重要で、価値観の適不適を厳しくチェックする必要がある。

　リーダーはメンバーの言動の模範となるだけでなく、広く採用プロセス全体の基準を設ける役割も果たす可能性が高い。リーダーが価値観の異なる新入社員を迎え入れた

り、企業文化とは異なる文化を形成する方向に動いたりすれば、文化的なコンフリクトが生じる恐れがある。

☐ 9.5.3.3　チームの成長のために文化的プラクティスを順応させよ

　急成長という「魔物」は、文化面の最重要プラクティスをも無意味なものに変えてしまうパワーを秘めている。10人のチームでは何の問題もなかったことが、50人、100人となると突然うまく行かなくなってしまうのだ。

　たとえば、透明性とオープンであることに価値をおいているチームが、新入社員の面接に誰でも参加できるというルールを決めたとしよう。メンバーが数十人になった段階でこのルールに従うと、とてつもなく長い時間がかかってしまう。その結果、採用の決定が遅くなり入社してくれる人が減ってしまうのは目に見えている。

　もうひとつ、知識の「深さ」よりも「広さ」を重視している企業があり、ここでは新入社員研修（オンボーディング）の過程で、新人は1週間ずつ各チームで働くというルールがあるとしよう。チームの数が5を越えると、このルールの順守は事実上不可能になる。

　成長が速いと、こうしたプラクティスのタイムリーな採用が難しくなる。自分たちが実践しているプラクティスが常に1ステップ遅れていると感じるようになるだろう。その結果、生産性もモラルも低下してしまう。こうしたことがあるので、リーダーはこの節の後ろのほうにリストされている「黄色信号」に目を光らせる必要がある。

　成長期にチーム文化を変化させる方法については「9.7 チーム文化の進化」でより詳しく議論する。

☐ 9.5.3.4　文化的多様性を把握し正せ

　爆発的な成長（ハイパーグロース）の間は、2、3ヵ月という短い期間で、新しい部門が生まれそこに従業員が割り当てられるといった状態が続く。このようなケースでは、新しいグループが独自の方法で物事を進めることも珍しくはない。時によっては、こうした文化的な差異も何の障害にもならないが、「劇薬」となってしまう場合もある。チームの文化に変化を感じたとき、その変化が健全なものなのか、それとも将来文化的な衝突につながってしまうものなのかを、リーダーが見きわめるのは簡単ではない。

　文化的な衝突を招くようなものならば、後々の修正コストは非常に高くなる。このため、早期に見つけ出し、その源を特定し、必要に応じてほかのメンバーとともに軌道修正を図る必要がある（具体的な方法は「9.7.3 文化的コンフリクトの解消」参照）。

9.5.4　規模拡大時の黄色信号

　チームの成長とともに文化も順調にスケーリングしているかどうか、どうすればわかるのだろうか。表9.3にあげるような兆候を見逃さず、適切に対処することが必要だ。

警告のサイン	考えられる原因
「派閥」が形成される。他のチームとうまく折り合いが付かないチームが出てくる。他のチームに責任を押しつける	価値観に合った採用を行えていない。相容れない文化を認めてしまう
チームを移るとうまく行かない。チームを移った者が新しいチームのプロセスや文化になじめない。新入社員が新しいチームになじむのにかなりのパワーがいる。あるいは新チームのやり方がおかしい。	2つのチームの文化および価値観に差異が生じている（リーダーの採用で価値観があまり考慮されていない可能性が高い）
内部のやり取りの「トーン」に変化を感じる。全体ミーティングで悪意を感じるような質問があったり、グループチャットで辛辣なやり取りがなされる	コアバリューと文化がうまくシンクロしていない。コアバリューとリーダーの言動がマッチしていない。文化的に破壊的な言動をリーダーが許してしまっている。成長に文化が適応していない
ベテラン社員のモラルが低下し、摩擦が増えている	文化が早く変化しすぎている。あるいはコアバリューに沿っていない
新入社員の士気が低い傾向があり、既存従業員との摩擦も多い	採用過程において価値観によるフィルタリングが機能していない。新入社員研修に問題あり。健康的な職場環境が確保されていない

表9.3　規模拡大時の黄色信号

9.6　規模拡大に対応できる文化の構築

　チーム文化の良し悪しについてはさまざまな意見がある。しかし、文化について「よい」とか「悪い」とか言えるのだろうか。どの文化がより「効果的」なのだろうか。どの文化がより「スケーラブル」なのだろうか。詰まるところ、文化とは文脈依存の代物なのである。文化はチームごとに異なり、チームごとに独自の価値観や優先度がある。文化が「よい」というのは、概して、そうした価値観や優先度を広く深く反映できているときなのだ。

　とはいえ、我々の経験から見て、そして数々の研究やインタビュー結果から見て、文化によっては本質的に他のものより「よい」とか「より効果的だ」とか言えるものがあることも事実だ。チームをスケーリングさせることに関しては特にだ。どのような文化がこうした特徴をもつのか、そしてこうした特徴がチームの成功にどう貢献するのか

を見ていこう。

9.6.1 継続的な学習と改善

　誰もが認める「よい」文化の筆頭としては、「自己改善意欲」の強さがあげられるだろう。第6章であげたダニエル・ピンクの「内発的動機づけ」と「外発的動機づけ」の概念に関係するものだ。自チームのメンバーに「学び」を推奨し、その時間を与えることで、モラルの向上だけでなく、チーム全体の能力も底上げされる。そして学びを重視する文化を構築することで、スケーリングにまつわる大きな課題である「責任のなすり合い」や「派閥の弊害」に対する耐性も増す。たとえば、「責任を追及しない事後分析」が効果的なひとつの理由は、不具合の原因となってしまったメンバーやチームを責めるよりも学びを強く意識させるからなのだ。

　全社レベルで学びを重視しているチームは古参社員も新入社員もチーム全体の知識や才能をよりよく活用できる。これにより、チャレンジ精神をパワーの源泉にして急成長できる。新入社員が同僚たちとユニークな知識を共有できれば、各人が単独で作業を進める場合に比べて、チーム全体の生産性向上にはるかに大きく貢献できる。

　自分のチームが学びの文化を構築するための方策として、次のようなものを検討してみよう。

カンファレンスへの出席

　チームメンバーに年間の予算を割り当て、カンファレンスへ出席させる。ただし他のメンバーとカンファレンスで学んだことを共有するのが条件

大学との連携

　自社の近くに大学があれば、社員が仕事に関連する講義を受講する時間と予算を割り当てる。最近ではネットを使ったコースも多数あるので、必ずしも大学が近くになくても可能だろう

社内勉強会の開催

　チームのメンバーが興味をもっている事柄についてプレゼンできるような勉強会を始める

ベテランの苦労話や自社に関するトリビア

ベテラン社員の中には、困難な時期を乗り越えた体験談や今に至った道筋など、創業期の「ストーリー」を語ってくれる人もいるだろう。「談話会」のようなものを設けることで、若手社員の影に隠れがちなベテラン社員の疎外感を緩和できる

外部専門家の招聘

業務に関連して、外部から専門家を呼びチームに新たなスキルを提供してもらうのも悪くない

業務評価と昇進

教育やメンタリングを勤務評価や昇進の重要な評価対象とする

学びの文化を構築すれば、個々のチームメンバーのヤル気を引き出せるだけでなく、チーム全体の実力アップにもつながる。新たな知識やベストプラクティスが広く共有されるようになるのだ。

急成長期の生産性カーブを上向きにするベストと言っても過言ではない方法だ(「5.2.5 継続的学習を重視する環境の整備」も参照)。

9.6.2 信頼と安全性の確保

「心理的安全性」という概念が広く使われるようになってきている。たとえばGoogleは「プロジェクト・アリストテレス」で「チームの生産性ともっとも相関が強いのは何か」を探る研究を行ったが、ニューヨークタイムズの記事(https://nyti.ms/2hMLhqQ)によれば、Googleのデータはチームのパフォーマンスを上げるのに「心理的安全性」が、ほかの何よりも重要だということを示唆している。

心理的安全性とは、エイミー・エドマンソンが提唱した概念で、「対人リスクの安全性がチームで共有されていること」を意味する(https://bit.ly/2hMHauL)。もっと単純に言えば、「チームで気兼ねなく発言できる度合い」のことで、誰かが意見を言っても、チームのメンバーが困惑したり、拒否したり、それを罰したりはしない環境が実現されていれば安全性が高いことになる。チームメンバーに対する互いの信頼から醸成される感覚だ。報復などの恐れなしに安全に意見を言えることを、これまでの言動から学んだことを示すものだ。

　カルチャーステートメントで心理的な安全性を高める言動をするよう強調しておくことが重要だろう。また、一旦信頼が損なわれると、修復には多大な時間と労力が必要になるため、新規のマネージャーが実際の職務に就く前に心理的安全性に関するトレーニングを課すことを強く推奨する。

　信頼が損なわれた事実が発覚した場合には、迅速に、しかも毅然とした態度で対処しなければならない。たとえば、懸念の声を上げたチームメンバーを不公平に罰したマネージャーは、その地位を奪う必要がある。いや、そもそも会社から追放するべきであるかもしれない。こういった行動に対して何も行わないと将来非常に高いつけを払わされることになる。ベン・ホロウィッツが「CEOは包み隠さず話さなければならない」（https://bit.ly/2gM9nBq）で書いているように、「失敗した企業を調査してみれば、致命的な問題が表面化するはるか前に、少なくない数の従業員が気がついていたことがわかるはず」だ。気がついていたにもかかわらず、なぜ従業員は何も言わないのだろうか。この問いに対するよくある答えは「悪いニュースを広めることを敬遠する企業文化が存在していた」というものだ。このため、対策を立てても間に合わない段階になるまで問題が表面化しなかったわけだ。

　信頼と心理的な安心感は、難しいアイデアであっても自由に交換できる環境を作り上げる。自由に表明できるような環境にあれば、問題点やイノベーションのチャンスに気づかないという事態は避けられるのだ。逆に、そうした環境がなければ埋もれたままになってしまうかもしれない。「問題はもってくるな。解決策をもってこい」という態度は好ましくない。こうした態度では困難な問題が表面化する機会を逸してしまう。それは企業にとって非常に重要な欠点となってしまうはずだ。

心理的安全性と物理的安全性

NPRのポッドキャスト「Invisibilia」（https://n.pr/2gM6j8i）が信頼と心理的安全性の大切さを示すストーリーを配信している。当時史上最大を誇っていた石油プラットフォーム「アーサオイルプラットフォーム」に関するものだ。ここで働いていた労働者のほとんどは古くからの「男の価値観」に基づいて行動していた。「ミスをしたらそれを隠せ。何かを知らなければ、それを知っている振りをせよ。けっして弱みを見せるな。内から湧き出る感情は飲み込んでしまえ」といった価値観だ。怪我は「仕事の一部」であり、「人が死ぬのを見るのも、けっして珍しくはなかった」という悲惨な状態だった。

このプラットフォームを運営していたリック・フォックスは、うまくいく方法があるはずだと考え、コンサルティンググループ「Learning as Leadership」を運営していたクレア・ヌーアを雇い、従業員の「組織文化改革」に乗り出した。従業員を一連のワークショップに参加させ、互いに心を開いて疑問や失敗、懸念を何のためらいもなしに伝え合うよう訓練した。「あなた方がしているのは危険を伴う作業なのですから、怖くて当然です。ほかの人に自分が怖いという事実を伝えないと、一緒に安全な環境を作り出すことはできません」。その結果どうなっただろうか。ハーバードビジネススクールのロビン・エリーは同社における文化の変化について研究し、「こうした改革によって、事故率が84%減少した」と結論づけた。しかも、同じ期間に生産性(産出量、効率性、信頼性など)はこの業界の標準を超えるレベルにまで上昇した。誤りを認め学ぶ姿勢を身につけることで、このような危険な環境でも安全が確保されるようになったわけである。

9.6.3　多様性と包括性の重視

企業の順調な成長のためには、次の2つが非常に大切だ。

・人が足りない部署・職位に、もっとも評価の高い候補者を見つけ出して雇用する
・こうして雇用した人に対して、協力的で魅力的な仕事環境を提供する

この2つがうまくできれば、多様性を保ちつつ成長する組織を作り上げられるだろう。

バックグラウンドや身体的な特徴に関係なく、すばらしい才能をもつ社員を見つけ出し、長い間チームメンバーとして戦力になってもらえれば、他社(他チーム)との戦いにおいて、次のような観点から優位な立場を保つことができる。

・より広い人脈から候補者を集めることで、人材発掘時のネットワークが広がる
・従業員の定着率を高く保つことで、組織全体の知的損失を防げる
・より高い心理的安全性を確保できる
・問題解決においてより創造的な活動が促進される
・さまざまな顧客層の要求や要望をより深く理解できるようになる

多くのリーダーは残念ながら、さまざまな要因でこうした目標を果たせずにいる。た

とえば、新卒採用の対象をトップランクの大学や創業者の母校に限定したり、中途採用者を創業者の以前の勤務先に限定するといった具合である。このような採用方法は労力が少なくて済むという短期的な利益をもたらしはするが、より広範囲な人材を対象にする場合よりもメンバーの多様性が小さくなってしまう。採用プロセスにおけるバイアス（偏見）の影響も見逃せない。数多くの研究によれば、履歴書のスクリーニングや面接の間に氏名や顔写真を見ることができると、「過小評価グループ[*3]」に対する差別が生じる傾向がある。このためブラインドインタビュー（https://bit.ly/2gM3dBl）を行う方向に動いている企業もある（「ビールテスト」や価値観によるフィルタリングなどについては、上の「9.5.1 採用における価値観と文化」でも取り上げた）。

リーダー側の人材が多様性に欠けていることも企業の成長や包括性（第5章参照）を阻害する要因となり得る。過小評価グループに属する従業員のメンターは、同じ過小評価グループに属する人にしたほうが効果が高いことを示す研究が増えている[*4]。このため、リーダーが同じようなバックグラウンドをもつ人ばかりだと、過小評価グループに入る従業員が頭角を現し始めたとしても、育成に困難が伴う恐れがある。昇進面でチームのメンバーを平等に扱うのが難しくなるという面もあげられよう。たとえば、ある研究によると女性は昇進を希望するケースが男性よりも少ない傾向にあるので、管理者は注意が必要だ[*5]。男性が昇進を希望した場合、その男性よりも昇進にふさわしい女性がいないか（本人が希望していなくても）検討したほうがよい。

さらには、多様性をもった職場環境を実現するために「包括性」を高める努力を怠ったり、職場環境の悪化を示すサイン（過小評価グループに属する他の従業員との摩擦や軋轢（あつれき）など）を見逃したりするといったことも避けなければならない（「9.6 規模拡大に対応できる文化の構築」も参照）。従業員の幸福度アンケート、退職者面接の実施や結果分析は、そうした問題を浮かび上がらせるひとつの手段だ。チームが小さいうちから、離職に関わるデータを集めるようにすれば傾向や兆候を素早く認識でき、迅速な対応が可能になる。

[*3] たとえばIT業界における女性など。人口では男女比はほぼ1:1だが、IT業界では女性が少ないといったように「過小評価」されてしまっていると考えられるグループ。

[*4] ハーミニア・イバーラ、ナンシー・カーター、クリスティン・シルバ著「いまだに男性のほうが女性よりも昇進しやすいのはなぜか」（『ハーバードビジネスレビュー』2010年9月号 https://bit.ly/2gMabq0）

[*5] リンダ・バブコック他著「女性には昇進を希望しない傾向がある」（『ハーバードビジネスレビュー』2003年10月号 https://bit.ly/2gM8uZP）

　こうした傾向はIT業界全体の多様性の欠如に、少なくとも部分的には原因がある
と言えよう。この傾向だけを見ても、多様性と包括性に価値をおく文化を構築する理
由となる。これだけではない。既に見たように、タレントプール（自社で将来採用する可
能性のある人材をデータベース化したストック）の拡大、社員定着率の向上、創造性や
革新性、チーム構成員の異なる顧客層に対する理解度の向上といった点も忘れてはな
らない。第1章から第3章では採用過程におけるバイアスの排除方法、また第5章では
包括性に富んだ職場作りについて議論した。こうしたベストプラクティスをまとめ上げ、
それを「文化」にまで昇華できれば、急成長期に起こりがちな問題の発生を抑制できる
はずだ。

9.7　チーム文化の進化

自チームの文化の限界を知り、文化的な適応性を高めることは、リーダーシップの肝で
あり、究極のチャレンジである。
　　　　　――エドガー・シャイン著 梅津裕良、横山哲夫共訳『組織文化とリーダーシップ』

　チーム文化という観点から見て、リーダーには次の2つの大きな責務がある。

1.　コアバリューおよび文化を、より強固なものにする
2.　文化面の変革が不可欠であることを認識し、実際に変革を行う

　ここまでの議論は基本的に1.に関するものであった。2.にあげた、チーム文化の「変
革」を行う必要はあるのだろうか。あるとすれば、いつ行えばよいのだろうか。チームの
成長・進化に伴って文化を変化させていくために、リーダーはどのようなツールを使え
るのだろうか。

9.7.1　文化的変革の必要性

　「9.5.3　リーダーシップと文化」で、成長に伴ってチーム文化を変えていく必要があ
ることを指摘したが、ここではこの点を掘り下げる。まず、文化的な変革が必要な理由

をあげてみよう。

- 文化的プラクティスを進化させて、チームの成長に適応する
- 文化を調整して、コアバリューによりよくフィットさせる
- 文化を改善して、チームのもつ能力をさらに高める
- 文化を順応させて、業務上のニーズの変化に対応する

各項目について詳しく見ていこう。

9.7.1.1 チームの成長への適応

この章で既に見たように、ある文化的なプラクティスが15人のチームでは有効であっても、50人あるいは150人のチームでは効力を失うことは珍しくない。リーダーは「限界点」を見極め、物事の進め方を変えるようメンバーに働きかける必要がある。

9.7.1.2 コアバリューにフィットさせるための調整

時によっては、これまでのプラクティスがチームのコアバリューにフィットしなくなってきたというケースもある。「質が第一」をスローガンにして、納期を守ることよりも製品の質を上げるほうが重要だと考えているチームがあったとする。しかし、売り上げの伸び悩みやユーザーからのクレームといった原因で、完成度を高めるのではなく、出荷日を優先するモードに陥っているといったケースだ。開かれた議論や透明性を旨とするチームにあっても、報道機関への情報リークを避けるために、社内のミーティングで公にする情報を制限する方向に動くこともあり得る。コアバリューと文化的なプラクティスの間の隔たりは、時間が経つにつれさまざまな形で表面化しはじめる。上層部への信頼感の低下、コアバリューやカルチャーステートメントの有効性への不信感の高まり、士気や生産性の低下といった具合だ。リーダーにとって、こうした兆候を察知し、文化を調整するための行動をとることが重要だ。

それほどズレが大きくない場合もあろう。たとえば、組織全体としてのコアバリューが、特定の業務や領域に要求されるプラクティスにフィットしないといったケースだ。「驚きと喜び」をコアバリューとして掲げている組織であっても、（サプライズは起こってほしくない）管理・運用チームにおいてはこのコアバリューと全面的にフィットする行動はとりがたいだろう。そのような場合、コアバリューの変更を迫られることになるか、あるいは管理・運用チームの管理者がチーム固有のカルチャーステートメントを設

けて、このズレは問題視する必要がないことを説明するべきかもしれない。

☐ 9.7.1.3 文化のバージョンアップ

文化面の変化が、コアバリューとの整合性とは別の観点から起こる（起こされる）場合もある。「9.6 規模拡大に対応できる文化の構築」において、急成長期のチームにとっては特に重要になる文化的要素があることを指摘した。たとえば、これまで「継続的な学習や改善」に重きをおいていなかったチームが、これを重視する方向に変化することも考えられる（「9.7.2 文化的変革の実装」でこれを実践する方法を説明する）。

☐ 9.7.1.4 ニーズの変化に伴う適応

2010年頃、Facebookはパソコン版での成功をモバイル版のアプリでも実現しようと四苦八苦していた。SC・モアッティは「Facebookはマインドセットを劇的に変化させて、偉大なモバイル企業にならなければならなかった」と、この時期を振り返っている（https://bit.ly/2hRDTxH。すぐ下で、Facebookが文化的変革をどのように「実装」したかを説明する）。

> 当初は無料のウェブサービスだったので、「エラーのコスト」はかなり低かった。たとえエラーが起こっても大きな問題にはならなかったので、同社のモットー「素早く行動して破壊せよ」が長い間「よし」とされてきた。何か不具合が起こると、数人のエンジニアがチームを組んで解決する。これで十分やっていけたのだ。だが、この方式はモバイルには通用しない。モバイル環境のエラーのコストは、デスクトップ環境のエラーのコストの10倍なのだ。

このような文化的変革の必要性を認識するのは簡単なことではない。上にあげたエドガー・シャインの言葉のとおり、「リーダーシップの究極のチャレンジ」なのだ。ニーズの変化に適合するよう、常にチャレンジし続けなければならない。「これが我々の物事のやり方です」という答えを「正解」として受け止めてはならない。急成長中の企業にとって、「物事のやり方」の変更は日常茶飯事だ。コアバリューとの整合性を保ちつつ、ニーズに見合う変更を施していくことは可能な場合が多い。

9.7.2 文化的変革の実装

　理由やアプローチには関係なくチーム文化の変革には常にリスクが伴う。しくじると、生産性の低下を招くだけでなく、変革に同意（対応）できないメンバーの退職という事態を招きかねない。では、どのようにすればよいのか。チームに受け入れられる変革の実現手法を見ていこう。

☐ 9.7.2.1　理由を明確に

　これは文化的な変革に限った話ではないが、最初のステップは「なぜ変革が必要なのか」、メンバーにその理由（動機）を説明し納得してもらうことだ。「何を変えるか」の裏にある「なぜ変えるか」を説明するのだ。正当かつ明解な根拠がなければ、従業員は「役員連中の『ええカッコしい』だ」とか「スタートアップの精神はどこに消えたんだ！」などといった感想を漏らすだけで、納得できないだろう。追い求める結果をていねいに説明することで、はじめてチーム全員がその結果を目指せる。リーダーが考えもしなかった方法を思いついてくれる者が現れるかもしれない。

☐ 9.7.2.2　部下をヤル気にさせつつやるべきことをやる

　「9.5.3 リーダーシップと文化」で述べたことだが、もう一度強調しておこう。チームリーダーの同意および支援のどちらが欠けていても、チーム文化の形成は困難だ。

　変革を首尾よくやり遂げるには、部下をうまくヤル気にさせることが重要だが、その上に、自分から目指す方向に沿うような行動をとる必要もある。最悪のケースをあげよう。新しいCEOがやって来て、命令一下、新たな文化を押しつける。前の会社でのルール（「採用委員会が採否の全権をもつ！」）が気に入っているのかもしれない。はたまた、同僚の話を信じたのかもしれない（「『テレワークの日』には生産性がガクンと落ちると聞いたから、こんなのは止めてしまおう！」）。いずれにしても、幹部やチームマネージャー、その他のリーダー的存在が同意しないのに、変革を試みても失敗におわる可能性が高い。ことによっては忠誠心の低下を招いてしまう。

☐ 9.7.2.3　黄色信号を見逃すな

　波風を立てずに文化を変えるのは難しい。オリジナルの文化を構築するのに一役買ったベテラン社員が絡むと特にだ。上で見た注意すべき兆候（「9.5.4 規模拡大時の黄色信号」）のリストを見て、受け入れられていない様子が見られたら即座に対策を立てるべきだ。

□ **9.7.2.4　文化的変革のケーススタディー —— Facebookのモバイルへのシフト**

　前節でFacebookがモバイルマーケットへの対応を図った際の文化的変革に触れた。その時に上層部が行った、変化が必要な理由の説明と具体的な施策を見てみよう。

- マーク・ザッカーバーグの最初の一手は「ハック」という言葉の公的な場での使用禁止だった（https://bit.ly/2gMbW6C）。この言葉は開発者にとってはヤル気を起こさせる特効薬的な面もあるが、「やっつけ仕事」的なニュアンスも含んでいる。モバイルに必要な、よりフォーマルな開発モデルとは対立するものだ。ウェブアプリケーションならば、その場でバグ修正をしてしまうことも可能だが、ネイティブアプリではフォーマルなテストや承認のプロセスが必要だ。このためバグ修正にかかる時間も増加し、バグがユーザーや企業ブランドに与える影響も大きい
- 次に、エンジニアリングチームの再編成と製品計画の見直しを行い、モバイルに重点を置く布陣に変更した。それまでは、新機能は最初にウェブでテストされてうまく行けばモバイルに展開されていたが、「モバイルファースト」を採用したのだ。組織構造も変革し、プラットフォームではなく製品に焦点をあてるようにした。つまり、ウェブ、iOS、Androidといったチーム構成ではなく、各プラットフォームのFacebook Messengerの開発者全員を、ひとつのチームと見なすようにしたのだ
- 新規のカルチャーステートメントが導入され、開発者に品質へのこだわりを求めた。これについてマイク・イサックはAllThingsDの2012年の記事（https://bit.ly/2gbLnXd）に「理念的な面がもっとも大きかったと思う」と記している。プロダクトマネージャーはチームのメンバーにコードを「所有している」という意識をもつよう求めた。自分たちの変更に対してより多くの責任を負う覚悟を求めたのだ
- 最後に、よく知られていたカルチャーステートメント「素早く行動して破壊せよ」から離れる決断を下した。モバイルにもマッチする「素早く動きつつ、安定したインフラを構築せよ」に変更した。ザッカーバーグは10周年のカンファレンスF8でかなりの時間を割いてこの移行の動機を説明した。「これまでやって来てわかったのは従来の姿勢では素早く動けないという点だ。バグ直しに時間を取られてしまい、スピードアップにはつながらないのだ[*6]

---

*6　サマンサ・マーフィー著「Facebookが同社のモットー『素早く行動して破壊せよ』を変更」（https://bit.ly/2RMkaiT）

この努力は報われ、今日では90%以上のユーザーがモバイル機器からFacebookにアクセスするようになり、広告収入の82%はモバイルから得られている[7]。このような「大変革」の際には、リーダーが先頭に立って、外部に向けてアナウンスするとともに、移行の必要性を内部に向けて発信し続ける必要がある。

9.7.3　文化的コンフリクトの解消

「9.5　急成長時の文化面のチャレンジ」で見たように、急成長時には価値観や文化に関する「コンフリクト」が生じることも多い。時によっては「起こるべくして起こった(ある意味自然な)衝突」や「無害な衝突」もあるだろう。モバイル用アプリの開発チームは、クラウドベースのウェブアプリケーションの開発チームに比べて、より安全で堅牢な手法を採用することになる。製品が異なれば、バグ修正に関するアプローチが異なるケースも多い。開発者によっては、こうしたアプローチの違いが所属チームを選択する際の重要なポイントとなることさえある。

しかし、コアバリューにまつわる、根深いそして許容しがたい意見の相違が原因というコンフリクトも起こる。まずリーダーがするべきなのは、放っておいても大丈夫かどうかの判断で、これは解消のためのアクションを起こす前に行うべきものだ。以下で一般的なケースを紹介しよう。その対応策も提示する。

□ 9.7.3.1　派閥の形成

まずは「よくある話」だ。いちばん単純でもある。リーダーは社内のコミュニケーションに気を配り、企業文化の強化に努めることが大切だ。これを怠ると、独自の文化を発展させてしまう「グループ」が登場する余地が生じる。何ら問題のないグループもあるだろう。データサイエンスチームがランチを一緒にとっていても気にとめる者はいない。しかし、モバイルチームが勤務中に自分の机で頻繁につまみ食いをしているというのはどうだろうか。財務と営業といった部署による構成員のパーソナリティの違いや、大企業の2つの部門といった組織的な違いもグループ形成の要因となり得る。

InstagramはFacebookに買収されたが、製品に関するアプローチはいまだに異なっている。こういったケースでは、全社的な統一を強制するよりも、バリエーションを許

---

* 7　ディーパ・シーサラマン著「Facebookの広告による収益、大幅増」(https://on.wsj. com/2hMIaPx)

容したほうがよい場合も多い。

　しかし、文化の違いがコンフリクトの要因となる場合もある。あるアプリケーションチームは週単位のスプリントで最終的なソリューションに向けてイテレーションしていく。新機能を徐々に追加していくというスタイルで開発を行っているチームだ。一方、このチームはインフラチームにAPIを開発してもらう必要があり、コーディングを開始する前に詳細な設計ドキュメントを書き、リード開発者からの承認を得る必要があるとしよう。少なくともどちらか一方の開発チームは、フラストレーションを抱え込むことになるだろう。

　このような問題をチーム内部あるいは当該チーム間で解決できない場合は、リーダーの関与が必要になる。正しい解決方法は状況によってさまざまで一般化は難しいが、ひとつ重要なのは「共通基盤」を見つけ出し、それぞれの立場の違いを明確にすることだ。関与している者全員が同じ価値観を共有し、何が組織全体の業務として必要なのかをしっかりと認識する。まずはこれができれば、以降のプロセスはスムーズに運ぶだろう。

□ 9.7.3.2　文化のシフト

　「9.7　チーム文化の進化」で見たように、何らかの方向に文化を変えざるを得ないとリーダーが感じるときがある。典型的なシナリオとしては、会社の成熟度が増すにつれて、創業時の「イノベーションに重きを置いた姿勢」から、「より洗練されたビジネスモデル」へ移行する場合などだ。よりフォーマルな、ある意味官僚的とも言えるプロセスの導入が必要になり、以前のインフォーマルで直感的なアプローチに慣れていたベテラン社員が不満を抱える原因となり得る。

　そうしたケースでは、ある程度の離職もやむを得ないだろう。以前の方式に固執する社員にとっては適応が難しくなる。リーダーはそうした移行がこれまで精神的支柱となってきたコアバリューの修正を必要とするものかをしっかりと見きわめ、もしそうした移行であると判断したならば、新しいビジネスの形態によりよくフィットするコアバリューを探し出す必要がある。雇用時のフィルタリングや評価の基準なども含め、古いコアバリューをベースにした基準には改訂の必要が生じる。同時に、そうした移行の理由を社員にていねいに説明することが欠かせない。

□ 9.7.3.3　文化の合体

　企業買収やアクイハイヤー（第3章参照）などによって、あらたな人材が大量に加わっ

た場合は、何らかのレベルの文化的な衝突が避けられないだろう。買収する側とされる側で成長のステージが異なるケースのほうが多いだろうから、どちらかが、よりフォーマルでベンチャー企業色が薄れたプラクティスをもち、個々の構成メンバーの価値観や文化も異なることになる。

　こうした際に有効な施策を網羅するとなると本書の範囲を越えてしまうが、原則を3つ紹介しておこう。

「共通基盤」を見つけ出す

　　チームのリーダーは、買収の過程においてコアバリューに共通項を見つけ出す必要がある。「見つけるのが困難」だと、文化的な衝突の危険性は小さくない

別ユニットとしての運営を検討

　　2012年にFacebookがInstagramを買収した際、開発チームを一体化する道は選ばず、Instagramを独立したユニットとして運営することにした。これによって、Facebookの「迅速な動き」を重視するアプローチと、Instagramの洗練されたデザインを重視するアプローチとの文化的な「直接衝突」が回避された

人材交流の促進

　　TwitterがVineやPeriscopeを買収した際、子会社に対しては自律的な企業活動を許しつつ、Twitter側の社員の子会社への移動や、逆方向の移動を禁ずることはしなかった。これが買収後に表面化しがちな「我々 vs. 彼ら」という心理的対抗心を和らげる結果につながった

9.8　文化の測定と情報のフロー

　チーム文化の有効性を「測定」することは可能なのだろうか。これについては組織内の情報の流れが重要な指標となるという信頼性の高い研究結果がいくつか報告されている。

　たとえば社会学者ロン・ウエストラムは「組織文化の類型論」（https://bit.ly/2gbLPEN）において次のような議論を展開している。

情報のフローは文化的な側面への影響が大きいだけでなく、文化的な側面の指標ともなり得る。トラブルの兆候が現れた際に組織が（あるいはその一部が）どう振る舞うかを予測できるのだ。そしていくつかのケーススタディーや系統的な研究によれば、エラー報告やパフォーマンスに実際に深く関係しているらしい。

　ロン・ウエストラムの研究は公衆衛生や航空機設計といった安全性に大きく関わる産業を対象としたものであるが、「失敗から学ぶ」のはテクノロジー関連企業全般にとってもお馴染みの考え方である。システム障害、セキュリティ絡みの欠陥、バグの多いアプリなどは、すべて欠陥が表面化したものであり、健全な情報フローはこの防止に貢献する（少なくともその理解には役立つ）。同様に、新規のビジネスチャンスに関する情報も（自らの保身に躍起になっているリーダーにとっては脅威かもしれないが）、企業が進化し競合他社に打ち勝つためにはきわめて重要である。
　ロン・ウエストラムは、表9.4 に示すように組織を分類している。

病的	官僚的	創発的
権力指向	ルール指向	パフォーマンス指向
協力しない	ある程度協力し合う	いつも協力し合う
メッセンジャー不在	メッセンジャー無視	専任のメッセンジャー
責任感はないに等しい	責任感に乏しい	リスクを共有
橋渡し非推奨	橋渡し許容	橋渡し推奨
失敗は責任転嫁へ	失敗は裁きへ	失敗は調査へ
新規性は握りつぶし	新規性は問題視	新規性は実装

表9.4　情報の処理方法による組織の分類

　ロン・ウエストラムはさまざまなケーススタディを通して、創発的な組織が、どのようにして不健全な組織を業績で上回るかを紹介している（https://bit.ly/2gbLPEN）。1999年に病院が誤診の繰り返しを発見した例を次に示す。

　きっかけは、ある泌尿器科の医師が生体検査ではマイナスだった患者の一人が前立腺癌と診断されたのに気づいたことだった。同様の症例がもうひとつ見つかった段階で、生体検査の基準に対する疑問の声があがった。279の前立腺生体検査について内部調査を行った結果、そのうち20が誤りと判明した。・・・病院はこの事実を隠蔽したり軽視したりはせずに、州の機関に報告し、定期的な更新情報をスタッフに送付するとともに、88,000通もの手紙を病院の患者に送って状況を

説明した。監督機関からも患者たちからも好意的な反応が返ってきた。このプロセスにおいて、病院の人的あるいは財務的な損失はほぼゼロに等しかった。・・・すべてをオープンにしたことが、患者優先という評判をさらに高める結果となった。人間の言動に誤りは付きものであるという事実を患者は受けとめ、そうしたエラーに対して施された適切な処理に良い印象をもった。この経験は「患者第一」はビジネス戦略としても優れたものであることを示唆している[8]。

　皆、不健全な組織ではなく、創発的な組織で働きたいものだ。だが、チームが「創発度」に関してどのような位置にあるのかを判断する基準はあるのだろうか。情報フローの欠落は顧客にリスクを押しつけるのだろうか。自分たちの組織はうまく応対できるだろうか。上の例で患者の命が危険にさらされていると認識したとき病院がしたように。

　DevOpsエンタープライズフォーラムはチーム内の情報フローの健全性を計測する試みとしてウエストラムのデータに基づく提案をしている（https://bit.ly/2fVyQty）。自分の属するチームに対して次のような質問を行い、回答者は「リッカート尺度」に基づき、1（強く不同意である）から7（強く同意する）の点数を付ける。

・情報を積極的に収集する
・失敗が学びの機会であり、それを知らせたものが罰を受けることはない
・責任は共有されている
・部門をまたぐ協力が推奨されている
・失敗が調査の対象となる
・新しいアイデアは歓迎される

　こうした指標の正確性や効果、それに特定のスコアの際にどのようなアクションを起こすべきかといった事柄はまだ証明されていないが、定期的調査により時間的なスコアの変化を見ることは、「チーム文化の健全性」のチェックには有効であろう。
　ロン・ウエストラムは楊継縄の『墓石 -- 中国の大飢饉 1958-1962』を要約する形で、組織における情報フローの必要性を示すもうひとつの（きわめて悲惨な）例を示して

＊8　DA・ビエトロ他著「医療ミスの検知と報告 —— なぜジレンマを感じるのか？」（BMJ 2000；320:794-6）

いる*9。

> 中国の「大躍進政策」の間、飢餓の嵐が吹き荒れたが、その根本原因は情報伝達の問題であった。地方のリーダーが問題点を進言すると、「偏向者」のレッテルを貼られ、虐待や死刑の罪を受けることとなった。下位のリーダーは真の共産主義者として振る舞うべく、農作物の収穫量を偽った。農民が食糧がなくて困っているときでも、党幹部の家には食糧があったため、この事実を上に報告しなくても困らなかったのだ。最終的な餓死者は3,800万人にも達した。この事実が一般に知られたのは何十年もあとのことである。

9.9　まとめ

　リーダーにとって強いチーム文化を作り上げられるかどうかが重要な試金石となる。本章に示したように、文化や価値観に対する投資は大きな利益をもたらす。すぐれたリーダーとは毎日、自ら喜んで足を運びたくなるような職場を実現するべく強い組織文化を作り上げる者なのだ。ベン・ホロウィッツは『HARD THINGS　答えがない難問と困難にきみはどう立ち向かうか』（滑川海彦、高橋信夫訳、日経BP）に次のように書いている。

> 会社を成功させるために死ぬほどの努力をした後で、「自分は働きたくない」と思うような企業文化ができあがったとしたら、それは悲劇以外の何ものでもない。

　コアバリューを定義し、それに基づいてチーム文化を進化させていくのに必要な労力は、従業員が「ずっと働きたい」と思う会社を作るためのコストとしては、無視できるほどのものである。

---

*9　ロン・ウエストラム著「情報のフローに関する研究」（https://bit.ly/2gPfJPn）

第 10 章

コミュニケーションのスケーリング
── 規模と距離が生む複雑性

コミュニケーションがうまくできたと思える時でも、誤解は生じている。

—— ウィーオの法則

　急成長中のチームでは次のような不満の声をよく耳にする。

「社内の動向なんて、もう見当もつかなくなってしまった」

　会社の規模が小さいうちは情報の浸透度も高い。しかし組織の規模が拡大し複雑
化するにつれて、社内の重要なニュースを聞き逃しているという感覚を社員がも
ち始める

「ミーティングばかりの毎日だ」

　人を雇えば雇うほど、必要な連絡や擦り合わせが増え、大抵はミーティングも多く
なる。中には必須のミーティングもあるが、製品開発のための労力や時間がミー
ティングに奪われれば奪われるほど、新人を一人採用することで得られるメリッ
トも薄れてくる

「こんな大量のメール、とてもさばききれない」

　以前なら午前中に10分ほど割けばメールにもグループチャットのメッセージにも
全部目を通せたものだが、今ではその倍ではきかず、30分はかかるようになって
しまった

　チーム発足当初のコミュニケーションは、まさに「楽勝」である。ほんの数人しかいな
いメンバーが同じひとつの部屋を共有し、何についても心置きなくざっくばらんに話
し合う。議論の中身も興味深く理解しやすいものばかりだ。というのも、率直に言って
議論する必要のある事柄の数はそれほど多くないからだ。どんな製品にするか、どんな

ビジネスモデルを構築するかを模索中のメンバーにとってはすべてが重大事なのだ。

とはいえ、こうした環境も最初だけで、チームが大きくなるにつれてある意味のどか・・・
なこうした雰囲気も次第に薄れ、やがてはしかるべき対応を迫られることになる。

10.1　チームの規模拡大で支障をきたすもの

　成長中のチームは、やがて「どの社員もこれまで同様に『社内の動向を漏れなく把握して当然』と思っているものの、把握するべき情報が多すぎて、もはや無理」という段階に突入する。必要な情報は常に抜かりなく仕入れておきたいと皆が望みつつも、「メールが多すぎる。全社向けのものがほとんどじゃないか」とぼやくのだ。しまいに、必要な情報を常に漏れなく仕入れられる社員はゼロ、という状況に至る。

　こうなってしまったら、チームメンバーの集中を妨げないよう社内コミュニケーションの量を減らすことが大切だ。ただし重要事項は確実に伝わるようにしなければならない。重要事項だけが伝わるようにできれば申し分ない。仮に受信が2,000通あるとして、そのうち重要なのはわずか10通といった状況で優先順位を見極めるのは容易なことではないのだ。この問題を、ソフトウェアプロジェクト管理プラットフォームの運営会社Clubhouse〔クラブハウス〕の共同創設者兼CEO、カート・シュレーダーは、同社ブログに掲載した2013年10月21日付けの記事で次のように説明している。「ほとんどのスタートアップでは、社員が15人前後に達すると、依然誰もが社内のあらゆる動静を逐一把握したいと望みながらも、その情報量が、一人の人間が把握し得る量を徐々に上回り始める、という時期に突入する。そしてこの時期がかなり長く続くことがある[1]」。このような事態を改善するコツはのちほど紹介する。

コミュニケーションの不備── アレックスの体験談

私の以前の所属先は世界中に支社があり、連絡や調整を常に必要としていた。しかしある時、全社員の半数が出席する会合で、CEOが「経費節減の必要に迫られているため、今後2、3ヵ月は出張を控えてほしい」と言った。だがその後それを全社員に伝えるフォ

---

[1]　カート・シュレーダー著「成長中のスタートアップにおけるコミュニケーションのスケーリング」（https://bit.ly/2gYNvpy）

ローアップを怠ったせいで、多くの社員がいつものように家族と相談してスケジュール
を組み、海外支社への出張を手配してしまった。結果、航空券の予約を済ませてから出
張自粛の命令を知らされる社員が続出した。

成長中の企業で起こりがちな事態ではある。伝え損なった情報の内容は違っても、同様
のパターンの問題が起きている。そして社員は「とてもプロとは言いがたい組織だ」と
いう印象を抱かされるのだ。

　有効なコミュニケーションは手放しで実現できるものではない。連絡事項を伝え、「や
ることリスト」のその項目にチェックをつけたら、あとは円滑に運ぶもの、と期待でき
るわけではないのだ。第9章で述べたように、情報の流れは組織の健全性やスケーラビ
リティの確保と向上に不可欠な要素である。しかし組織が拡大するにつれてコミュニ
ケーションは複雑さを増していく。この状況を、米国のコンピュータサイエンティスト
であり著述家、LoudCloud の共同創設者であるティム・ハウズは「歓喜あり恐怖あり
の技術チームのスケーリングで私が学んだこと」（https://bit.ly/2gG27al）でこう説
明している。「10人のチームでなら1対1のコミュニケーションも可能だ。これが50人、
あるいは100人という規模に膨れ上がると、状況は一変する。・・・ もはや1対1のコ
ミュニケーションなど不可能で、1対多とならざるを得ない。・・・ 伝達事項を確実、
明瞭に理解してもらうために複数回の『念押し』が必要になるケースも多い」。すぐ前
のコラム「コミュニケーションの不備」で紹介した事例でも、CEOが会合で発表した方
針を、メールで全員に伝えてさえいれば現場の驚きや混乱を防げたはずなのだ。

　時には幹部のコミュニケーション不足が思いもよらない事態を招くこともある。カ
レン・S・ジョンソンは「組織におけるコミュニケーション不足の事例」と題する記事
（https://bit.ly/2gMf3LE）で「逆説的に聞こえるかもしれないが、組織の幹部が社
員へのコミュニケーションをしくじると、連絡事項が増えてしまうことがある。決して
増えてほしくはない類の連絡事項だ。... 正確な情報が伝わらない状況では不正確な情
報が広まって噂が飛び交い、不安や恐れを招く可能性がある」と書いている。

　米国の非営利組織であるプロジェクトマネジメント協会が実施した調査（https://
bit.ly/2gMfqpv）では、コミュニケーションの不備が主因となって頓挫したプロジェク
トは全体の3分の1に及ぶ、との結果が出ている。逆に、有効なコミュニケーションに
はパフォーマンスを向上させる力があり、たとえば米国の世界的コンサルティング会社
タワーズワトソンがレポート（https://bit.ly/2gMiX7q）で次のような結論を提示し

ている。「コミュニケーションと変革管理で有効な業務慣行を確立している組織は、確立できていない組織にパフォーマンスで有意な差をつける可能性が非常に大きい」

危うく頓挫しかけたプロジェクト —— アレックスの体験談

不動産ポータルサイトの運営会社で働いた時の体験だ。このサイトについて同社は外部に大口の業務委託をし、仕様書も渡した。受注先は「了解しました。半年から9ヵ月ぐらいでのお引渡しとなる見込みです」と言った。その後この運営会社に雇われた私が、製作過程の製品を見たのか、あるいは少なくとも受注先の作業の進捗状況を把握しているか、と尋ねると、答えは「ノー」。受注先からの連絡待ちだという。それなら私が問い合わせて、デモをやってもらいましょうか、ともちかけ、実際にも相手に提案してみたところ、受注先は多少慌てはしたものの、2週間後に初のデモを行った。

それで発覚したのだが、構築中の「製品」は大幅な修正を要する悲惨な代物だった。双方のコミュニケーション不足がたたって、製品に対する受注先の理解が時間の経過とともに依頼主の要望から大きく逸れてしまっていたのだ。

そこで軌道修正を図り、定期的にデモをしてもらうようにしたところ、受注先は依頼主の要望をより正確に理解するようになった。

10.2 規模と距離が生む複雑性

　情報の伝達経路はチームの規模拡大に伴って幾何級数的に増えていく。米国の著名なソフトウェア技術者フレデリック・ブルックスはこのジレンマを著書『人月の神話』で次のように表現している。「仕事の各部分がそれ以外の部分と個別に調整されなければならない場合、人がn人いれば伝達経路はn(n-1)/2になる」。この公式を応用すると、5人から成るチームに必要な伝達経路の数は(5 x (5-1))/2 = 10で、これなら管理も可能と思われる。だがチームメンバーが12人に増えただけで、なんと66に跳ね上がるのだ。これが実際の現場でどのような感じになるのか、図示してみたのが図10.1である。

　チームの人数だけでなく、距離もコミュニケーションを複雑にする大きな要因となり得る。チームのメンバー同士が物理的に離れていると直接対話によるコミュニケーションに頼れず、効率でも効果でも劣る別のチャネルを使わざるを得ない。同じ8人から成るチームでも、メンバー全員がひとつの部屋を共有するのと、4人ずつ2部屋に別れて作業するのとではわけが違う。その2部屋が違う階、あるいは違う建物にあれば、事は

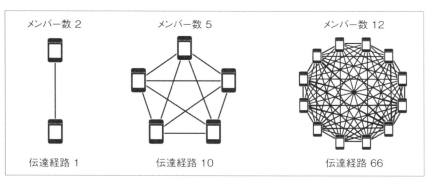

図10.1 メンバーの増加による伝達経路の増大

一層複雑になる。私のかつての所属先では、約65人のチームメンバーが同じ市内に散在する3つのオフィスに分かれて作業を進めていた。どのオフィスも互いに徒歩5分の距離にあったが、離れているという感覚はたしかにあって、コミュニケーションがらみのさまざまな問題が生じていた。中でも深刻だったのは、離れたオフィスにいるチームとは面と向かって気楽に言葉を交わし合うことができないため次第に協働能力が減退し、最終的には連絡すら取り合わなくなってしまった点だ。また、この会社では管理チームのオフィスから他のオフィスへの情報の流れも良くなかった。大抵は口頭での命令や連絡のみで、書面によるフォローアップが行われていなかったのである。

こうした物理的に離れているという状況がもたらす影響を緩和する方法はいくつかある。たとえば私の過去の所属先の会社では、ひとつしかない食堂を400人が利用していた(巨大な食堂だった)が、ほぼ全員がここに集まるので、食堂が複数あったら顔を合わせる機会などまったくなかったであろう社員も含めてほぼ全員が盛んに言葉を交わす間柄になっていた。

コミュニケーションが複雑になると、コミュニケーションツールも、直接顔を合わせてのミーティングも、メールを始めとするコミュニケーションツールでの連絡量も、爆発的に増える可能性がある。この3つを以下でひとつひとつ詳しく見ていこう。

10.2.1 ツールの爆発的増加

コミュニケーションが取りづらくなり、社員が情報不足について不満を漏らすようになると、チームは対処法として新たなコミュニケーションツールを採用することが多い。複数のデリバリーチームがそれぞれに異なるツールを採用するのもよくある話

で、これがじきに「ツールの爆発的増加」につながる。たとえばひとつの会社で3つか4つの連携不能なプロジェクト管理ツールを併用している、あるいはマーケティング、技術、販売の各部門がそれぞれ独自にWikiページを作ってしまったことが判明して整理や統合に苦慮する、といった事態だ。したがって、社員が連絡用に使っているコミュニケーションツールを常に把握しておくことは大切だ。2つか3つの選択肢をすべてのグループが試せるというのが理想的だが、複数のグループがそれぞれ異なるコミュニケーションツールを試している時には、統合の是非を検討できるよう、最低でもその状況だけは把握していたいものだ。

10.2.2　ミーティングの爆発的増加

　さて、コミュニケーションに関わる次の危機的状況は「ミーティングの爆発的増加」だ。急成長中のチームで意思決定を下したり作業の調整を図ったりする上で外せないミーティングも中にはある。たとえば採用面接の直後に面接官同士が行う意見の擦り合せがそれに当たる。しかし有益でも効率的でもないミーティングも多々あり、出席者の時間が浪費される事態となっている。また、チームには必要のないミーティングを増やす傾向があり、この手のものなら中止してもコミュニケーションに支障を与えることはめったにない。

　先程引用した『人月の神話』の一節は情報の伝達経路の爆発的増加に関するものだが、そこで紹介されていた「幾何級数的な増加」は、各メンバーが他のメンバー全員とやり取りしなければならない場合にしか起こらない。必要なコミュニケーションの量は、どのような組織編成を選ぶかで大きく変わる。ここでも威力を発揮するのが、組織のスケーリングに関する章（第6章から第8章）で提案したコツやノウハウ── 具体的には、組織設計の原則（第6章）、バリューストリーム（第7章）、社内の報告体制の編成法（第8章）── である。図10.2は、コミュニケーションに焦点を当てて描き出したバリューストリームだ。

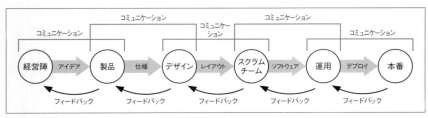

図10.2　コミュニケーションに焦点を当てたバリューストリーム

　このバリューストリームでは各ステップの間でのやり取り（通常、ミーティングやメールでのやり取り）が不可欠で、連絡や擦り合せのたびに遅延が発生する。ミーティングを1回行うたび、メールを1通送るたびに「本番環境への移行までの所要時間」が増えてしまうのだ。最終的には、新機能をひとつ公開するのに、ゆうに数ヵ月はかかるといった事態ともなりかねない。

　この問題の解決策としては、このバリューストリーム全体をひとつのデリバリーチームに任せる、というものがあげられる（詳しくは第7章を参照）。こうすればチーム内での（理想的には対話型の）コミュニケーションが可能になるから、書面での連絡やミーティングの必要性を減らせる（もしくは払拭できる）。問題解消後のチーム状況を図示したのが図10.3だ。

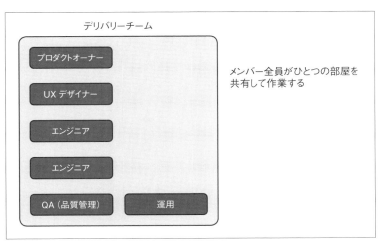

図10.3　ひとつのバリューストリーム全体について責任を負うデリバリーチームの例

☐ 10.2.2.1　ミーティングのベストプラクティス

　チームが大きくなってくると、ミーティングがメンバーの勤務時間を「侵食」し始めることがある。IT系のスタートアップでは、効率的で有効な会議運営のコツを正式に学んだ者がほとんどおらず、非効率な議事進行で参加者の時間を浪費しがちなのだ。そこでミーティングの「増殖」を極力食い止め、ミーティングから得られる価値を極力高めるコツを紹介しておく。

- どのミーティングにも責任者は必須だ。責任者は開催目的と協議事項を明示しなければならない。責任者のいないミーティングや、開催目的または協議事項がなく、それがすぐに思い浮かびもしないミーティングなら、スケジュールから削除するべきだ

- 資料はあらかじめ漏れなく配布しておく。こうすれば出席者が事前に目を通せるから、わざわざ皆でミーティングの時間を使って資料を読まなくて済む。逆にミーティングの冒頭にあえて資料読みの時間を設けるのであれば、その旨必ず事前に知らせるべきだ。こうすれば出席者はごく簡単な準備で済むと判断できる

- どの協議事項についても事前に論点を明確にしておく。これは通常、責任者の務めである

- ミーティングの開催目的が「出席者に何かを知らせること」ではなく「意思決定をすること」であるなら、出席者を必要不可欠な利害関係者（ステークホルダー）に限定して人数を絞る。そうしないと出席者が多すぎて合意を得るのが難しくなる恐れがある

- 至急決定を下さなければならない案件が生じたら、次に予定されているミーティングを待つことなどせず、ステークホルダーを緊急招集して意思決定を行う。誰かのデスクを借りるのでも、廊下に集まるだけでもよい。必要なら会議電話を使ってもかまわない

- 前回のミーティングで「要処理事項（アクションアイテム）」とされたものは、今回のミーティングでも必ず取り上げる。こうすれば出席者に前回の議論の内容を思い出してもらえるだけでなく、「要処理事項」に対する責任を再確認してもらえる[*2]

- 毎回必ずミーティングの予定時間を最後まで使い切らなければならないわけでもない。予定時刻よりも前に議題を協議し尽くしたら早めに切り上げる。「せっかくみんなが顔を合わせたんだから、ほかにも話し合っておきたいこと……」などと引き伸ばすのはやめるべきだ

- スライドはできれば使わない。どうしても必要なら、焦点を絞った無駄のない構成にする。スライドはカンファレンスでの講演には有用だが、小人数で話し合うミーティングではあまり効果がない。我々も（時間をかけて用意されたものも含めて）スライドを使ったプレゼンテーションが活発な議論につながったのを目撃した経験などめったにない。では、ここでスティーブ・ジョブズの言葉を引用しよう。プレゼ

[*2] ショーン・ブランダ著「AppleやGoogleのようにミーティングを行うコツ」(https://bit. ly/3cad6Ej)

ンテーションの担当者にパワーポイントの使用を許さなかった理由を明かした際の言葉だ。「頭を使って考えようともせずにスライドでのプレゼンに終始するやり方は大嫌いだ。[中略] 自分の言葉でプレゼンをすることで、問題にしっかり向き合える。スライドを見せるより、ミーティングの最中にきちんと考え、皆と議論を戦わせてほしい。自分の言っていることがわかっている者にパワーポイントなど不要なのだ[*3]」。我々も知っているある会社では、毎月の会議用にすばらしいスライドを用意させようと、経営幹部がわざわざスライド専門のデザイナーをひとり雇い入れた。しかし肝心の内容が伴わなかったことは言うまでもない

・週に1日か2日は「会議ゼロの日」にして、チーム内でのものを除き他のミーティングは一切禁止にする。こうすれば誰もが邪魔されることなく本務に集中できる

・会議テーブルの上でパソコンを開いていてもよいミーティングと、よくないミーティングを明確に区別し、それを徹底させる。我々は後者を推奨する。会議中にパソコンを開いていると持ち主の気が散るし、他の出席者に対して「ここでの議論に注意を払う必要を持ち主があまり感じていない」というシグナルを発することになるからだ。携帯電話やタブレット端末についても同様のことが言える。使用するなら会議室の外で、というルールである

☐ 10.2.2.2 ミーティングとチームの規模拡大

創業当初に効率良く行えて成果も十分得られていたミーティングでも、そのすべてがチームの規模拡大についていけるとは限らない。たとえば現況確認会議（ステータスミーティング）はチームが小規模なうちは効率的、効果的に運ぶものだし、全社レベルでの最新状況の更新（ステータスアップデート）も短時間で簡単に済む。後者の場合なら、たとえばCEO、マーケティング部門のスタッフ、デザイナーたちが次々に意見を述べたり報告をしたりして、そのすべてに皆が興味深く聞き入る。全員がひとつの部屋で作業を進め、互いに声をかけ合い、何気ないおしゃべりがまた別の議論へとつながっていくことも珍しくない。すばらしい環境だ。

しかしそのひとつの部屋にいるスタッフが30人に達したあたりから、ミーティングが長ったらしいと感じるようになり、議論の中身で興味がもてるのはせいぜい半分、という状況になってくる。ミーティングを細分化するべき潮時が来たのだ。いや、そのうち再細分化の必要さえ出てくるかもしれない。詳しくは第11章の「11.1.3.4.6 ステー

[*3] ドレイク・ベア著「生産性のメチャクチャ高い —— しかも大抵は恐ろしい —— ミーティングを実現するためにスティーブ・ジョブズが使った3つの手法」(https://bit.ly/2JZNePC)

タスミーティング」を参照してほしい。

□10.2.2.3　ミーティングを中止するべき潮時

　役に立たなくなったミーティングなのに相変わらず続けている、というケースは多い。やり方を変えればまた有用になるものもあるが、いっそのこと中止にしたほうがましなものもある。中止が望ましいことを示唆する現象としては、まず「なんでこんなミーティングに出なくちゃならないんだ」と関係者が不満を漏らし、やがて出席しなくなってしまう、という明白なものがあげられる。まったく出席しない、とまでは行かなくても、終始ノートパソコンを覗き込んだままで議論については最後まで上の空、という場合もある。この態度自体は「ミーティングでのノートパソコンの使用は禁止」というルールを作れば正せるが、「マナー違反」だけでは片付けられない要因が潜んでいるのが普通だ。出席者の間で「メールを片付けるには絶好の機会」とけなされているミーティングがないか、調べてみてほしい。さて、中止が望ましいことを示唆する第2の兆候は「意思決定を下すことが目的のミーティングなのに、何の決定も下されない」というものだ。ステータスミーティングの場合は、有益な議論が生まれてこないとか、終了後のフォローアップがない、といった事態が続いたら、取りやめにしても、あるいはステータスメールに切り替えてもかまわないだろう。

　「やっても無意味」となり果てたミーティングでも惰性で続けてしまうのは珍しいことではない。しかしスタッフは仕事を中断されて集中を破られ、貴重な時間を浪費されるわけだから、不要なミーティングがないか管理者は常に目を光らせ、あれば中止するべきだ。中止する必要のありそうなミーティングの兆候を整理しておく。

・出席者が1対1や廊下での立ち話で、無益なミーティングに関わる不満を漏らす
・招かれて出席していた者が、顔を見せなくなる（あるいは見せたり見せなかったり、が続く）、もしくは部下を代役として出席させるようになる
・出席者がミーティングの最中にノートパソコンや携帯電話などを使っている。「このミーティング、メールを片付けるには絶好の機会だ」という出席者たちの言葉を耳にすることも
・意思決定のためのミーティングなのに何の決定も下されない。このミーティングの責任者に、議事運営のトレーニングが必要なケースもあり得る
・ステータスミーティングで有益な議論が生まれない、あるいは終了後のフォローアップがない。大抵はステータスメールに切り替えてもかまわない

　一般に、ミーティングのコストと効果を天秤にかけ、その結果に応じて必要な措置を取ることが大切だ。その際に役立つ、ちょっと気のきいた「頭の体操」がある。それは「出席者ひとりひとりの給料から時給を割り出し、それを合計してミーティングのコストを弾き出し、それだけの価値が本当にあるか考えてみる」というものだ。

10.2.3　メールの爆発的増加

メールを上手に活用すればミーティングを減らせるし、ミーティングを上手に活用すればメールを減らせる[*4]。

——エイミー・ギャロ

　チームが大きくなるにつれて受け取るメールもどんどん増え、その処理にかかる時間が見過ごせないほど多くなってきた[*5]。こんな時、「メールソフトが良くないせいだ」と考える人は多いが、本当にメールソフトが原因であるケースはめったにない。のちほどメールの送受信に関する基本指針を提案するが、まずは「メール過剰」の現象の根底にある要因を探ってみよう。

☐ 10.2.3.1　意思決定プロセスの透明性の低さ

　メール過剰の一因は、意思決定プロセスの透明性の低さである。社員は、どうなったのかを知りたくて、問い合わせのメールを送らずにいられない。「メール過剰は、より深刻な問題の症状のひとつにすぎない。より深刻な問題とは、明確で有効なルールの欠如である。意思決定のプロセスがあいまいなため、どんな決定が下されたのか、同僚に訊いてみてもわからないような組織では、問い合わせやミーティングの開催要請のメールが飛び交うのが落ちなのだ[*6]」。

　この問題の、些細だがありがちな事例として「購入プロセスが不透明」という状況があげられる。購入について明確なルールが確立されていないため、社員はたとえば生

---

* 4　エイミー・ギャロ著「過剰なメールへの対処法」（https://bit.ly/2gMqHXa）

* 5　この節のタイトルは便宜上「メールの爆発的増加」としたが、ここで紹介するコツの大半はメールだけでなくチャットやインスタントメッセージなど他の通信手段にも応用できる

* 6　エイミー・ギャロによる前掲記事

産性向上ソフトなど日常作業の効率を上げる製品を購入したいが踏み切れない、といった状況だ。やむなく希望者は「念のために」何人かにメールを送って支障のないことを何度も確認してからようやく購入する形になり、この手のメールが事あるごとにたまっていく。

☐ 10.2.3.2　組織編成の不備

　しかるべきデリバリーチーム（詳細は第7章を参照）を編成できていないためにチームのメンバーがバリューストリームの各ステップの間でいちいち連絡を取り合わなければならないと、メールでの送受信の量はデリバリーチームが編成できている場合よりはるかに多くなる。そのため、適切なデリバリーチームを編成した上で、チーム専用の個人間コミュニケーションの手段を整備することが望ましい。また、コミュニケーションのオーバーヘッドを最小限に抑えられるよう、メンバー全員を一箇所に集めることも忘れないでほしい。

☐ 10.2.3.3　チャネル選定の誤り

　情報のタイプによっては、メールが最適のチャネルとは言えない場合がある。ただ、たとえば「メールなんて諸悪の根源だ」として、社内の連絡にはビジネスチャットアプリを使おうと決めた会社でも、問題を完全に払拭できるわけではなく、メールの場合とはまた少し違う種類の問題に出くわす傾向がある。チャットアプリを導入すれば透明性が高まる側面もあるのだが、2週間の休暇を過ごして出社してきた社員がチャットアプリで留守中の社内の重要なニュースを把握しようとしても、すでにその後のニュースで更新され読めなくなってしまったものがある、といった問題だ。

勘違い ── アレックスの体験談

私の以前の所属先が海外の小企業を買収した。すると買収された側の従業員の1日の受信数が1件から30件にはね上がった。皆、メールは直ちに読んで返事をするべきものと思い込んでいたので、1日の勤務時間がメールの処理に大きく食われることになった。だが結局、メールチェックは1日2回でかまわないと言われ、職場の生産性が回復した。

　メールの送り手と受け手のチャネルに対する受け止め方が食い違っても、問題は起きる。たとえばオフィスで同僚があなたのデスクのところへやって来て「5分前にメールを送ったんですけど、なんで返信してくれないんですか？」と尋ねる。誰にでもありがちなシナリオだ。しかし誰もがどのメールもすぐ読むと期待するのは土台無理な話だ。そんな期待をする送り手は、コミュニケーションチャネルを替えるか、メールに対する考え方を改めるべきだろう。そもそもチームが拡大してきたら、どういうタイプのコミュニケーションにはどのチャネルを使うべきで、それぞれ応答までの所要時間はどの程度であるべきか、といった指針を作ったほうが良いかもしれないのだ。次節でその一例を紹介する。

□ 10.2.3.4　社内コミュニケーションに関する指針

　社内コミュニケーションに関する指針を明確に規定できれば、送り手の目的や、通信内容の性質、受け手の特徴に合ったコミュニケーションチャネルを選び、適切な情報の流れを確保できる。のちほど紹介する指針案は、文書によるコミュニケーションの手段を選ぶ際の尺度の一例だ。その前に、まずは通信内容を「妥当な応答時間」と「通信内容の寿命」で分類する。

　大半の通信は「妥当な応答時間」の次の3つのカテゴリーに分類できる。

即時（その場で）

　受け手がすぐ読み、すぐ対応するべき緊急の連絡。たとえばサイトの稼働停止の知らせなど

（営業時間内で）2、3時間以内

　応答を期待されてはいるが、緊急ではない。たとえば受け手の意見が重視されている議論など

受け手の都合の良い折に

　応答は期待されていない（が、応答することも可能）。ただしその通信内容が読まれることは期待されている（通常、5営業日以内に）

　また「通信内容の寿命」、つまりその文書が送信されてからどの程度の間、有効か、についても配慮が必要だ。これも以下の3つのカテゴリーに分類できる。

短命なもの

読まれれば重要性を失ってしまう通信内容。「ランチですが、約束の時間に遅れます。すみません」など

検索可能にするべきもの

のちのち重要になる可能性のある通信内容。たとえば（メールやチャットなど各種チャネルからの問い合わせをひとつひとつ「サポートチケット」としてユニークな番号を割り当て管理するサポートチケットシステムにおいて）特定のサポートチケットの問い合わせにどう対応するかの議論など

可視性を高くするべきもの

長期にわたって誰にでも容易にアクセスできるようにするべき通信内容。たとえば購入ポリシーの重要な変更など

最後に、大抵の会社で使われている典型的なコミュニケーションチャネルを見ていこう。

メール

非同期型のコミュニケーション。同期型のもの（チャットなど）に比べると、通常受け手が応答するまでの所要時間が長いため、応答内容がより思慮に富んだものとなる場合が多い。環境によっては、グループメールだと自分自身の通信内容は簡単に検索できるが他のメンバーの送信内容を検索できないこともある。メールの受信から応答までの（営業時間内の）典型的な所要時間は2、3時間から1日

チャットアプリ

ほとんどが同期型コミュニケーションである。通常、グループチャット機能があり、履歴の検索も可能。公開チャットルームなら、よりオープンな形でのコミュニケーションが可能。たとえば技術チームがチャットアプリで議論している内容をデザイナーも一覧できる、といった具合だ。このチャネルでは応答までの所要時間が非常に短いのが普通で、使用者がモバイルの通知機能をオンにしていれば、ダイレクトメッセージへの応答に要する時間はわずか数分の場合もあり得る

携帯電話でのテキストメッセージや通話

　携帯機器のメールや通話。緊急連絡に使われることが多い

イントラネット／Wikiページ

　重要な情報が保存されており、組織内で簡単にアクセスできるサイト。このチャネルには「応答時間」は該当しない。むしろ問題や疑問に対する答えや、特定のトピックに関する資料を求めている社員が拠り所にする

　以上を踏まえ、通信内容の緊急性と寿命に基づいた推奨チャネルを表にまとめたのが表10.1である。

寿命／緊急性	通知	検索可能	高可視性
即時	1対1:メール／電話 1対多:メール／チャット ・例:「ミーティングの場所が急遽 X 号室に変更となりました」	チャット ・例:サイトの稼働停止の最初の知らせ	複数チャネル(チャットとWikiページ) ・例:他社買収の発表
2、3時間以内	チャット ・例:「本日午後のミーティングの場所は食堂に変更となりました」(ミーティング開始時刻の最低2、3時間前に)	チャット／メール ・例:製品機能の公開の発表	Wikiページとメール ・例:即時発行する新たな購入方針の発表(頻繁に購入する場合)
受け手の都合の良い折に	該当せず	メール／Wikiページ ・例:サイトの稼働停止の事後分析の結果報告	Wikiページ ・例:会社の最新の休業日カレンダー(頻繁に更新する必要がないためメールは不要)

表10.1　推奨チャネル

　以上はあくまでも一例なので、自社向けに適宜調整して活用してほしい。異なるタイムゾーンに支社がある会社は、相互の距離に基づいて応答時間を調整する必要があるだろう。

□10.2.3.5　メールに関する一般指針

　自分自身の送受信を上手に管理するとともに、社内コミュニケーションの量を最小限に抑えるためには、それなりの組織編成が必要だし、コミュニケーションのタイプに適したチャネルを慎重に選ぶことも必須だが、ほかにも有用な一般指針があるので紹

介しておく。

- 「自分がとくに注意を払うべきメールや、自分が意見や情報を提供するべきメールには直ちに明確な返答をする。これで受信の量を減らせる[7]」。こうしないと、催促状が来たり、同じ文書が別チャネルで送られてきたりする恐れがある
- 受信の管理については、すでに効果が実証済みの手法を応用する。たとえば「Inboxゼロ」方式は非常に有用だ(詳細は「10.4 参考資料」を参照)
- 管理者はメールのやり取りについても模範的行動を心がける。たとえば管理者が夜間や週末に部下にメールを送ったり、絵文字や乱暴な言葉を使ったりすると、チームのメンバーもそれをまねる可能性が高い。とはいえ、管理者のこうした振る舞いはチームの文化次第で良くも悪くもなる。したがって「チームのメンバーは管理者の振る舞いを模範とする」という点を頭に叩き込んでおけばよいだろう
- 管理者の振る舞いは、管理者自身の受信量も大きく左右する可能性がある。組織内のコミュニケーションや人間関係を専門とする米国の著述家、講演者、コーチであるエイミー・ギャロはこう言っている。「1語のみの返信や、スレッドの全送信者への返信は禁物だ。メールを送れば送るほど受信が増えてしまう[8]」

10.3　まとめ

　本章では「組織が拡大するにつれてコミュニケーションがいかに複雑化していくか」と「組織の編成のしかたでコミュニケーションの複雑性がどう左右されるか」について解説した。その際、とくに焦点を当てたのがコミュニケーションの3つの手段、すなわちツール、ミーティング、メールである。また、ミーティングを効率良く行って成果を上げるための指針と、メールの量を減らすための指針も紹介した。

　次章では、社員が知っておくべき情報を特定し、社員が必要な情報を常に入手できるようなチャネルを選定することによって、自社に有効なコミュニケーションを実現するコツやノウハウを紹介する。

---

[7]　エイミー・ギャロ著「過剰なメールへの対処法」(https://bit.ly/2gMqHXa)

[8]　エイミー・ギャロによる前掲記事

10.4 参考資料

- ジェイク・ギブソン著「成長中の企業に『オープンドア・ポリシー』が不可欠である理由」（https://bit.ly/2gMqMKn）。会社が成長拡大するにつれてコミュニケーションのシステムも発展していくことを紹介した上で、「一部の社員だけに情報を知らせるという不均衡なやり方は士気低下を招く」との重要な指摘をしている

- グレン・チェインバーズ著「社内コミュニケーションでとくに犯しやすい5つの誤り」（https://bit.ly/2gMxQqp）。円滑な社内コミュニケーションを実現するための戦略をわかりやすく要約している

- グレッグ・ブロックマン著「メールの透明性」（https://bit.ly/2gMvpUC）。Stripeがすべての社内メールを社内で公開、検索可能とした経緯や理由を説明している

- ドレイク・ベア著「生産性のメチャクチャ高い —— しかも大抵は恐ろしい —— ミーティングを実現するためにスティーブ・ジョブズが使った3つの手法」（https://bit.ly/2JZNePC）。効率よくミーティングを行って、しかるべき成果を上げるためにスティーブ・ジョブズが駆使していた3つのもっとも重要な手法を紹介している

- アルノ・デュトア著「社内コミュニケーションの指針と規範」(https://bit.ly/2gMxfow)。社内コミュニケーションの指針の策定に関し的確な提言をしている

- マーリン・マン著「受信ゼロ」(https://bit.ly/3eefID1)。「受信(Inbox)」を空にするためのさまざまなコツを紹介している

- ミック・ライト著「『受信ゼロ』なんて無意味だ、忘れろ」(https://bit.ly/2gMrjvV)。すぐ上であげた記事でマーリン・マンが提案している「受信ゼロ」の手法には確かに効果があると認めた上で、「受信」を空にしても、それで万事がスッキリ片付くわけではない、まだまだ他のコミュニケーションツールの「受信」や「通知」がある、とにかく「受信や通知に気を取られてばかりいる暮らしがいけない」と提言している

第11章

コミュニケーションのスケーリング
―― 組織内のコミュニケーション

　成長拡大中のチームが直面する重要課題のひとつ、それは「すべてのチームメンバーが、情報の洪水に飲み込まれることなく、必要な情報を入手できる環境を整備すること」である。キャリン・マルーニーによれば、これを達成するには社内コミュニケーションの仕組みをうまく設計する必要がある[1]。「チームメンバーがしかるべきシグナルを聞き取れるよう、適切なチューニングで雑音を消すこと」により達成するのだそうだ。これはまさに適正な社内コミュニケーションの果たすべき使命にほかならない。

> **情報過多 ―― アレックスの体験談**
>
> 私の以前の勤務先では社内情報が漏れなく全社員に開示されていた。たとえば社内文書はどれも Google Docs に保存、共有されていて、新規や変更の通知が全社員に送られてくるので、すぐに目を通すことも可能だった。CEO と実習生の間で興味深いやり取りがあったことがわかったりして、なかなか気の利いた仕組みではあったが、その一方で、自分の職務とはあまり関係のない情報を読んでばかりいて肝心の仕事が「お留守」になる者が出るという弊害もあった。この事例が示しているのが「社員が知るべきことを漏れなく知らせる必要はあるが、同時に各自が本務に集中できる環境も確保しなければならない」という点で、これこそがコミュニケーションのスケーリングにまつわる根本的な課題なのである。

---

[1]　キャリン・マルーニーの講演内容を伝えた『First Round Review』の記事「Facebook の技術通信担当バイスプレジデント、完全無欠のコミュニケーション戦略の構築について語る」(https://bit.ly/2gMtPlQ) より

11.1　社内コミュニケーションの設計

　我々が推奨するコミュニケーションの設計には、「社員が知っておくべきことの特定」「適切なコミュニケーションチャネルの選定」「戦略の実行」の3つのステップがある。

11.1.1　ステップ1：社員が知っておくべきことの特定

　ひと口に「社員が知っておくべきこと」と言っても、「すべての社員が知っておくべきこと」もあれば「すべてのデザイナーが知っておくべきこと」や「すべてのエンジニアが知っておくべきこと」もある。こうした情報の受け手の差異を明確に把握できれば、他のグループの集中を妨げることなく、それぞれの受け手に必要な情報を適宜提供できる。伝達内容は受け手によって異なるのだ。

　ここでは「全社員」と「特定の部門のスタッフ全員」という2種類の受け手を引き合いに出し、それぞれが「知っておくべきこと」の例をあげてみる。

☐ 11.1.1.1　全社員

　全社員が知っておくべき重要な長期的情報の例としては、全社レベルでの使命、ビジョン、戦略があげられる。会社に関するこうした根本的な知識は新入社員研修^{オンボーディング}の際に紹介することを推奨する。一定の間隔を空けて繰り返す価値のある重要なメッセージではあるが、全社会議のたびにいちいち繰り返さなくて済むよう、「必要最低限」の部分を見極め、これだけを折々に念押しするようにする。こうすれば全社会議ではその「必要最低限」の知識に最新や追加の情報（重要なニュース、組織の変更、製品の最新情報など）を上乗せするだけで事足りる（全社会議で成果を上げるコツは後続の「11.1.3.4 効果的なミーティングの設計」を参照）。

☐ 11.1.1.2　特定の部門のスタッフ全員

　一方、個々の部門やチームのメンバーだけが知っておくべき長期的情報もある。そうした情報のうち新入社員研修の際に紹介しておくべきものの例をいくつかあげてみる。

・高レベルアーキテクチャ（技術部門）、UX/デザインの指針（デザイン/UX部門）
・チームの作業の手法や手順（技術部門におけるアジャイルかスクラムか、など）
・チームの構造や編成

・既存の基準（技術部門のコーディング規約など）

　特定の部門のスタッフ全員が招集される会議で提供するべき情報とは、たとえば既存の基準や製品デザインに加えられた変更、アーキテクチャに関わる最新情報、採用された新人の氏名や職務内容などである。

11.1.2　ステップ2：コミュニケーションチャネルの選定

　コミュニケーションチャネルは多数あり、それぞれにメリットとデメリットがある上に、同期型、非同期型、1対1、1対多など、即時性や対象範囲もさまざまだ。したがって「伝達するべき情報に最適なものを選ぶ」というのが選定のツボとなる。共通認識を期するため、本書で言及するコミュニケーションチャネルの簡略な定義を以下にあげておく。

・**1対多のミーティング。** 全社会議や「対話集会^{タウンミーティング}」などのグループ会議である（詳細はのちほど紹介する）。実際に顔を合わせ、1対多の形で情報を即座に伝えられる。出席者が多いので準備に手間取る上に費用もかさむが、出席者の補足質問が必要な場合に有用だ（ただし次に紹介するワンオンワンでのほうが質問しやすいと感じる社員も一部にいるだろう）

・**1対1のミーティング。** 部下をもたない専門職のスタッフが管理者に問題や懸念を明かし、管理者が指導やフィードバックを行うために開くケースが多い。ただ、全社会議を振り返ってその質を検証するのにも効果的だ。全社会議で取り上げられた中でもとくに重要な問題について話し合い、伝え方の良し悪しを振り返るのである。詳細は「ワンオンワンに関する実践的なアドバイス」（https://bit.ly/2gMAZ9o）を参照

・**メール。** 非同期型の情報を1対1または1対多の形で伝えるとともに、後日の参照が可能な文書記録を残すのに最適な手段である（第10章の「10.2.3.4　社内コミュニケーションに関する指針」を参照）

・**Wikiページやイントラネット。** 対象の情報を大勢の人々が緊急ではないがすぐに（受動的もしくは積極的に）入手できるようにする上で、また、複数の関連情報を後日の参照のために一箇所にまとめておく上でも有用である。Wikiページを使う場合に知っておくべき弱点は「ページを追加していくだけで、実情が変わっても更新を

怠る恐れがある。これを続けていると、更新されていないページを目にしたチームメンバーが、このWikiページの情報全体を信用しなくなる」というものだ。これに対処し、真に有用なWikiページにするためには、内容を更新したり古くなってしまったページを削除したりする専任の保守要員を設けるなど、追加投資が必要になる。まずはページビュー数やこのWikiページをもとにして作成された文書の数など、利用状況の統計を見て、そのWikiページが本当に使われているか否かを確認するとよい

- **ダッシュボード**。情報を視覚化するのに適した手法。スタッフを招集してミーティングを開き、「現在のユーザー数は500万人です」と口頭で伝えるのではなく、同じ情報をグラフ化して提示する。グラフで表した情報は常時入手可能で、スタッフは参照したい時に参照できる。ただ、ダッシュボードは「常時必見」のツールではないので、これが弱点ともなり得る。全員が知っておくべき情報をすぐに伝えたい場合に適さないのだ。ダッシュボードが真価を発揮するのは、事業関連のメトリクスなど特定の長期的情報を開示する時である

コミュニケーションの不徹底 —— アレックスの体験談

連絡内容に配慮して伝達媒体を慎重に選ばないと情報の不徹底を招くことがある。以前の勤務先での経験を紹介しよう。我々経営陣は全社会議で、間もなく2つのチームに新しいオフィスへ移ってもらう、と発表した。3日後、私は移転するチームのメンバーのひとりに「どう思う?」と訊いてみた。ところが相手は「移転ですって?」と怪訝な顔をするではないか。それでわかったのだが、このメンバーは全社会議を欠席しており、経営陣が会議後に他の媒体での伝達を怠ったせいで「寝耳に水」となってしまったのだった。

☐ 11.1.2.1 複数のチャネルが必要な場合

常に誰かが出張や休暇でオフィスを空ける。その間(かん)のことは何であれ社員同士で知らせ合う、という慣習に頼っていると、重要事項をうっかり伝え損なうこともあり得る。そこで重要なミーティングの録画や協議内容の要約に後日目を通せるシステムを整備するとよい。誰もが知っておくべき重要な情報は、複数のチャネルで伝える必要がある。だからといって手間暇かけることはない。重要な情報のちょっとした要約があればそれで事足りる。こんな具合だ —— 「なお、我がチームは5月1日に新しいオフィスへ

移転します。新住所はXYZです。詳しくは移転責任者にお問い合わせください」。何も本を1冊書けといっているわけではない。

　重要な情報が関係するミーティングの場合、継続的に議事録を作成し、可能なら、とくに外せない要点を知らせる「要約メール」も送付する。宛て先は情報の内容次第で「ミーティングの出席者全員」「関係者全員を含む、より広範な受信者[ステークホルダー]」「要約メールのメーリングリストの参加メンバー」といった具合に変わる。このほか、全社会議で見せたスライドを共有するという方法もある（ただしそのスライドに必要な情報が十分載っていれば、の条件付きではある。情報よりもむしろイメージを伝えるスライドが多いからだ）。とはいえ、会議に出られなかった者にとってはビデオ録画のほうが有益であるケースが多い。

11.1.3　ステップ3：戦略の実行

　ここからはコミュニケーション戦略を実行する際のベストプラクティスを紹介していく。もちろんここであげるものがすべてではないが、取っ掛かりにはなるはずだ。

□ 11.1.3.1　念押し

　急成長中のスタートアップでは、新人が次々に入ってくる。そのため経営幹部は、会社にまつわる情報の把握度が社員によって異なる点をしっかり押さえておかなければならない。こうした状況で重要かつ有効なのが「念押し」の手法である。

　会社に関する必要最低限の重要情報は通常新人研修の際に提供するが、初出社から2、3週間は消化するべき情報を山ほど抱え込む新人が会社に関する情報を一部失念したとしても、やむを得ない話だ。だからこそ本当に重要な情報は再度、場合によっては再々度、繰り返す必要がある。

　皆がすでに知っていると思われる事柄をまた口にするのはやりにくいことかもしれない。だが長々としゃべり続けたりしなければ、幹部が重要な情報を繰り返すのを聞いて、それをすでに知っているスタッフは「何も変わっていないな」と安心、納得するだろうし、新人には確実に先輩たちと共通の認識をもってもらえる。重要な情報の「念押し」を怠ると大きな痛手を被る恐れがある。たとえばこんな痛手だ ―― 会社の給与体系に不満を抱いていたスタッフが、もっと条件の良い会社へ移ってしまったが、それは経営陣が近く給与体系の改定を予定していたにもかかわらず、それを発表して話し合う（1回限りで済む）ミーティングを怠ったせいだった。

11.1.3.2　コミュニケーションのトレーニング

　大規模な会議は経費がかさむので、プレゼンテーションの担当者には、しかるべきトレーニングを受けさせる必要がある。話術のコーチに指導を仰ぐ、頻繁に講演やプレゼンテーションを担当する者を話し方教室に出席させる、といった対策は一考の価値がある。また、会社が成長拡大するにつれて「大きな会議の場合、必ず事前に通し稽古を行う」「ビデオ録画やマイクなどの詳細についての責任を負う専任担当者を設ける」など、準備の重みが増してくる。当日、会場で幹部がビデオプロジェクターの不具合を直すのを何百人もの社員が手をこまねいて待ち、刻一刻と貴重な時間が過ぎていく、といった状況は悲惨としか言い様がない。

　全社員にコミュニケーションのトレーニングをさせるというのも検討に値する方法だ。畑違いの相手に説明する（たとえばエンジニアが販売員を相手に、自身の職務を説明する）というのは、多くの社員に共通する重要な職務である。自分の専門分野ならではのコンセプトを、その方面に関しては素人である聞き手に説明できないような社員は、今後多くの人の時間を浪費しかねない。

　このほか「社員のための即興劇教室」という米国で目下人気上昇中のトレーニング法もある。聴衆を前にして話すこと、聴衆からの質問に答えること、そしてそもそもミーティングに参加すること自体に慣れるためのクラスである。詳しくは『フォーブス』誌の掲載記事「即興劇トレーニングが優れたビジネストレーニングであるワケ」（https://bit.ly/2gzhksU）を参照。

11.1.3.3　常に情報の更新を

　すでに述べたように、Wikiページもダッシュボードも情報の更新を怠らないことが大切だ。たとえばあなたがあるWikiページを読み、そこで仕入れたことを早速応用しようとして、それが古い情報だとわかったら「こんなWikiページ、信用できない」と思うだろう。

　対処法のひとつは「社内コミュニケーションに対して責任を負う専任担当者を設ける」というものだ。参考までにSoundCloudでは社員が250人に達したところで社内コミュニケーションの専任ポスト（1名）を設けた。

11.1.3.4　効果的なミーティングの設計

　SoundCloudで以前コミュニティ担当バイスプレジデントを務めていたデイビッド・ノエルはこう語っている。「1回限りのミーティングを開くのなら簡単。連続でやるの

が難しいのだ」。1回限りのミーティングを新規に企画、開催するのは難しいことではない。連続して行うミーティングの初回も大抵は成功する。テーマに強い関心をもつ人々が参加し、関連トピックも取り上げて話し合う。しかし2回、3回と続けていくうちに勢いを失い、議題も土壇場で何とか寄せ集めただけのものとなる。じきに参加者が減って、しまいには無用の長物と化す。そこでここからは、とくに重要度の高いミーティングに関するアドバイスや、その開催のコツをあげていく。まず、例外なくどの企業でも開催するべきミーティングは2種類ある。「全社会議」と「全社的デモ会議」だ。これ以外におそらく有用だと思われるのが、ゲスト参加ミーティング、対話集会、炉端会議、現況確認会議である。

11.1.3.4.1　全社会議

　全社員（または大規模な部門のスタッフ全員）を招集して重要事項を発表し、質疑応答を行う会議である。重要な変更やニュースをメールで知らせるだけでは通常、十分とは言えない。社員が質問をする機会も、他の社員がする質問に耳を傾ける機会も得られないからだ。一般に全社会議の議題は（質疑応答の部分を除き）経営陣が決める。

　全社員（または特定の部門のスタッフ全員）を招集することから、議題、（必要なら）ゲスト講演者、フォローアップメールなどに関する開催前後の準備や手配もかなり大掛かりなものとなる。また、全社会議の成否は士気を大きく左右する。定期的かつ着実にコミュニケーションを取れるよう、最初のうちは2週間から1ヵ月に1度の割で開催し、会議の前か後に懇談の場を設けることも検討してほしい。全社会議に関する詳細は「11.4　参考資料」を参照。

11.1.3.4.2　全社的デモ会議

　各チームが自分たちの直近の成果を全社レベルで発表する会議である。会社が拡大するにつれて他の部門やチームの作業内容が把握しづらくなってくることがある。そんな時、2、3週に1度の割で各チームの短いプレゼンテーションを見られれば、大いに助かる。すでにデリバリーチームを編成できている企業なら、通常そうしたデリバリーチームが直近のイテレーションの成果を発表する。もちろんデリバリーチーム以外のチームも発表を行う必要がある。エンジニアの間で「マーケティング部がどんな仕事をしているのか見当もつかない」といった声が上がるのはよくある話だ。

　発表する側は自分たちの成果を全社員に示して称賛なり建設的なフィードバックなりを受ける機会を、また、聞き手は製品開発の最新情報をごく容易な形で継続的に仕

入れる機会を、それぞれ得る。

そうした全社的デモ会議を成功させるコツを紹介しておこう。

・全社的デモ会議は、各イテレーションが終了した時点で開催するようスケジュール
を組む
・会議全体の所要時間に基づき、1チーム当たり3分から5分の発表時間を割り当てる
・チームは上記時間枠内で直近のイテレーションの成果を発表する。理想を言えば、
1回の発表の中でチームメンバー全員が交代して出られるようにしたい
・発表ではスライドは極力使わず、動くソフトウェアやグラフを活用するよう周知徹
底する。こうすれば計画よりも成果にスポットライトを当てられる
・次のイテレーションで焦点を当てる事柄にも手短に触れる
・非技術部門の社員が含まれる聴衆を前にして仕事の成果を発表する際のコツを、メ
ンバーひとりひとりに教える（上の「11.1.3.2 コミュニケーションのトレーニング」
を参照）

11.1.3.4.3　カメオミーティング

ある製品管理チームが、優先度を決めるミーティングを毎週1回開いているとする。
ある日、普段はこの会議に出席しないスタッフが加わったが、最後までただ座って議論
に耳を傾けているだけだった。このように「ゲスト」が参加するミーティングを、米国で
は「ゲスト参加ミーティング」と呼んでいる。

実例をあげよう。私が以前勤めていた会社では、技術系の幹部が定期的に集まって
会議を開いていたが、毎回エンジニアをひとり招き、議論を聴いてその内容をまとめ、
他のエンジニアたちに送信してもらっていた。ただ、毎回最後に社員のパフォーマンス
に関わる問題など慎重な扱いを要する議題を取り上げることになっていたので、ゲス
トにはその直前に退室してもらっていた。

このほか、「ゲストスピーカー」を招くという手もある。関連チームのメンバーを招待
し、その所属チームの最新および今後の計画を披露してもらい、出席者からの質問にも
答えてもらう。関連チームとの相互理解を深め、協力関係を強める効果の高い手法で
ある。

このようなカメオミーティングには、透明性を高める効果だけでなく、ミーティング
の有効性を高めるという意外な副次的効果もある。チーム以外の誰かが参加し傾聴す
るとわかっているだけで、ミーティングの準備や運営に「締まり」が出るのだ。

カメオミーティングの効果 —— アレックスの体験談

私が以前勤めていた会社では、カメオミーティングをやるようになってから、技術系幹部が開く会議に対してチームメンバーがもっていた「謎めいた遠い存在」というイメージが薄れた。チームメンバーの側では、ゲストとして招かれた同僚から議論の要約が送られてくるし、自分自身も時折ゲストとして出席できる。幹部の側でも、ゲストに良い印象をもってもらえる建設的な会議にしようと頑張るから、会議運営の腕が上がった。最終的には、普段は同じデリバリーチームに属さない他部門のスタッフに対する敬意の念も相互に深まるという効果まで得られた。

11.1.3.4.4　対話集会

　全社員を招集するという点では全社会議と変わらないが、このミーティングの議題を決めるのは経営陣ではなく社員である。通常、事前に質問や情報を募る。寄せられた質問と情報は最高幹部か社内コミュニケーションの担当者が適宜取りまとめ、該当する社員に送って回答を要請する。

　「従業員定着率95%の秘訣」と題する記事（https://bit.ly/2gzoGwr）では、ジョエル・グロスマンの手法が次のように紹介されている。「よく匿名でのアンケートを全社員に送って、経営陣への質問を募ります。寄せられた質問には、月に1度の会議で経営陣が回答します。この会議には質疑応答の時間も設けてあります」。とくに初回は、終了後に再度全社員にアンケートを送り、感想や改善点を募るとよい、とグロスマンは提言している。

　こうした対話集会の最大のメリットは、社員側が対話の主導権を握り、通常ならできないような質問もできる点だ。全社会議のボトムアップ版とも言える。

Note

匿名での事前質問を可能にすると、寄せられる質問がより手厳しいものになる。貴重な意見ともなり得るが、実際に匿名での質問を許すか否かは各企業の文化によって決まる（嫌う向きもあれば歓迎する向きもある）。そこで我々が推奨するのは「匿名での質問は許すが、できるだけ名前を添えてもらうよう頼む」という手法だ。こうすれば後日、満足な回答が得られたか質問者に訊くフォローアップ調査も（一部であれ）可能になる。

11.1.3.4.5　創設者や経営幹部との「炉端会議」

創設者や経営幹部にインタビューをする形でなごやかに進める談話会。通常、司会役が事前に用意した質問を投げかけるが、聴衆からも質問を募る。完全に任意のミーティングではあるが、会社が大きくなって定期的に創設者と顔を合わせる機会を失った社員にとっては有益だろう。「起業の理由は？」「どんなアイデアをおもちだったんですか？」「どういう点を変えなければと思われたのですか？」といった問いかけをして創設者や社史をより深く知る好機となる。必須情報を仕入れるためというよりは背景や全体像の把握を促すための集まりである。

11.1.3.4.6　ステータスミーティング

出席者同士が手短に現況を報告し合うミーティングである。ケン・ノートンは「『最悪』ではないミーティングを実現するコツ」（https://bit.ly/2gzveeA）で現況確認会議は廃止するべきだと主張している。その理由は「現況の大半は出席者のうちひとりか2人にしか関係がなく、皆がじりじりしながら自分の番を待っているから」だという。我々自身は「すべてのステータスミーティングが例外なく無用というわけではないが、次の3点のどれかに該当するものなら廃止を検討するべき」と考えている。

・終了後に有意義なフォローアップメールが作成できない（どの出席者の頭にも、話し合うべきトピックが浮かんでこない）ようなステータスミーティング
・出席者が多すぎて15分では終わらないステータスミーティング
・現況報告に価値を見出せる人物がひとりしかいない（多くの場合、 管理者のみとなってしまった）ステータスミーティング

以上3点のいずれかが当てはまりはするが、「このミーティングで伝達する情報は従来と変らず貴重だ」と思えるようなら、その同じ情報をメールで送信する手法を検討してみてほしい。また、ミーティングに要する時間が長くなりすぎると思ったら、複数のミーティングに分けて焦点を絞り込むとよい。

技術部門のステータスミーティングの改善
—— SoundCloudのドゥアナ・スタンレーの体験談

SoundCloudのエンジニアが15人程だった頃、技術部門のステータスミーティングは出席者がひとりひとり作業の現況を手短に報告するという形で週に1回開いていた。この段階ではミーティング後のフォローアップメールもまだ簡単に作成、送信できたから、皆が顔を合わせるミーティングで十分有効だったのである。だがその後エンジニアが25人前後にまで増えると、ミーティングに要する時間がどんどん長くなり、ひとりひとりの現況報告に対する聞き手の関心もどんどん薄れてきた。これに対処するため、各チームがひとりずつ選んだ代表だけが現況報告をする形式に変えた。この方法はしばらく功を奏したが、会社の規模がさらに拡大してチーム数が8から10になったあたりで、他チームの文脈の切り替えや詳細レベルが理解しづらくなってきた。

そこで私はミーティングではなくメールに切り替えたらどうかと提案した。この方法では各チームがメールで送ってきた現況報告を誰かが取りまとめなければならず、手間暇の点で懸念はあったが、これはGoogleフォームを活用することで簡単に解決できた。この方法が軌道に乗った時点でミーティングは廃止されたが、この現況報告フォームは社内の誰もが読もうと思えば読める。やがて技術部門以外の人々も大勢が読んでフィードバックを寄せてくれるようになり、技術志向から製品志向のフォームになっていった。この頃、各チームが送信してきた現況報告メールは次のような形式を取っていた。

チーム1
 Aを完了
 Bを進行中
 CとDで問題発生中
 次はEとFに着手する予定
 その他（「新人のマイクが間もなくチームに合流」「アンドレアとティファニーは休
  暇中」など）

チーム2
 …

その後チームの数が12を超え、上の形式では長ったらしくて細かすぎると感じられるようになってきた。そこでチームの最重要事項をひとつだけ選んで要約した「エグゼクティブサマリー」に詳細を添えたものをメールで送ってもらう形式に変えた。

そうこうするうちに、メールの最後に添えられた詳細を読んでいる者がほとんどいないことが判明したため、エグゼクティブサマリーにバックログへのリンクを添えて送信し

てもらうだけにし、現在に至っている。

最後に、エグゼクティブサマリーを送信してもらう方式を導入した際に行った調整と工夫も紹介しておこう。ひとつはサマリーの公開日を決めるにあたり全社レベルで合意を得なければならなかった点だ。チーム間で計画策定ミーティングのスケジュールに多少ばらつきがあったため、合意を得るのは厄介な作業だった。もうひとつはサマリーの提出期限を1日前に予告するなどして各チームに時間的余裕を与えると「期限破り」を予防しやすいことがわかった点だ。このようにちょっとしたコツが飲み込めてからは、この方式で大いに時間を節約できている。

　続いてラフィ・クリコリアンによる、また別のアプローチを紹介する。Twitterでプラットフォーム・エンジニアリング担当バイスプレジデントを務めていた時、各チームの現況を報告するニュースレターの作成と送信を担当し、その経験を、Uberに移籍後、最新状況の更新（ステータスアップデート）の改善に活かした経緯である。

ステータスアップデートの改善 —— ラフィ・クリコリアンの体験談

私はTwitterでプラットフォーム・エンジニアリング担当バイスプレジデントを務めていた時、各チームの現況を伝えるニュースレター『Good（良い）／Bad（悪い）／Ugly（最悪）』を週1回発行していた。最初のうちは大変好評だった。順調な作業に関しても難航している作業に関しても詳細かつ率直に報じている、とチームメンバーにも同僚にも上司にも評価してもらえた。

このニュースレターの作成手順を紹介すると、まずすべての管理者が私宛てに現況報告を送信し（期限は日曜夜）、全部が揃ったところで私が目を通し、適宜詳細を補うなどの編集を施す、というものだった。この方式で、チーム数12前後という規模まではうまく運んでいたが、それを超えたあたりから立ち行かなくなってきた。情報量が膨れ上がった上に、詳細の詰めに必要な管理者たちとのやり取りも増え、現況報告の送付期限を「日曜夜」から「月曜朝」に延ばし、しまいには「期限を過ぎたら掲載しない」などとおどしをかけたり発行自体を延期したりするハメになったのである。

やがて気づいた。これではダメだ、もう読み手にとって何の役にも立たない、ただの娯楽情報（インフォテインメント）でしかなくなった、と。実行にうつせる情報などほぼゼロで、載っているものと言えば、「なんでこんなやり方してるんだ？」と詰問し、チームの独立性と自律性を削ぐためのネタか、さもなければ「悪い」「最悪」に分類された件でチームを叱責するための材料ぐらいで、チームの現況を素直に明かそうという気を管理者たちから削ぐ結果

となってしまった。こうして管理者たちは本来なら「悪い」や「最悪」に当たる状況や出来事も、差し障りのないよう「厚化粧」を施して加工した報告しか送ってこなくなった。

最後にもう1点、このニュースレターに欠けていたのは「物語」で、これこそ読み手が真に欲していたものであった。私はニュースレターの発行を始めてからしばらくの間、経営陣の動向を物語形式でまとめ、「メモ」と題して毎回添えていたのである。しかしこれも途中から休載にしてしまっていた。ニュースレター同様、各幹部陣からの情報の送付期限の延長に次ぐ延長で、結局は「あーあ、ま、今週も『メモ』はお休みでいいか」という具合になり、休載に至っていたのだ。だがあえて言わせてもらえば（最初の頃はとくに）あのメモの価値は大きかった。残念ながらチームの増加に伴って編集作業が追いつかなくなってしまったのだ。

その後 Uber ATC（Uberアドバンスト・テクノロジー・センター）へ移籍し、上記Twitter での経験から得た教訓を活かして最新状況の更新を次のような形に整備した。

- ヘッド・テクニカルプロジェクトマネージャーが、スプリントの計画、中間報告、最終報告を作成する
- 上記スプリント計画の85%はメトリクスベースになっている。つまり「下記のものを構築する」という形式ではなく、「自動車へのデプロイを5分未満に行う」といった形式になっている
- 上記スプリント計画はほとんどの部分で、他チームにとっても重要な事柄に焦点を当てている。ATCではチーム同士が密接に関わり合い依存し合って作業を進めているため、他チームにもわかりやすく拠り所となり得るメトリクスを公表し、事業が発展しても把握可能であるよう計らっている
- 中間報告では上記計画で掲げたメトリクスの目標値をどの程度まで達成できているかを示し、最終報告では最終的にどこまで達成できたかを示す（目標を達成できなかった項目には、その程度に従って黒丸をひとつまたは2つ付けることもある）
- さらに技術部門のコミュニケーションを担当するスタッフも1名配置し、俯瞰的視点で物語をまとめ、スプリントが終了した時点で送信してもらっている。たとえば自動運転車のためのマップの紹介、各部門が達成した大きな中間目標、現場の興味深い逸話などである

このように目標としてメトリクスを掲げたことにより、各部署が各自重要なメトリクスを表示するダッシュボードを作るようになった。おかげでそうした重要なメトリクスの数値入力も、中間・最終報告のためのデータ提供もわけなくできるようになり、大幅な省力化を実現できた。また、物語の作成に意欲的に取り組んでくれるコミュニケーショ

ン担当者に負う所も大きい。「あの『ナラティブ』は本当にかっこいい。あそこで是非取り上げてもらいたい」と皆が競って話題やネタを送ってくるから、わざわざこちらから情報提供を呼びかける必要がないのである。

そんな凄腕の担当者がいてくれるのは「超ラッキー」なことだが、いまや社員300人超の大所帯となったUberでは、専任者のポストを設置しても十分に元が取れると考えている。

11.1.3.5　ミーティングに対するフィードバック

　ミーティングは準備するにも参加するにも時間を要する。したがってどのミーティングについても、期待どおりの効果が上がっているのかチェックをすることが大切だ。チェック方法は2、3あるが、一般に管理者がやるべきなのは重要な情報が部下にきちんと伝わっているかを確認することである。

　そのためのアプローチのひとつが「ミーティング後の1対1^{ワンオンワン}で部下にフォローアップのための質問をする」というものだ。ただし、これが部下の記憶力をテストするためではなく、あくまでも管理者自身のコミュニケーション戦略の有効性を確認するための質問である点を忘れないでほしい。

　ほかに、アンケートを活用するという方法もある。デイビッド・ノエルはSound Cloudのコミュニティ担当バイスプレジデントを務めていた時、情報提供が目的で大規模な会議を開いた後には必ずアンケートを全社員宛てに送付し、会議の形式や資料に関する意見や感想を募っていた[*2]。質問は以下にあげる3点のみ、という簡単なアンケートである。

・先ごろの全社会議は有益でしたか？
・一番評価できると思ったのはどんな点でしたか？
・改善するべき所があれば教えてください。

　こうしたアンケートで得られる回答を追跡調査すれば、そのミーティングの価値を長期的に見守ることができ、聞き手にとって有効なものとそうでないものが見えてくるはずだ。

[*2]　「SoundCloudが4つのタイムゾーンにある4つのオフィスの間で円滑なコミュニケーションを維持している手法」（https://bit.ly/2gzgzQB）より

　以上のような手法でミーティングの有効性に目を光らせ、伝えたいメッセージがきちんと伝わっているか確認してほしい。主催側の担当者であれ出席者であれ、投資する時間に見合った有益なミーティングでなければならないのだ。

11.1.4　他の形式のコミュニケーション

　ここまでは、おおむねトップダウンのコミュニケーションに焦点を当てて「経営陣は重要なニュースや決定を社員にどう伝えるべきか」を論じてきた。だが社内にはこれとは別種のコミュニケーションも、また、コミュニケーションの逆の流れもある。米国の著名なソフトウェア技術者、フレデリック・ブルックスも著書『人月の神話』で次のように述べている。「組織におけるコミュニケーションの構造は、ネットワーク構造であって木構造ではない。したがって、木構造組織のコミュニケーションの欠陥を克服するために、あらゆる種類の特殊な（組織階層図で点線でつながれた）組織構造が考案されなければならない」。そこでここからは、社員から経営陣への情報の流れを確保し、社員相互の学びと情報交換の手段を提供することにより、コミュニケーションのネットワークを確立する手法やコツを紹介していく。

☐ 11.1.4.1　ボトムアップのフィードバック

　ボトムアップのコミュニケーションは非常に重要である。社員が何を学んだか、どんな貴重なフィードバックを提供してくれるか、意思決定の内容が現場でいかに奏功しているかといった、現場社員の現況を経営幹部が把握する一助となるからだ。そこでこの種のコミュニケーションを実現するための手法をいくつか紹介しておこう。

- 四半期ごとに社員にアンケートを送ってフィードバックを募るという手法。これを実践している会社は多い。アンケートの大半は、たとえばチームの士気を測る指標であるNet Promoter Score（NPS）（https://www.netpromoter.com/know/）など数値で回答するタイプの質問を複数設定し、さらに文章で回答する（定性的なフィードバックを記入する）ためのテキストフィールドも2、3添える、という形式を取っている。この手のアンケートで成果を得るには、集まったフィードバックを熟読、咀嚼し、その結果を何らかの形で可視化して全社に公表する担当者が必須である。また、率直な意見を寄せてもらえるよう、匿名での回答を受け入れることも必須である

- Cレベル（最高レベル）やVPレベル（バイスプレジデント・レベル）などの経営幹部が、中間管理者をすべて飛び越して、さまざまな部署の一般社員と直接話し合う「スキップレベル・ワンオンワン」を定期的に行い、意見を聞くという手法
- 前掲の対話集会（タウンミーティング）。経営幹部が、回答の範囲を制限しない質問を社員から直接投げかけられるという点で、これもボトムアップのコミュニケーションと言える

☐ 11.1.4.2　ピア・ツー・ピア

　この文脈での「ピア・ツー・ピア」は、チーム同士あるいは個々の社員同士が相互コミュニケーションを図り情報を共有する手法を指す。知識を共有することによって経験を蓄積でき、これは皆にとって有益であるばかりか、チームのメンバー間のつながりも生み出せる。この手法を実践するコツは他の章で紹介している。とくに第7章の「デリバリーチームに付き物のリスク」では、「チャプター」や「ギルド」などのグループを作ってチーム相互の学びと協調を促進するノウハウを紹介している。

　また、第5章の「チームでの学び」では、振り返り（レトロスペクティブ）、事後分析（ポストモーテム）、交差訓練（クロストレーニング）といった、チーム間の学びを促進する手法を紹介している。

11.1.5　複数のオフィス

　チームが複数のオフィスに分散しているとコミュニケーションが取りづらくなりがちだが、さらに大変なのは、たとえばヨーロッパとカリフォルニアなどオフィス間で時差がある場合だ。全員が同じひとつのオフィスにいた時には有効だった職場の習わしも、こうしてメンバーが分散してしまうと効果を失ってしまう。これはさまざまなシナリオが考えられる複雑なトピックだが、ここでは「従来のオフィスからかなり離れた場所に第2のオフィスを開設する」という、よくあるケースに焦点を当てる。

　「ワン・チーム、ワン・オフィス」。これは我々が最優先であげたい、おそらく何よりも大切なアドバイスだ。つまり「ひとつのチームは極力ひとつのオフィスにまとめるべし」という鉄則である。チームを複数のオフィスに分散させると、コミュニケーションのオーバーヘッドが膨れ上がる。この場合に最優先するべきなのは、高品質で信頼性の高いビデオ会議インフラストラクチャへの投資だ。ビデオ会議は、容易かつシームレスに、しかも出席者の時間を尊重する形で開かなければならない。我々がたびたび目撃してきたのが「初回で出席者が最初の10分を使い、まずはビデオ会議なるものをどういう手順で開けばよいのかあれこれ試してから、ようやく会議を始めるが、音質が悪くて出席者

の半数は話し合いの内容が聞き取れない」といったケースである。こんな事態を許してはならない。ビデオ会議を支障なく開けるよう責任者を任命するべきだし、適切な通信速度や室内の音響、必要なソフトウェアを確保するための投資も渋ってはならない。また、ビデオ会議の基本マナーも徹底するべきだ（たとえば遠隔地のオフィスに質問を促す際にはそれとわかる明確な表現を使う、出席者が全員接続したら、接続状況を確認した上で話し合いを始める、など）。ちなみに、話し合いに入る前の気楽なおしゃべりに貴重な情報が含まれていることが結構ある。

　時差については「お互い様」の精神が大切だ。たとえば今回のビデオ会議を米国西海岸の早朝（欧州オフィスの担当者の勤務時間中）に始めたら、次回は欧州側の夜間（米国オフィスの担当者の勤務時間中）に始める、といった工夫をすればよいのである。

　なお、日常業務の大半は遠隔通信で連絡を取り合えば難なくこなせるが、（時たまでも）実際に顔を合わせることで他の方法では得られない効果が得られる。食事を共にするなど、本人同士が顔を合わせる機会をもつと、それ以後、遠隔通信を介して仕事を進める際にも親しみや共感をもてるようになるのだ。出張は必要な投資と言える。遠く離れたオフィスの担当者同士が一度も顔を合わせないでいると、同じ会社の社員同士なのになかなか連帯感が生まれない。経営と管理に関するブログを掲載している『Lighthouse』にも、こうある——「実際に肩を並べて2、3日共同作業をするだけで、遠隔通信での作業を何ヵ月続けても得られない親近感が生まれてくる」（https://bit.ly/2gzqZiZ）。

　また、遠隔地にオフィスを開設する時には、従来の「ヒト対ヒト」のコミュニケーションの習慣を見直さなければならない。お茶コーナーや飲料の自販機の前で意思決定をする習慣や、ビデオ会議では画面に映らない場所にあるホワイトボードを使う習慣などがその事例である。また、メインオフィスではスタッフ同士がいつでも顔を合わせられる、という環境では、ビデオ会議しか手段のない遠隔地のスタッフはとかく「二流市民」の扱いを受けやすい。このように深く根付いた意識や習慣の影響を回避するべく、「ミーティングは例外なくビデオ会議によるものとする」と命じる企業も一部に出てきた。実際に顔を合わせてのミーティングは一切なし、会議は一律、遠隔通信で、という方針だ。こうすれば誰もがビデオ会議というものを身をもって知ることになる。徹底させることはなかなか大変だろうが、我々が経験した限り有効ではある。

　最後にもう1点。祝賀会など、企業やチームの文化に関わる行事には遠隔地のチームメンバーも参加してもらう努力を払うべきだ。こちらへ出向いてもらうのでも、同じ行事を向こうのオフィスで催すのでもよい。

11.2　変更事項の伝え方

変更の発表や通知で「時間の節約」などしようものなら、のちのち倍以上のツケを払わされるのが落ちだ。

—— ユルゲン・アルゲイヤー

　急成長中の企業で多忙をきわめる管理者は、ついついこう考えてしまうものだ。「これがものすごく重要な変更だということはわかっているが、時間的余裕がない。一か八かやってみて、あとは結果を御覧じろだ」

　そしてその結果がどうなるかというと、「蚊帳の外に置かれた」「社員への敬意が感じられない」といった声が上がり、結局は思っていたよりはるかに多くの時間を使って変更理由を説明しなければならなくなる。しかもそうやって理由を説明したにもかかわらず、「会社の文化が変わってしまった」という声が高まって社員が次々に辞めていくのだ。

　そんなわけで、変更事項を伝える際に踏むべき5つのステップを紹介しておこう。

1. 変更のための妥当なシナリオを選ぶ
2. 変更の実施計画を立てる
3. 計画の是非を限定的な範囲でテストする
4. 計画を社内で公表する
5. 計画の第1段を実行する

　以上5つのステップを、「ある会社がピアフィードバック（同僚同士がフィードバックを与え合う手法）のシステムを導入した経緯」を具体例として解説する。

11.2.1　ステップ1：変更のための妥当なシナリオを選ぶ

　よくあるシナリオは「チームリーダーが、規模が自社の5倍もある企業の幹部なり社員なりが組織改編の経緯を紹介しているブログを読んだり、直に体験談を聞いたりして、我が社でもまさにこのとおりの変革をしなければと固く信じてしまう」というものだ。しかし結局は、ある状況で問題解決に役立った変更が他でも常に功を奏するわけで

はないと思い知るケースが多く、下手をするとかえって問題を招くことにもなりかね
ない。

　現実に起きている事例をあげよう。機が熟してもいないのにモバイルチームのエンジ
ニアをデリバリーチームに編入してしまう、という失策である。全チームに配員できる
だけの頭数が揃っていないと、モバイルエンジニアが週替りでチームからチームへ渡り
歩かなければならず、本人が辛いばかりか、機能の保守も立ち行かなくなる。問題を解
決するどころか、混乱を招いてしまう変更なのだ。

　「社員が100人に達した段階で予期するべき6つの事柄」（https://bit.ly/2gzq
UMr）と題する記事にもこうある —— 「GoogleやFacebookで効果のあった手法だ
からといって、それをやみくもにまねたりせず、自社に最適な手法を選ぶべきだ」。変
更はチームの中核的価値観(コアバリュー)に合ったものでなければならない。変更が必要だと思った
ら、まず関係者の意見を聞き、その変更が目前の問題の解決に本当に役立つのか、確か
めるべきなのだ。

　今抱えている問題の解決に役立たないとわかった変更は、導入してはならない。

ケーススタディ —— 「ピアフィードバックの導入」のステップ1

前述のように、この5つのステップの解説では、我々の過去の実体験に基づいて「ある
会社（A社）がピアフィードバックのシステムを導入した経緯」をひとつの具体例として
あげる。まずはステップ1「変更のための妥当なシナリオを選ぶ」のケーススタディであ
る。

A社の技術チームは目下急成長中で、チーム管理者の直属の部下が20人を超えた。全
体でかなりの仕事量をこなせるようにはなったが、エンジニアひとりひとりに有意義な
フィードバックを与えることがほぼ不可能になり、管理者は「大問題だ、何とかしなけ
れば」と思う。

あれこれ考えた結果、ピアフィードバックを導入すればよいのではないかと判断する。

11.2.2　ステップ2：変更の実施計画を立てる

　変更内容が決まったら、全関係部門の代表者を招集して作業グループを作り、詳細
を詰めていく。

　作業グループを招集し、まずは変更の動機と、意図する変更内容とを説明する。次い

で、変更計画の立案と実施を支援してくれる人員が必要であることも明確に告げる。こうした説明と告知には、関係者を団結させる効果と、「この変更は近いうちに実施される」との認識を促す効果があり、この認識は全社レベルでの態勢固めに役立つ。

上記作業グループのメンバーは7人を超えないことが望ましい。ただし、変更の影響を被る関係者と関係部署（人事部などの該当部署）の代表者には必ず参画してもらう。また、今回導入しようとしている新たな手法（ケーススタディではピアフィードバック）を以前の所属先で経験したスタッフも1人か2人見つけられればなおよい。ピアフィードバックの導入を経験した者が見つかればさらによい。

代表者を招集して初回のミーティングを開く前に、考えられるアプローチをあれこれ検討したり、出席者から出そうな賛成意見や反対意見を想定してまとめてみたり、といった事前の準備も欠かせない。また、自分なりの意見をまとめておくことも大事だが、それを出席者に押し付けたりしてはならない。ここでのポイントは皆を招き、巻き込むことなのだ。この点を肝に銘じておこう。

事前の下調べも必須だ。（人脈を活用するなどして）他社が採ったアプローチを調べ、また、作業グループのメンバーの中に他社のアプローチを経験済みの者がいたら詳しく教えてもらう。その上で、こうした他社のアプローチを今回の変更の基盤にできないか話し合う。他社のアプローチのどれが自分たちの文化に適するかも考える。たとえ適すると思えるものが見つかっても、さらに磨きをかけよう。他社で功を奏した変更が自分たちに最適でなくても、手を加えれば「最適」にできるかもしれない。

とにかく最初のアプローチの重要性を頭に叩き込んでおかなければならない。MVP（Minimum Viable Product: 実用最小限の製品）のコンセプトは製品だけでなく組織改編にも応用できる。最大の問題を解決できる軽量簡便な方法を見つけ、イテレーションを重ねていくのである。

作業グループのミーティングで変更の実施計画をまとめ、皆の合意が得られたら、次のステップへ進む。

ケーススタディ：「ピアフィードバックの導入」のステップ2

チーム管理者は、有力な作業グループを組織できるよう、人事部からも技術部からも代表者を選んだ。計6人を選んだが、うち2人は以前の勤務先でピアフィードバックを経験していた。

皆でごく基本的な枠組みを決めたあと、2グループに分かれ、それぞれに変更の戦略案
を練った。完成したものを比較してみると、共通点の多いことが判明した。
2案を擦り合わせて最終案を決めると、ピアフィードバックの経験者2人がいくつか要
修正点をあげ、それをベースにして「実施計画」を作り、全社に向けて提案することに
した。

11.2.3 ステップ3：計画の是非を限定的な範囲でテストする

これはとかく見落としがちなステップだが、変更計画は広範に実施する前に限定的
な範囲でテストすることが非常に大切だ。たとえば機能チームの再編を計画している
場合、ひとまず1チームだけを対象にして新たな編成法をテストしてみる、という具合
である。

職務レベルや勤務評価に関わるものなど、議論を呼びがちな変更に対しては、拒絶
反応を示すチームメンバーもいるかもしれない。そのため、チームの意思形成に大きな
影響力をもつ「オピニオンリーダー」的な社員に変更案を見せて反応を見るとよい。こ
うすれば相手は「蚊帳の外」に置かれることなくきちんと意見を聞いてもらえたと喜ぶ
だろうし、オピニオンリーダーのフィードバックを早期に得られれば、変更プロセスに
容易に組み込める。このような形で変更のプロセスに参画した「オピニオンリーダー」は、
その後チームの代弁者となるケースが多く、その後も長期的支えとなってくれるはず
だ。

ケーススタディ：「ピアフィードバックの導入」のステップ3

次に、テスト役を3人を選び、ピアフィードバックを1回ずつやってみてもらった。3人の
うちひとりは、フィードバックのアプローチをデザインした作業グループの一員である。
ピアフィードバックが終わったところで、この3人と、フィードバックの受け手から意
見や感想を聞いた。こうして集まった情報に基づき、実施計画に2、3、細かな修正を加
えた。
このように少数の細かな修正だけで済んだため、テストはこの1回のみで十分だと判断
した。

11.2.4　ステップ4：計画を社内で公表する

続いて「RFC（Request for Comments: コメント募集）」のメモを作成し、これを今回の変更の影響を受ける人全員に送ってコメントを募る。

この時、Google Docsを活用すれば、皆が仲間のコメントに目を通しつつ自分でもコメントを寄せられる。こうして変更計画を実施する前にフィードバックを集めるわけだ。

入念に変更計画を立てたのであれば、また、一番強硬に反対しそうなチームメンバーの同意もすでに取り付けられているのであれば、この段階で大規模な修正が必要になることはまずないだろう。関係者全員がコメントや質問を寄せる機会をきちんと与えられ、「蚊帳の外に置かれず、しっかり仲間に加えてもらえた」という印象をもっているはずだから、きっと変更を受け入れてくれるだろう。

ケーススタディ：「ピアフィードバックの導入」のステップ4

ほどなくRFCを送った。その結果寄せられた質問の大半は、ピアフィードバックが導入されることで給与改定にどんな影響が及ぶかというものだった。この質問に答えてしまったら、それ以上懸念を表明する者はいなかった。

11.2.5　ステップ5：計画の第1段を実行する

計画実施の詳細は変更事項によってさまざまに異なるが、少なくとも変更の実施を正式発表する必要はある。影響が広範囲に及ぶ大規模な変更の場合は、全社会議で計画実施を発表するという選択肢も検討してほしい。全社会議を開く前に皆がすでにRFCを読んでいるはずだから、計画の実施を発表するだけで十分だろう。

ただし大抵は、まだこれで終わりではない（と、肝に銘じておいてほしい）。というのも、さまざまな問題が生じるのは変更計画をすべて実行したあとのことだからである。そのため、変更計画を実行し終えたら、変更の結果や影響を追跡調査し、フィードバックを集め、必要な調整を加える、という作業を始めるべきだ。

ケーススタディ：「ピアフィードバックの導入」のステップ5

さて、最終段階である。幹部が技術部門のスタッフ全員を集めた会議で「まもなく第1回のピアフィードバックを開始する」と宣言した。予想どおり、懸念や不安を表明する者はいなかった。あらかじめ全員に変更を告知していたし、「オピニオンリーダー」的な社員たちとの非公式な話し合いもすでに何回か済ませていたからである。

しかし実際に第1回のピアフィードバックをやってみると、2つの問題が明らかになった。フィードバックの要請が殺到して本務に大きく差し支えたメンバーが何人かいたことと、対象者が受け取ったフィードバックの中に無意味なものやあいまいなものがあったことだ。対応策として、フィードバックの要請を拒否できるようにし、明確で有意義なフィードバックを作成するコツを身につけるトレーニングも始めた。

11.2.6 さらなる前進

以上の解説からも明らかだと思うが、組織に関わる変更を実施するプロセスは他の戦略を実施するプロセスとさして変らない。つまり、ニーズを見極め、よさそうな解決法を選び、実施計画を立て、テストし、実施し、次のイテレーションのためにフィードバックを集める、という手順を踏む。この手順を守れば、変更を円滑に実施できるはずだ。

11.3 まとめ

本章では現場社員とのコミュニケーションに焦点を当て、社員が知っておくべき情報を特定するコツ、最適なコミュニケーションチャネルを選ぶコツ、適切なコミュニケーション戦略を実行するコツを紹介した。また、会社の成長過程で避けては通れない数々の変更事項について、妥当な実施計画を立て、その計画を社員に正確、円滑に伝えつつ実施するコツも紹介した。

11.4 参考資料

- ジェイク・ギブソン著「成長中の企業に『オープンドア・ポリシー』が不可欠である理由」（https://bit.ly/2gMqMKn）。会社が成長拡大するにつれてコミュニケーションのシステムも発展していくことを紹介した上で、「一部の社員だけに情報を知らせるという不均衡なやり方は士気低下を招く」との重要な指摘をしている

- グレン・チェインバーズ著「社内コミュニケーションでとくに犯しやすい5つの誤り」（https://bit.ly/2gMxQqp）。円滑な社内コミュニケーションを実現するための戦略をわかりやすく要約している

- カミール・フルニエ著「CTOに訊け —— チームの現況を把握するコツ」（http://oreil.ly/2gzt4LL）。「わざわざエンジニアに訊かずに」チームの現況を探り把握するコツを的確に解説している

・マーシー・スウェンソン著「全社会議」（https://bit.ly/2gzrpFW）。社員10〜15
　人の規模に会社が成長した段階で、全社会議をどう変えるべきか、そのコツを提案、
　解説している

・マルティナ・シカコーバ著「専門家が明かす ── すばらしい全社会議を開催するた
　めのお膳立てのコツ」（https://bit.ly/2gzmiWw）。全社会議を成功させるための、
　準備のコツを紹介している

・エリカ・スペルマン著「全社会議とは？　そして全社会議を開く理由は？」（https://
　bit.ly/2gzpZeR）。Zappos^{ザッポス}が全社会議に見出している意義を紹介、解説している

・アルノ・デュトア著「社内コミュニケーションの指針と規範」（https://bit.ly/2g
　Mxfow）。社内コミュニケーションの指針の重要性とその必須項目を紹介している

第 12 章

自チームのスケーリング

12.1　スケーラブルなチームに必須の基本要素

　ここまでの各章では、チームを有効に拡充する上で配慮が不可欠な5つの重要領域（「採用」「人事管理」「組織」「文化」「コミュニケーション」）を詳細に検討し、チームが急成長のさなかにこの各領域で直面しがちな主な問題、課題をあげた上で、（成長の速度に関係なく）活用、実践してほしいベストプラクティスを提案してきた。

　最後の章である本章では、まず上記ベストプラクティスを再び採り上げ、とくにチームの拡大に備える上でもっとも重要なプラクティスと、チームがまだ小規模なうちのほうがはるかに楽に導入できるプラクティスとに焦点を当てる（これを我々は「チームのスケーリングに必須のプラクティス」と呼んでいる）。以上をまとめたのが表12.1で、どのプラクティスにも「参照」欄を設け、前章までで詳説した箇所を記した。ここで推奨しているプラクティスの中には、（適任の人事担当者の採用や、チームのコアバリューの明確化など）実現までに長い時間を要するものもあるので、これをいち早く導入すれば競争で優位に立てるはずだ。

　その次にあげる表（表12.2）は、同様に前章までで紹介した「問題の兆候」をまとめたものだ。問題が悪化して危機的状況に発展することのないよう、成長中の企業の幹部にはこうした兆候の有無を定期的に確認してもらいたい。たとえば月1回の幹部会議で毎回最初の10分間を使ってこうした兆候の有無を確認し、兆候が認められれば適宜対処法を話し合う、といった具合である。

　最後に、上記「必須のプラクティス」と「問題の兆候」を自チームにどう応用するかを具体例を引いて示すが、これには我々の編み出した「スケーリングプラン」を使っている。スケーリングプランはコンセプトとしては製品計画や技術ロードマップに類するものだが、製品計画や技術ロードマップが対象の製品や技術に見込まれる長期的変化を時系列で表現しているのに対し、スケーリングプランはチームそのものに焦点を当て、現時点で必要な変更と、今後も最大限の力を発揮していくために必要になると見込まれる変更とを概略で示す。製品ごとに独自の製品計画を立てるのと同様に、各チーム

の現況に即して独自のスケーリングプランを立てるわけだ。

　包括的なスケーリングプランを立てるにせよ、特定の手法を外科手術的な形で応用するにせよ、本章で提案している手法や助言がいくらかでもチームと管理者の役に立てば幸いである。

12.2　スケーリングプランが必要なワケ

　おそらく読者の皆さんは「スケーリングプラン」という用語をここで初めて耳にし、「わざわざ時間を割いてスケーリングプランなど立てる甲斐があるのだろうか」と首を傾げているのではないだろうか。確かに新しいコンセプトではあるが、我々はこれを、数多くの企業における実体験や見聞を拠り所にして推奨している。

　さて、チームの発足当初は誰もが「プロダクト・マーケット・フィット（PMF: Product Market Fit、自社の製品またはサービスが特定のマーケットに適合している状態）」に照準を定める。幹部は使える時間をすべて使って、顧客が何を求めているのか、そうした顧客ニーズに自社製品（サービス）がどう応え得るか、さらにその製品（サービス）は持続可能なビジネスとなり得るか、といったことを把握しようと努める。こうした文脈で「どんぴしゃり」の製品（サービス）の構築に飽くまでも注力することこそが、この段階での幹部の務めにほかならない。

　しかしチームが「プロダクト・マーケット・フィット」を実現し、成長モードに移行したら、どんぴしゃりの「製品（サービス）」の構築からどんぴしゃりの「チーム」の構築へと視点を切り替えなければならない。にもかかわらず、それができない幹部を我々はこれまでに大勢目撃してきた。だが何といっても製品を作り上げるのは幹部ではなくチームであり、この視点の切り替えを促すのがスケーリングプランなのだと我々は考えている。また、スケーリングプランを定期的にチェックすることで、チームの拡充過程で生じがちな問題を小さな芽のうちに摘み取ることができる。

　以上の我々の見解を要約する。爆発的な成長のさなかにあるチームで発生するスケーリング絡みの危機的状況の多くは「製品からチームへ」の視点の切り替えができていないことに起因するのである。

12.3　チームのスケーリングに必須のプラクティス

　表12.1は前述のとおりチームの拡充に欠かせないプラクティスをまとめたもので、「参照」欄には本書での詳説箇所を記してある。

領域	必須のプラクティス	参照
採用	適任の新人を採用する上で必須のプラクティスは2つ(とくに創業直後の採用ではきわめて重要)——1) 創業者ないしベテラン社員のうち、採用に熱意とこだわりのある者を選び、採否の決定には常に参画させる(この人物を第2章では「バーレイザー」として紹介している)、2) 面接終了後には必ず面接官同士で意見交換を行い、情報共有と期待レベルの相互調整を図る	第2章の「2.2.5　バーレイザー」と「2.3.1　意見のとりまとめと議論のコツ」
	会社の基本情報を全社員に周知徹底させるため、新入社員研修のために(会社、製品、ロードマップ、組織に関する基礎知識の学習を含む)簡略なプログラムを用意する	第3章の「3.4.1　即席の新入社員研修」
人事管理	チームのどのメンバーにも直属の上司は必須。CEOやCTOも例外ではない。この上司と部下との間で定期的にワンオンワンを行う	第4章のコラム「アドホックな人事管理のツボ」
	部下をもつ者には例外なく何らかの形で管理職研修を受けさせる。手始めに、管理に関する本を読ませ、指南役との定期的な面談も実践させる	第4章の「4.3.2.3　負担の軽い管理者研修」
	正式な管理体制の導入決定基準を決めておく(たとえばチームのエンジニアの総数が15人になった時や、CTOが多忙をきわめ部下とのワンオンワンをこなせなくなった時)。そのため基準の策定候補者を社内で見つけるか、同候補者の外部採用の方法を計画しておく	第4章の「4.1.2　フォーマルな管理体制の導入の潮時」
組織	組織設計の5つの原則を実践する(ただし以下のように負担の軽い簡略な形で実践する) ・デリバリーチームの導入を検討する。機が熟したと判断できたら、移行計画を練る ・チームの各メンバーが全社レベルでの成功にどう貢献するかを理解するよう計らう ・チームに一定レベルの自律性を与える ・チームの継続的デリバリーが可能になるよう計らう ・チーム内でもチーム間でもレトロスペクティブ(振り返り)を実践するよう計らう	第6章 組織のスケーリング——組織設計の原則
	デリバリーチームを軸にした編成への移行の方法とタイミングに関する計画をまだ立てていなければ立てる	第7章の「7.3　初めてのチームの分割」、第6章の「6.2.2 デリバリーチームの構築」「6.1　草創期の組織計画」
文化	コアバリューを理解するための簡略な演習を実施する。たとえば創業時のチームと価値や文化について話し合い、最重要領域や合意点を書き留め、意見の相違があった事柄について討議する。成果は文書化してチームと共有する	第9章の「9.4 価値観の『発見』と文化の定義」

領域	必須のプラクティス	参照
文化	価値観の相違を測るための何らかの「ふるい」を採用プロセスに組み込む	第9章の「9.5.1　採用における価値観と文化」
コミュニケーション	全社会議や全社的デモ会議を定期的に開き、各チームの作業内容・状況の相互理解を促す	第11章の各種会議の詳細

表12.1　チームの拡充に必須のプラクティス

12.4　問題の兆候（草創期）

　表12.2は、製品開発チームが50人前後の規模に成長した時点で注意を払うべき問題の兆候とその対策をまとめたものである。

領域	兆候	推奨する対策
採用	採用プロセスがずさん（応募者にどんな質問をするべきか、面接官が的確な判断を下せない、応募者への返答に数日かかってしまう、など）	（面接に関わる社員全員のトレーニングの立案と実施も含めて）採用プロセス全般の担当社員をひとり選ぶ。連絡とスケジュリングを支援するコーディネーターをパートタイムでひとり雇う
	ベテランの社員たちが「社員のレベルが全体に下がってきた。とくに最近の新人の中に結果を出せていない者がいる」と感じている	「バーレイザー」が会社の要求する基準を正確に把握しているか、基準未満の応募者を不採用にする権限を十分与えられていると「バーレイザー」が感じているかを確認する
	誰もが知っていて当然の、ごく基本的な事柄に関する質問が全社会議（や他の会議）で出る	新入社員研修のプログラムを見直して、必須の情報を新人に伝えられているか確認する。また新人が研修で習ったことを他部署で実地に体験したかも確認する（他部署での研修を省き、所属チームでの日常業務に飛び込ませる傾向があるため）。さらに、全社会議で2、3回に1回は全社レベルの戦略を繰り返すなど、折に触れて重要事項を「念押し」することも忘れずに
	面接のスケジュリングや航空券の予約などの担当者が多忙をきわめて本務がおろそかになってしまう	採用コーディネーターをひとり雇う。第1章の「1.2.3.3　社内リクルーター／コーディネーターを雇うべき潮時」
	採用数の増加で、面接における「バーレイザー」の負担が重くなりすぎている	「バーレイザー」ひとりに依存することなく機能する意思決定プロセスを確立する。第2章の「2.2　採否の決定」であげた、採否の決定で達成するべき目的を参照。我々が推奨するのは第2章の「2.3採用プロセスの選定」で提案した「面接官の総意による決定」と「バーレイザー」とを組み合わせる手法

領域	兆候	推奨する対策
採用	新人が研修で他チームに関する情報を十分得られない	草創期から実施してきた「即席の新入社員研修」を卒業し、「チームローテーション」の手法に移行する(第3章の「3.4.2　チームローテーション」を参照)
人事管理	ワンオンワンがたびたび中止(日程変更)になる。あるいは、ワンオンワンの効果がほとんどなくなった	人事担当者が過負荷もしくはトレーニング不足の状態なのかもしれない。管理形態を「アドホック」から「フォーマル」へ移行する、人事担当者を増員する、人事担当者の負荷を軽減する、といった対策を検討する。第4章の「4.2　人事管理の導入」を参照
	社員の勤務成績に関わる問題に対処できていないとの不満の声が上がっている	勤務成績の管理の点で、人事担当者が過負荷もしくはトレーニング不足の状態なのかもしれない。既存の社員を人事担当者に任命する、新規採用で人事担当者を増員する、既存の人事担当者に目標設定・評価能力のトレーニングを施すといった対策を検討する。勤務成績に絡む問題が近年採用の新人に集中して発生している場合は採用慣行の見直しを。第4章の「4.3　管理者の育成」「4.4　外部からの管理者の採用」、第5章の「5.1　管理チームの拡充」を参照
組織	自分が全社レベルの成功にどう寄与するべきかを社員が把握できていない	チームレベルで、各メンバーが全社レベルの成功にどう寄与するべきかを明確化する。第6章の「6.2.4　目的の明確化と成功度の測定」を参照
	会社は成長し続けているが、新機能公開の所要時間がどんどん長くなっているようだ	チームの「振り返り」でバリューストリームマッピングを使い、時間のかかっている箇所を突き止める。第7章の「7.5　依存度の低減」を参照
コミュニケーション	社員の間で「ミーティングが多すぎる」との不満の声が上がっている	第10章の「10.2.2　ミーティングの爆発的増加」を参照し原因・理由を探る。不満の対象が採用面接なら、面接官を増やして負荷の均等化を図る。「会議ゼロの日」の導入も検討する
	社員の間で「メールの量が多すぎる」との不満の声が上がっている	第10章の「10.2.3　メールの爆発的増加」で概説したベストプラクティスを参照し、導入を検討する。第10章の「10.2.3.4　社内コミュニケーションに関する指針」で提案した推奨チャネルで効果的なものがないか検討する
文化	ベテランのメンバーから「あの新人はひどい!」と不満の声が上がっている。新人がわずか2、3週間で辞めてしまう	採用プロセスで価値観の適否を調べる「フィルタリング」をもっと徹底する必要があるのかもしれない(第9章の「9.5.1　採用における価値観と文化」を参照)。あるいは新入社員研修でのエクスペリエンスを改善する必要があるのかもしれない(第3章を参照)

表12.2　草創期のスケーリングに関わる問題の兆候

12.5 問題の兆候（草創期後）

　表12.3は、製品開発チームが50〜150人に拡大した段階で注意を払うべき兆候と
その対策をまとめたものである。

領域	兆候	推奨する対策
採用	電話やオンラインによるスクリーニングの担当者が「スクリーニングが忙しすぎて本務がこなせない」と不満をもらしている	スクリーニングに関わる業務の大半をこなせる有能なリクルーターがいると助かる（第1章のコラム「最初のリクルーター」を参照）
	応募者のレベルが低く、面接官役を果たす社員たちが「面接しても時間の無駄だ」と感じている	よくある理由は「リクルーターと採用責任者(ハイヤリングマネージャー)の意見のすり合わせが不十分」（第1章の「1.2.3.2　採用責任者とリクルーターの意見のすり合わせ」を参照）、もしくは「電話やオンラインによるスクリーニングが甘すぎて、実際の面接の段階に進む候補者が多すぎる」
	採用プロセスについて応募者から否定的なフィードバックが寄せられる	よくある理由は「複数回の面接の内容がどれも似たりよったり」「面接官の準備不足」「採用プロセス全体のまとまりのなさ」（第2章の「2.1.4　面接内容の検討」を参照）
	送られてくる履歴書のレベルが低い	ソーシングを担当するリクルーターを雇い入れ、対外広報活動へのテコ入れを図り、雇用者としてのブランドの構築に着手する（第1章の「1.3　雇用者としてのブランド」を参照）
	オファーを受けても辞退する応募者が多い	自社の給与体系が市場の水準に達しているか、オファーのしかたが適切であるかを確認する（第3章のコラム「フルサイクル・リクルーティング —— エリック・エングストロムの体験談」を参照）
	新人が会社とその戦略、組織構造などを理解するのに手間取る。その方面での混乱が原因で会社を辞める者もいる	改善のコツは第9章の「9.5.2　新入社員研修と文化」を参照。また、退職者面接をきちんと行って辞職の理由を探る
	チームの多様性が低く、他のデモグラフィック・グループからの新人の確保にも苦戦している	採用関連のデータや社員の定着率などを調べて原因を探る。採用で多様性を高めるコツは第1章から第3章までを参照。また、新人の定着率を向上できるよう、自社の主流以外のデモグラフィック・グループの出身者に対する職場の包括性も調べる（第9章の「9.6.3　多様性と包括性の重視」を参照）
人事管理	今後の針路をめぐる意見の対立や優先度に関わる混乱でチームが立ち往生し、上層部の介入や意思決定に頼らなければ前進できない場面が増えてきた	経営幹部や人事担当者から、部下をもたない一般専門職へ、全社レベルの優先順位が円滑、着実に伝わるよう計らう。経営幹部に円滑なコミュニケーション戦略のトレーニングを受けさせると効果が上がる場合も。第2章と第10章を参照
	製品の質が低下してきた（不具合や顧客からの苦情、稼働停止時間、ロールバックなどが増えてきた）	人事管理の不備が、トレーニング不足、ずさんな開発慣行、リリース／ロールバックの計画立案の不備等を招いていることがある。管理者が過負荷の状態に陥っていないか、能力不足でないか、調べる（第5章の「5.1.3　管理者の勤務成績の評価」を参照）

領域	兆候	推奨する対策
人事管理	チームのリーダーが「技術部門の生産性が落ちてきた。メンバーは本当に全力を尽くしているのか？　本質的ではない作業にかまけているのでは？」といった疑念を抱く	背後に組織的問題が隠れている場合もあるが、現場から上層部へ向けてのコミュニケーションの不備、焦点の絞り損ない、人事担当者の見落とし等が原因になっている場合もある(第5章の「5.1 管理チームの拡充」を参照)
	チーム同士で責任を転嫁し合っている(「我々Aチームが中間目標を達成できなかったのはBチームの支援が不十分だったせいだ」など)	当該チーム間の協働が不十分な理由を探る。考えられる理由は、文化の違い、チームレベルの目標の拮抗、管理者同士、もしくはその上司同士の性格の衝突など。こうしたことが言い訳とはなり得ない点を明確にする。管理者は目標を達成できるよう、リスクを軽減する方法を見つける必要がある(第5章の「5.1.2 協働と団結の促進」を参照)
	不平不満に満ちたメール、反社会的行動、給湯室や喫煙コーナーでのシニカルな会話など、士気の低下を示唆する事象が目立ってきた。遅刻や早退、始業直前の在宅勤務申請が多くなってきたようだ。「キャリアアップができない」「仕事が面白くなくなった」「もうクタクタ」といった不満の声が聞かれるようになった。社員の離職率が顕著に高まった	さまざまな原因が考えられるが、次のような対策案を検討する ・(現場社員の育成や組織構築を主な職務とする)ラインマネージャーに、次回のワンオンワンで士気低下の問題に普段より多くの時間を割き、その回の議事録を提出するよう命じる ・部下をもたない一般社員が不満や疑問をぶちまける「はけ口」として、スキップレベルミーティングを(円卓会議の形式などで)主催する ・人事部にも、何らかの傾向に気づいていないか訊いてみる ・退職者面接の結果を詳しく調べてみる このほか、第5章の「5.2 急成長期のチームの士気」を参照
組織	人員不足が原因で、提案された機能が山ほど棚上げ状態になっており、プロダクトマネージャーが「チームの生産性が低くて計画をなかなか実装できない」とぼやいている	背後に「プロダクトマネージャーが必須要員としてチームに参画していないため、その分チームの生産性が低くなってしまっている」という状況があるのかもしれない。機能だけでなくデザインが山積みになっているケースもある。第6章の「6.2.2 デリバリーチームの構築」を参照
	製品開発に関与する部署の間で人員の配分をめぐる対立が多発	原因は「デリバリーチームを軸にした編成」というコンセプトへの理解と支持が徹底できていないこと、もしくは財務的制約でチーム拡充のための投資ができていないことかもしれない
	ミーティングが多すぎて残業をしないと本務が片付かない(いや、残業をして片付くなら言うことなしだ)	グループ間もしくは部署間のコミュニケーションが過剰、もしくは不足していることの兆候。他チームに依存せずにバックログの95%を本番環境に載せられるデリバリーチームを構築できているか、確認する
	「デザイナーから渡されるデザインは手間がかかりすぎる。この機能はもっとシンプルなやり方で実装できるはずだ」という不満の声が技術部門から上がっている	デザインの領域がデリバリーチームに完全に統合できていない。デザイナーが形式上デリバリーチームの一員となっていても、別室で作業していたり他の仕事も兼務していたりすると、こうした事態が生じることがある

領域	兆候	推奨する対策
組織	公開した機能についてチームメンバーに「ユーザーの反応は？」と訊いても「わからない」という答えしか返ってこない	考えられる理由は2つ。「顧客サポートが他のチームから孤立していて、顧客からのフィードバックがチームメンバーに届かない」と「公開した機能に問題はないが、使用状況に関するデータがない」
	特定の職能の担当者（たとえばデザイナー）が過労状態に陥っている	デリバリーチームを構成する職能の間で、配員に不均衡があるのかもしれない（たとえば1名しかいないデザイナーが複数のチームを担当している、など）。採用プロセスでチーム間の配員のバランスにもっと配慮する必要がある
	各チームが同じ作業を重複して行っている、あるいは同じ問題を各チームがそれぞれに解決する形になっている	デリバリーチーム同士で情報を交換する協力体制が整っていない。第7章の「7.4 デリバリーチームに付き物のリスク」を参照
文化	他チームとの協働が下手なチームがある。チーム同士で失策の責任を転嫁し合っている。複数のチームが二手に分かれて対立している	採用プロセスで価値観に基づいたフィルタリングができていない。また、従来の文化からの逸脱をチームに許してしまっているのかもしれない。第9章の「9.5.1 採用における価値観と文化」「9.7.3 文化的コンフリクトの解消」を参照
	他チームへ移籍したメンバーが、移籍先のプロセスに違和感を覚える。受け入れ側でも「このメンバーでは能力が低すぎて、我々の期待に応えられない」「このメンバーのやり方は間違っている」などと感じる	チームリーダーを採用する際に価値観を重視しなかったことなどが災いし、文化や価値観にチーム差が生じてしまった可能性がある。第9章の「9.5.3 リーダーシップと文化」を参照
	社内コミュニケーションの雰囲気が目立ってとげとげしくなってきた（全社会議で怒りに満ちた質問が投げかけられる、グループチャットで激論が交わされる、など）	会社の文化が、コアバリューに沿わないものになった可能性がある。チームリーダーがコアバリューに即した言動を示せなくなったか、会社の文化が組織の成長拡大に追いついていないのかもしれない。第9章の「9.7 チーム文化の進化」を参照
	ベテラン社員の士気が下がり気味で、離職率が上がり気味	文化の変わる速度が速すぎたか、文化が変化してコアバリューから逸れてきた（第9章の「9.7 チーム文化の進化」を参照）。ほかに考えられる理由は「人事管理の不備」「チームの拡大に伴う変化に対する社員の態勢固めの不備」など（第5章の「5.2.1 チーム拡充への準備」を参照）
	新人の士気が下がり気味で、離職率が上がり気味	採用プロセスで、価値観に基づいたフィルタリングにもっと時間を割く。ほかに「新入社員研修プログラムの不備」「不快な職場環境」といった要因も考えられる（第5章の「5.2.4 開放的な職場作り」を参照）
コミュニケーション	出席率が下がる一方のミーティングがある	そのミーティングが出席者にとってどうでもよい存在になりつつあることを明示する事象。会社の現状に照らし合わせて、そのミーティングに本当に価値があるのかを再検討する（第10章の「10.2.2.1 ミーティングのベストプラクティス」を参照）

領域	兆候	推奨する対策
コミュニケーション	「全社が、しかるべき情報を与えられている者とそうでない者に二分されている」との感触を社員たちがもっている	ワンオンワンやアンケートの結果から推測できる状況で、コミュニケーションの「雑音」を排除しすぎて社員に十分な情報が伝わらなくなってしまったことを示す明らかな兆候。全社会議の議事録を見直し、追加、補強するべきことがないか検討する。また、重要な情報の中に、人対人の伝達のみに頼っているものがないか確認する
	テレワーカー（リモートワーカー）が「蚊帳の外」に置かれていると感じる	テレワークの導入を決めると、多数の変更事項が生じる（第11章の「11.1.5 複数のオフィス」を参照）

表12.3 草創期後のスケーリングに関わる問題の兆候

12.6 スケーリングプランの事例

すでに述べたように、スケーリングプランはいわば「製品ではなくチームに焦点を当てた製品計画」である。これには、現時点で必要な変更と、将来必要になると見込まれる変更、さらに関連性がもっとも高いと経営陣が感じる「問題の兆候」を盛り込む必要がある。

12.6.1 A社の当初の状況

ここでは、ある企業（ここでは「A社」と呼ぶ）のために我々が実際に作成したスケーリングプランを紹介する。当時A社では65人の社員が（米国と欧州の）2つのオフィスに分かれてB2C製品を構築していた。

最初の数週間、我々はA社の5つの重要領域を詳細に調べた。その結果得られたすべての「問題の兆候」とスケーリングに必須の基本要素とに基づいて、次のような現況報告をまとめた。

☐ 12.6.1.1 採用

・**良好**：面接完了後に行う意見の擦り合わせで、面接官は遠慮なく「ノー」と言える
・**良好**：CEOは応募者全員と面接している
・**良好**：新入社員研修プログラムはかなり整備されている。新人エンジニアのためにはチームローテーションのアプローチを採っている
・**不備**：「社内リクルーター」と呼べる担当者がいない（1ヵ月にほぼ1人の割での増

員にとどまっているため）

☐ 12.6.1.2　人事管理

- **不備**：管理者がエンジニアとの定期的なワンオンワンを実践しておらず、勤務評価は人事部が取り仕切っている
- **不備**：管理者向けのトレーニングが用意されていない
- **良好**：おしなべてチームの多様性は高い
- **不備**：カンファレンスの出席希望者に支給する研修費の枠を予算に設けていない。社員が新たな着想を探究する「ハックデイ」もない

☐ 12.6.1.3　組織

- 縦割り型の組織（製品、デザイン、QA、運用）が依然多く、デリバリーチームを軸とする編成になっていない
- 顧客グループを軸にしたチーム編成にはなっているが、チームメンバーは全社レベルでの成功にどう寄与するかを明確に理解できていない
- チームが自律性（オートノミー）を与えられていない（作業はすべて、経営陣が作成したロードマップでの指示に従って進められている）
- 継続的デリバリーの実践に努めてはいるが、一時的な中断が時折ある（運用チームが別個に存在し、ほとんどの場合、技術チームに代わってデプロイを担当しているため）
- チームレベルでの継続的改善を実践している（イテレーションが完了するたびにレトロスペクティブを行っている）

☐ 12.6.1.4　文化

- 価値観を定義したことが一度もない
- 採用面接で価値観の適否を見定めるための厳格な「ふるい」がない（ただし、採用された新人たちはすんなり溶け込めている）
- とはいえ、文化は良好という印象であった（仕事の進め方や重要事項に対する共通認識がきちんとできている）

☐ 12.6.1.5　コミュニケーション

- 月1回、全社会議を開いている

- 欧州オフィスと米国オフィスの間で、時差を主因とするコミュニケーションの重大な問題がいくつか見受けられる
- 全社的デモ会議を開かないため、上記欧州オフィスと米国オフィスの相互理解を促進できず、コミュニケーションの問題をさらに悪化させている
- ミーティングの大半は首尾よく運営され、社員の時間を大幅に食うといった事態を回避できている

□ 12.6.1.6　A社のためのスケーリングプラン

　A社の5つの重要領域の観察結果に基づいて現況報告を上のようにまとめた後、優先順位を見極め、それぞれの解決法を特定した。しかしすべてを一度に実行することは不可能なので、まずはA社に及ぶ影響がもっとも大きいと思われるものから始め、主として組織の改善に注力した（表12.4）。

問題点	解決法	時期	参照	経過・結果
縦割り型の部門がまだいくつか残っており、デリバリーチームを軸にした編成になっていない	まずは「デリバリーチームを軸にした編成こそ、これからの組織のあるべき姿だ」と宣言し、デリバリーチームの編成に向けての第一歩を踏み出す。その上で縦割り型組織の統合に着手する。一部、統合が容易な部門もある（たとえば縦割り型のQA部門は、QA担当エンジニアをデリバリーチームに移籍させるだけで解消できる）が、統合の難しい部門もある。主因は人員不足で、5チーム編成であるにもかかわらずプロダクトマネージャーが2人しかおらず過負荷の状態になっている。そのため、欠員を補充できるまでは妥協も致し方ない。	即時	第6章の「6.2.2 デリバリーチームの構築」	左記の「宣言」に対する社員の反応は良好で、QA部門をデリバリーチームに分散させた後に品質の問題が生じることもなかった。各チームからも「効率の大幅アップ」の報告があった
社員の目的意識の欠如	目的意識をもたせるためには、基本理念を打ち立てる必要がある。第一歩として会社の使命とビジョンを明確化しなければならない	即時	リチャード・P・ルメルト著『良い戦略、悪い戦略』（村井章子訳、日本経済新聞出版社、2012年）	良い演習にはなったが、明確化した使命とビジョンに期待していたほどの効果はなかった
全社レベルでの優先順位の欠如	全社レベルでのKPI（重要業績評価指標）を定義し、各チームの現状に照らして調整を図る	次四半期	第6章の「6.2.4 目的の明確化と成功度の測定」	顧客に直に接するチームでは例外なく奏功したが、プロジェクト志向の強いインフラチームではさほど効果が見られなかった

問題点	解決法	時期	参照	経過・結果
チームの自律性の欠如	持ち時間の最低50％に対する裁量権をチームに認める。チームはこの時間を不具合の修正、新機能の開発、技術的負債の解消などに充てる	次四半期	第6章の「6.2.3 自律性の確保」	当初はロードマップで指定された作業とチーム主導の作業のバランス取りが難しかったが、支援を続けた結果、上達した
エンジニアを対象にした管理者によるワンオンワンの欠如	各チームで、チームリードとエンジニアとのワンオンワンを導入させる	次四半期（チームリードのトレーニングを要するため）	第4章のコラム「アドホックな人事管理のツボ」	以前は日の目を見ることのなかった社員の貴重なフィードバックを数多く掘り起こせるようになった
他チームの活動に対する理解・認識の欠如	全社的デモ会議を導入する	即時	第11章の「11.1.3.4.2 全社的デモ会議」	デモ会議の導入で大きな成果が得られた（各チームの進捗状況を全社レベルで可視化できた）
会議による生産性の低下	週2日を「会議ゼロの日」にする	現時点から2四半期後	第10章の「10.2.2 ミーティングの爆発的増加」	会議に邪魔されずに本務に集中できる日が週2日できたことをエンジニアは歓迎
「この会社にいたらイノベーションの担い手になれない」というエンジニアの思い	社員が新たな着想を探究する「ハックデイ」を四半期に1度開催する	即時	第5章のコラム「イノベーション促進のためのモデル」	「ハックデイ」の成果に皆が満足

表12.4　A社のためのスケーリングプランの内容

12.7　まとめ

　ここまでの各章では、組織を拡充する際に配慮の欠かせない以下の5つの重要領域を詳細に検討してきた。

- **採用**──適任の人材を採用してチームを効率よく拡充する
- **人事管理**──社員が職務を遂行する上で必要な指導とリソースを提供する
- **組織**──社員の作業を効率よく調整し、会社の求める製品を市場に届ける
- **文化**──常にコアバリューに即した意思決定が下されるよう計らう一方で、チームには「自分たちがいかなる存在で、仕事をいかに進めるか」を理解させ、士気を鼓

舞する

- **コミュニケーション** —— 職務上の意思決定に必要な情報が、それを必要とする人員に、円滑に伝わるよう計らう

　以上の各領域について、スケーリングの際にありがちな問題や課題を予測、回避、解消するための戦略と戦術を提案した。

　その上で、最終章である本章では、上記の戦略と戦術を応用するための実用的なツールを提案した。これを活用して自チームのためにスケーリングプランを練り、拡充の役に立ててほしい。もしくは、より外科的なアプローチを採り、一度にひとつの領域に焦点を絞って、将来起き得る難問に対するチームの耐性を強める方策を模索してもよい。いずれにせよ、読者の皆さんが我々の提案を応用した経緯や結果を聞かせていただければ幸いだ（体験談はScalingTeams.comへ）。

訳者あとがき

　本書はGAFAをはじめとする巨大IT企業ならば必ず通過してきた、また成長途中にある企業ならば必ず通過しなければならない規模拡大期にまつわる数々の問題を乗り切るための「マニュアル」である。著者二人のそうした時期の（主に失敗の）体験をベースに、知人や各種文献の知恵も借りて「こんなときには（あるいはこんなことが起こったら）こんな対策をしてみたらどうだろう」というアドバイスを集めたものだ。

　我々訳者は二人で小さな会社を経営している。創業以来、バブル崩壊後の日本をなんとか生き抜いてきたが、社員の総数は多いときでも4人、ここしばらくはずっと2人きりというわけで、我が社は本書の主題である社員の急増期は体験したことがない。このため我々は厳密な意味では「本書の対象読者」ではないが、「そうそう、このパターンある、ある。こういうのは徹底排除しかないよな」などと著者らに賛同したくなる場面も多かったし、「創業時にこの章を読んでいれば、我が社ももう少し別の道を歩んでいたかな」と後悔の念に駆られたこともあった（いやいや、今からでも遅くはない。これからそういう場面があるかもしれないのだから、この本で得た知識を生かさなければ）。

　どの章もていねいに書かれており、著者二人の誠実な人柄が感じられる本であるが、「文化」と「価値観」を議論している第9章は特におすすめだ。この「訳者あとがき」を最初に（本文の前に）読み始めた方[*1]なら、企業経営に「文化」や「価値観」がどう関わってくるのかと疑問をもつかもしれないが、「米国に巨大IT企業が多いのは、ひとつにはこういったことに正面から取り組んでいるからかもしれない」と感じさせる章だった[*2]。

　ただ、自分たちの会社ではないのだが、訳者の一人（武舎広幸）は急成長期のIT企業に身をおいた経験がある。2000年の夏のこと。韓国ソウル、カンナム地区の9階建ての

[*1]　ちなみに、我々の知る翻訳者の多くは「訳者あとがき」を最初に読む。ご同業に敬意を表してなのか、競合相手の実力を見定めようとしているのか、定かではないが。

[*2]　最初の3章は、採用に関するかなり詳細な解説だ。創業前や創業後まもない人なら、この3つの章は軽く目を通すだけで、第4章から本腰を入れて読んでもよい。あとで本格的に人を雇うようになったら、改めて読み直していただければと思う。逆に採用で困っているなら、この3章が大いに参考になるだろう。

ビルの5階、翻訳ソフト開発会社の会議室。大きな地球儀が置かれたテーブルを囲むように集まった数十人の社員を前に、私は取締役就任のあいさつをした。

> 皆さんの中には、テレビに紹介されたりして、儲かりそうだと思ってこの会社に入った方もいらっしゃるかと思います。でも、お金儲けのことだけを考えるのではなく、皆さんに楽しんで仕事をしていただけたらとも思っています。
>
> 機械翻訳ソフトの開発は、とても面白い仕事なのです。言葉に興味のある方なら、一度始めたらやめられない、趣味と実益を兼ね備えた理想の仕事だと思います。
>
> 素晴らしいと思いませんか？ ほかの国の言葉で書かれた文章を、自分の会社が開発したソフトが韓国語にしてくれる。クリックひとつで、英語のウェブページが韓国語になってしまうのです。そんな、この国ではまだ誰もやっていないことを我々は始めたのです。
>
> そんなエキサイティングな会社で働ける幸せを、しっかり味わいながら、一緒に仕事ができることをとても楽しみにしています。

昔のことゆえ、少し脚色してしまったかもしれないが、こんな趣旨のことを（自分としては）熱く語った記憶がある。

しかし今になって思うのだ。このスピーチは、多くの役員や社員とは相容れない「価値観の表明」だったのではないかと。

開発チームを前にしたスピーチだったら、悪くなかったかもしれない。だが、そもそも英→韓の翻訳ソフトを開発・販売する会社であるにも関わらず、当時の社長は英語が話せなかった。社員の中でも私と（英語あるいは日本語で）直接コミュニケーションが取れる人は数えるほどだった。言葉に人並み以上の関心をもっていた人は少なかったのだ。

そもそも、かなり無茶苦茶な韓国行きだった。当時、日本の翻訳ソフト開発会社（A社）の仕事を請け負い、同社の取締役にも名を連ねていたのだが、A社の社長との間がギクシャクして、半分、現実逃避のために決めてしまったようなものだ。「この人たち、いい人だから、韓国にしばらく住んでもいいよ」という、もうひとりの取締役（兼配偶者）のつぶやきに乗っかる形で。「何かに導かれるがごとく」というよりは「何の考えもなしに」。

仮にも会社の役員になるのなら、どんな会社を目指しているのか、どんな「文化」や「価値観」を大切にするのか、議論してから引き受けるべきだったのだ。それをしてお

けば、数年後に訪れたＡ社倒産の危機も、回避する手伝いができたのかもしれない。

　しかし、こうも思うのだ。あそこで韓国側との議論の結果、韓国行きを断念していたら、韓国人の心根の優しさに触れる機会も数々の思い出を作る機会もできなかったし、私が大好きになった韓国料理（蔘鶏湯（サムゲタン）や海苔巻き（キムパブ））を知ることもなかったと。それまでの日常と変わらない、ある意味「フツー」の生活を送るだけで終わったかもしれないと。身も心も元気なら、後先（あとさき）を考えずに未知の世界に飛び込んでみるのも悪くないのかもしれないと。

　人生に「正解」はないのだ。著者二人も、失敗体験があったからこそ、このユニークな本を世に出すことができたのだから。

　最後に、この善意あふれる中身の濃い本を翻訳する機会を与えてくださった、伊佐知子氏を始めとするマイナビ出版の方々に心から感謝申し上げる（新型コロナウィルスの感染が早く終息して、出版記念の打ち上げが無事できますように）。

2020年5月5日
マーリンアームズ株式会社
武舎広幸　武舎るみ

Chapter

索引

●会社名・サービス名

【A-E】

【F-S】

著者紹介

アレクサンダー・グロース(Alexander Grosse)は現在、デジタルカタログ制作・共有サービス「issuu」のエンジニアリング担当バイスプレジデントである。それ以前はSoundCloudのエンジニアリング担当バイスプレジデントを、さらにそれ以前はNokiaの研究開発責任者を務めた。

デイビッド・ロフテスネス(David Loftesness)はTwitter、ブックマーク共有サービスXmarks、検索技術を専門とするAmazonの子会社A9、Amazonの各社で技術チームを率いていた。現在は、父親業、スタートアップへの助言、新任管理者のメンタリング、執筆にいそしんでいる。

訳者紹介

武舎 るみ（むしゃ るみ）

学習院大学文学部英米文学科卒。マーリンアームズ株式会社（https://www.marlin-arms.co.jp/）代表取締役。心理学およびコンピュータ関連のノンフィクションや技術書、フィクションなどの翻訳を行っている。訳書に『エンジニアのためのマネジメントキャリアパス』『ゲームストーミング』『iPhoneアプリ設計の極意』『リファクタリング・ウェットウェア』（以上オライリー・ジャパン）、『異境（オーストラリア現代文学傑作選）』（現代企画室）、『いまがわかる！ 世界なるほど大百科』（河出書房新社）、『プレクサス』（水声社）、『神話がわたしたちに語ること』（角川書店）、『アップル・コンフィデンシャル2.5J』（アスペクト）など多数がある。https://www.musha.com/にウェブページ。

武舎 広幸（むしゃ ひろゆき）

国際基督教大学、 山梨大学大学院を経て東京工業大学大学院博士後期課程修了。マーリンアームズ株式会社（https://www.marlin-arms.co.jp/）代表取締役。翻訳および翻訳者向けの辞書サイト（https://www.dictjuggler.net/）の運営、自然言語処理ソフトウェアの開発、プログラミングおよびストレッチの講師などを行っている。日本および韓国で翻訳ソフト開発会社の取締役を勤めたほか、大手辞書サイト運営企業やリコメンデーションエンジン開発企業の草創期にコンサルティングを行った経験をもつ。訳書に『インタフェースデザインの心理学』（オライリー・ジャパン）、『Java言語入門』（ピアソンエデュケーション）、『マッキントッシュ物語』（翔泳社）など多数がある。https://www.musha.com/にウェブページ。

■STAFF
ブックデザイン： 井口 文秀 (intellection japon)
DTP： AP_Planning
編集： 伊佐 知子

Scaling Teams
スケーリング　チームズ

開発チーム 組織と人の成長戦略
カイ ハツ　ソ シキ　ヒト　セイ チョウ セン リャク

エンジニアの採用、マネジメント、文化や価値観の共有、コミュニケーションの秘訣
サイヨウ　　　　　　　　　　　ブン カ　カ チ カン　キョウユウ　　　　　　　　　　　　　ヒ ケツ

2020 年 5 月 29 日 初版第 1 刷発行

著者　　　　　David Loftesness、Alexander Grosse
翻訳者　　　　武舎 るみ、武舎 広幸
発行者　　　　滝口 直樹
発行所　　　　株式会社 マイナビ出版
　　　　　　　〒 101-0003 東京都千代田区一ツ橋 2-6-3 一ツ橋ビル 2F
　　　　　　　TEL: 0480-38-6872（注文専用ダイヤル）
　　　　　　　　　　03-3556-2731（販売）
　　　　　　　　　　03-3556-2736（編集）
　　　　　　　E-mail: pc-books@mynavi.jp
　　　　　　　URL: https://book.mynavi.jp

印刷・製本　　株式会社ルナテック

Printed in Japan　ISBN978-4-8399-7045-1